旱区灌区苜蓿草地土壤水盐动态及其生态灌溉调控模式研究

成自勇 著

黄河水利出版社
·郑州·

内容提要

该书在试验研究的基础上首次提出“生态灌溉”概念，围绕这一新思路深入研究以甘肃秦王川灌区为代表的旱区灌区苜蓿草地土壤水盐联合运移规律及其生态灌溉调控模式，苜蓿在水盐等逆境胁迫下生理生态特征，生育阶段水分生产函数及生态经济灌溉模式。应用系统工程方法对秦王川灌区生态灌溉的作物结构与经济效益进行优化，构建了旱区灌区草地生态灌溉创新体系，并提出了旱区生态灌区建设的一些思路。

本书可供大专院校、科研院所的水利、草业、农林教学与科学研究人员及学生借鉴和参考。

图书在版编目(CIP)数据

旱区灌区苜蓿草地土壤水盐动态及其生态灌溉调控模式研究/成自勇著. —郑州：黄河水利出版社，2009.3

ISBN 978-7-80734-577-0

Ⅰ. 旱…　Ⅱ. 成…　Ⅲ. ①干旱区-灌区-紫花苜蓿-草地-土壤-水盐体系-研究　②干旱区-灌区-紫花苜蓿-草地-灌溉-研究　Ⅳ. S812.4

中国版本图书馆 CIP 数据核字(2009)第 020993 号

策划组稿：李洪良　电话：0371-66024331　E-mail：hongliang0013@163.com

出 版 社：黄河水利出版社

地址：河南省郑州市顺河路黄委会综合楼　邮政编码：450003

发行单位：黄河水利出版社

发行部电话：0371-66026940、66020550、66028024、66022620(传真)

E-mail：hhslcbs@126.com

承印单位：黄河水利委员会印刷厂

开本：787 mm×1 092 mm　1/16

印张：9.5

字数：232 千字　　印数：1—1 000

版次：2009 年 3 月第 1 版　　印次：2009 年 3 月第 1 次印刷

定价：29.00 元

前　言

我国人均耕地面积约占世界人均的1/3，人均水资源量不足世界人均的1/3。同时，水资源的时空分布与土地资源不相匹配，供需错位，耕地一半以上处于水资源紧缺的干旱半干旱地区。全国农业用水总量占总用水量比例虽然由1980年的88%下降到2002年的70%以下，但仍是用水大户，西部干旱半干旱地区农业用水仍占80%以上，灌溉水利用率不足50%，而发达国家达80%以上。水资源先天不足、利用不当且效率低，导致地下水量超采，其补给入不敷出，城乡水荒加剧，大面积土地严重风蚀、水蚀、荒漠化、次生盐碱化和草场退化等流域或大区域生态环境问题，同时支撑西部生态环境起重要作用的灌区也出现了生态系统健康问题。传统的节水灌溉与生态环境往往顾此失彼，一味强调高强度节水和产量，以补偿灌区内外大区域生态环境用水的欠账，忽视了维护灌区自身生态系统的稳定性。灌区水盐平衡、水热（能）平衡、水土平衡、水与种植结构平衡失调，灌区节水工程后新的“生态转移”显现，对灌区节水灌溉和一元结构种植模式所带来的田间水分环境及土壤—植物—大气水分循环系统的变异研究不够，灌区内生态灌溉调控问题尚未列入旱区生态灌区建设的关键措施，草地农业的生态节水效应及水分光能生产潜力尚未发挥，灌区生态系统缺乏良性循环的调控机制。

旱区灌区的种植结构由水密切控制，同时对水产生重要的反馈作用。人工牧草、农作物有一年生和多年生之别，植物学特征不同，生态生产力特征不同。苜蓿是多年生优质牧草，光能和水分效应潜力十分显著。任继周（1992）在论述草地生态生产力时指出，将牧草加入大田作物可提高光能利用率40%，牧草全年栽培可提高光能利用率90%，作物生长以外的降雨量可为草地利用，支持光能发挥生物学效益。苜蓿喜冷凉，耐酷暑，耐干旱，根系庞大，吸水力强，在日照充足、温差大、地力瘠薄和盐碱化严重的西部灌区种植，其生态适应性和生产性能远非其他农作物可以比拟。研究表明，仅苜蓿草的蛋白质单位面积产出量显著地高过同类其他作物，是旱区灌区生态经济效益显著的高效作物。研究还表明，苜蓿的耗水系数低于其他作物，可以高效利用全年降水，任何降雨年型，苜蓿阶段需水与降水季节分配的吻合程度，都明显高过其他一年生作物。苜蓿收获的为营养器官绿色体，而不是对水分敏感的有性器官子粒，牧草收获不存在从营养生长向生殖生长的转移过程，这使苜蓿成为无效耗水量低、光合生物积累效益显著的栽培作物。

灌区人工草地生态系统作为一个草地—土壤水盐—大气综合系统，有维护自身生态环境的需水量、土壤含水量和蒸散量，必须把水、土、牧草作物三者紧密联系，发挥整体效能，而考虑作物生理特征主动施加有益亏水度的调亏灌溉，主要用于一年生农作物节水灌溉。本研究提出的生态灌溉正是基于牧草生育阶段非充分灌溉与其营养生长阶段的光合积累收获前的有限调亏灌溉，将土壤水盐、苜蓿草生理生态、灌溉调控技术及整个灌区生态有机结合，刈割前部分生育期适度亏水，获得理想产量、较高的水分利用效率（WUE）和蛋白质含量，改善苜蓿产品品质。这一调控模式与灌区生态系统和水资源调控双重约束下的生态种植结构优化措施结合，构成生态灌溉模式。其实质是灌区水—土—植物—生态关系最优协调，是对单一节水高产优质型灌溉理念的拓展和创新，是草地农业生态学与生态水利学科交叉渗透研究的基本内涵。

研究西部灌区苜蓿种植与土壤水盐运移特点和生态灌溉调控对构建和保障西部地区生态灌区至关重要。一方面根据土壤水盐运移特点、苜蓿的生理生态特征，找出其生态灌溉规律，创新生态灌溉技术模式；另一方面根据牧草生态生产力概念，通过生态灌溉对灌区植被的组成和结构格局产生影响，形成有区域特色的旱区灌区草产业、产品，挖掘苜蓿的生理节水和生态生产力潜力，建立旱区灌区苜蓿草地灌溉水—作物水—光合作用—经济产量转化效率的计算模型及水—土—植物—生态环境关系最优协调的理论和方法。

本研究针对甘肃秦王川灌区为代表的苜蓿生态灌溉的一系列问题，如苜蓿需水规律及生态需水状况、苜蓿水分盐分胁迫条件下土壤水盐动态、苜蓿水盐胁迫条件下盐分生理特征、不同水分和盐分胁迫条件下苜蓿根系生物学特征、苜蓿干物质产量与气象因子关联度分析、苜蓿光合蒸腾生理生态、苜蓿水势生理变化规律与 SPAC 水势时空变化、苜蓿水分生产函数与生态灌溉优化模式、秦王川灌区生态型种植结构及苜蓿建植效益优化、秦王川灌区的发展方向为生态灌区等，是西部旱区灌区具有共性的研究课题。本书对灌区苜蓿草地土壤水分和盐分的运移规律，苜蓿在水分、盐分等逆境胁迫下生态生理特征，苜蓿需水规律水分生产函数生态及灌溉制度进行了研究，建立了灌区生态型种植结构及新型生态灌溉调控模式。用灌区牧草生态灌溉理念引领旱区生态灌区建设，对进一步发挥边缘学科、交叉学科以及新型学科在灌区中的技术支撑作用，创新与拓展灌溉理论，完善生态灌溉技术体系有重要意义。

本书提出旱区灌区生态灌溉新思路并在秦王川灌区进行试验研究，是一次有益的尝试，目前还定义在特定牧草作物、特定自然生态区域的狭义范围内，应用现代农业灌溉理论与应用技术拓展内涵，创新灌区苜蓿生态灌溉优化调控的诸多方面，仅仅是起步，愿与同仁进一步探索完善，形成草地农业生态学及生态水利学等学科交叉、渗透研究新概念、新体系。本书在生态灌溉思路指导下关注灌区新的“生态转移”问题，深入研究灌区水土、人工牧草、生态环境关系优化调控理论与方法，继续创新拓展广义生态灌溉调控模式，建立面向生态与水资源双向约束的西部生态灌区建设理论与技术体系。

本人长期致力于旱区灌区生态水利与灌溉教学和科研工作，在攻读博士学位期间，更潜心于生态灌溉与生态灌区建设理论与技术研究。本书以我的博士学位论文《秦王川灌区苜蓿草地土壤水盐动态及其生态灌溉调控模式研究》为基础，结合近些年甘肃几个大型灌区生态环境问题，联系国内外苜蓿草地和节水灌溉理论与实践进展，做了少量修订完善以结集出版，鉴于篇幅限制，本人近三年发表的十余篇相关研究论文不再收录其中。在此再一次向我的导师张自和教授，主持博士学位论文评审和答辩的著名学者胡自治教授及草业、水利领域学者、专家表示衷心感谢！愿本专著能够对旱区灌溉理论与技术创新提供参考，对推动西部生态灌区建设起到有益的作用，启发从事草地农业和灌溉排水的领导、专家和科技工作者更加深入地研究旱区灌区可持续发展问题。

本书许多内容不够系统完善，一些结论显得稚嫩，很多问题有待于进一步探讨。由于本人知识水平所限，书中难免有不妥之处，敬请读者批评指正。

作　者

2009 年 1 月

摘 要

以“生态灌溉”的思路研究秦王川干旱灌区苜蓿草地土壤水盐运移规律及其生态灌溉调控模式；苜蓿在水盐等逆境胁迫下的生理生态特征、生育阶段水分生产函数及生态灌溉制度；应用系统工程方法对灌区苜蓿种植结构及经济效益进行优化配置；构建灌溉水—光合作用—生物产量转化效益及土壤水盐—牧草作物—灌区生态系统协调优化的生态灌溉体系。

(1)当土壤含盐量达到0.279%时，对苜蓿种子萌发则有明显的抑制作用，当达到0.428%时萌发几乎停止；随着土壤盐分浓度的增加苜蓿地上部受抑制的程度逐渐大于根部，水分利用效率显著降低；灌水后电导率在不同深度土层与土壤含水量互为逆向变化；适当浓度的钠盐、镁盐可使苜蓿体内的氨基酸含量增加，但氯离子则抑制氨基酸的合成；水分胁迫对苜蓿脯氨酸含量有明显影响；NaCl、$NaHCO_3$和$MgSO_4$在8 g/L和15 g/L浓度下均表现出高浓度对应高植物蛋白现象，该结论成为苜蓿营养生长阶段通过水盐有限调控达到理想品质的生态灌溉基本内涵之一；在不同地温下，电导率呈较明显的分段函数特征，且各段内电导率与地温之间都呈线性正相关关系。

(2)苜蓿叶面积指数和株高之间呈线性正相关关系；水分胁迫对根系吸水的补偿效应有明显的影响，从而降低根系的吸水速率。日照时数、蒸发量、降雨量是影响苜蓿干物质形成的主要气象因子。

(3)蒸腾速率与光合速率呈正相关，但一定程度的水分亏缺可以提高光合和蒸腾之比(即水分利用率)，是苜蓿在刈割前生态灌溉生理调控的机理所在；在重度水分胁迫(45%~50% FC)下，高浓度NaCl对苜蓿的蒸腾产生了明显抑制作用；苜蓿土壤—植物—大气连续体SPAC系统水势由土壤到根系再到茎叶降幅比约为1∶2.5∶6，灌水后降幅扩大至1∶5.5∶9。

(4)应用彭曼-蒙特斯公式(1948)实测土壤水分、灌水量和降水量等试验数据，分析计算得出苜蓿在不同生育期水分梯度胁迫下的生态需水、耗水规律、水分生理特征和生物产量等内在关系及结果。

(5)水分生产函数加法模型和乘法模型都能较好地体现苜蓿生育阶段水分对生物产量的反应；用线性规划法和动态规划法得出初花期刈获苜蓿的经济灌溉制度；轻度水分胁迫为苜蓿生态适宜性控制指标，其土壤含水量下限为60%~65% FC。

(6)第1、2、3茬苜蓿在轻度水分胁迫下WUE较高；苜蓿单方水生产效益高出小麦0.595元/m^3、蚕豆0.595元/m^3；秦王川灌区由水量控制的粮、经、草优化种植比例为1∶0.43∶0.45，其中苜蓿最优种植面积为1.223 hm^2。

(7)根据苜蓿生育期非充分灌溉与营养生长阶段水盐敏感程度，对苜蓿水盐有限调亏使其达到理想品质，提高水分利用效率及最佳生物产量，构成生态灌溉基本内涵；在灌区生态系统与水资源双重约束下，依照灌区生态型多元种植结构与苜蓿种植效益优化相结合，通过水资源配置及苜蓿灌溉制度的优化，形成“生态灌溉”的实际内涵。

本研究将灌溉排水学与草地农业生态学交叉融合，创新拓展生态灌溉体系，对推动旱区生态灌区建设具有重要的理论与实践意义。

目 录

第一章 文献综述

1.1 作物与盐分关系的研究现状及其应用

盐碱土是人们对盐化土壤和碱化土壤的总称。由于不同的盐类离子对作物的危害不同,在划分盐土的含盐起始值时,必须考虑不同盐类的毒害性。当土壤中含盐量超过植物正常生长发育所能忍受的范围,就产生毒害,以致死亡。盐分对作物的影响是一个十分复杂的问题。早期的研究主要从宏观上研究盐分对作物的影响,侧重于建立作物经济产量与盐分之间的数量关系,主要用于确定作物的耐盐度,指导农业种植或进行盐害防治和预测。近年,由于量测技术的提高和设备的改进,研究发展成为从生理学角度探讨盐分对作物生理性状的影响,以揭示作物盐分反应的生理机制,从更高层次上掌握盐分对作物的影响机制,为建立作物水盐模型乃至盐分在 SPAC (soil - plant - atmosphere continuum) 系统中的响应研究提供理论支持,满足现代农牧业生产对水盐管理的要求。

1.1.1 土壤盐分对作物生长和产量的影响

土壤作为植物生长发育的载体,其性质和组成对作物的生长起着重要的作用。当土壤中含有盐分时,在同等灌溉条件下土壤中土壤溶液浓度高于非盐化土,造成土水势降低,植物吸水困难,从而形成生理干旱。同时由于土壤中含有大量的盐分离子,有害的离子效应也会抑制作物生长。这些影响将使作物在生育性状上或多或少表现出受盐害迹象,最终影响到作物产量。

盐分还会影响土壤的某些物理 - 化学性质,这些特性又会影响土壤能否适宜作为作物生长的介质。比如利用钠盐水进行灌溉可能产生过多的钠和很高的 pH 值,这都可能破坏土壤团粒结构,导致土壤结壳和透水性变弱,在降雨或随后使用低盐水进行灌溉会发生迅速盐渍化时更是如此(联合国粮农组织,1992)。

土壤中过多的盐分显著抑制作物的正常生长发育,主要反应是降低株高,同时作物不同部位如地上部分比地下部分易受盐分的影响,从而使根冠比增大。作物对盐分的敏感性随生育阶段的不同而不同。不同作物在相同生育阶段对盐分的敏感性也有较大的差异。例如,水稻、燕麦、玉米在发芽、成熟阶段有较强的耐盐性,在苗期和营养生长期对盐分特别敏感,而甜菜、红花在发芽期则耐盐性较弱。当土壤中盐分较少时,对作物并无影响,而当盐分含量较大时才使作物生长发育受到抑制并使产量降低,相对应的盐分含量称之为临界含盐量,用以确定作物的耐盐性指标(孔东,2004)。

1.1.2 盐分对土壤水分有效性的影响

土壤中的盐分使土壤溶液渗透压增高,引起土水势下降,从而造成作物根系细胞吸水困难。即使土壤中有足够的水分,作物也不能有效利用,产生所谓生理干旱。盐渍土的土壤溶液的浓度很高,它的渗透势可以低于 -4 ~ -6 MPa,有的甚至可低达 -10 MPa。当土壤中水分不足时,盐分则更加剧了作物的水分胁迫。作物吸收水分时,要求细胞液的浓度比土壤溶液的浓度高一倍左右,盐渍土含有较多盐分,相对土壤溶液浓度的提高,细胞液的浓度就相对降低了，作物吸水的速度便降低，当土壤溶液浓度过高，作物不仅不能吸水，反而会发生反吸现象。资料表明，当渗透压大于 101 kPa 时作物根系吸水困难；而当渗透压大于 689 kPa 时，水分出现反渗透现象（孔东，2004）。

1.1.3 盐分胁迫机制

1.1.3.1 渗透胁迫作用

盐胁迫下，作物面临的首先是渗透胁迫作用而引起的生理干旱。在盐碱地区，虽然土壤含水量很大，但由于土壤盐分含量也很高，致使植物因吸水不足造成缺水，导致生理干旱。因此，盐胁迫下，植物体必须进行渗透调节才能适应环境，也就是说在高浓度盐分的环境下，植物细胞要建立更高的内部溶液浓度以降低自身的水势，提高吸水力，这就迫使植物从环境中吸取无机离子或自身合成小分子有机物（孔东，2004）。为了揭示盐分对作物生理性状的影响，Katerji 等（1992）用 3 种不同盐分浓度（ECe＝0.9 ds/m、2.1 ds/m、4 ds/m）的水灌溉蚕豆，研究中采用黎明前叶水势、气孔导度、叶面积、干物质和子粒产量来揭示在盐分条件下水分胁迫的生理机制。试验结果得出：灌溉水含盐浓度越高，气孔导度和叶水势就越低。这一结果表明，较多的盐分使作物水分胁迫更为严重。但在不同生长期不同盐分浓度处理的叶水势、气孔导度的差别并不相同，叶水势最大差值为 0.2 kPa，而气孔导度最大差值为 0.4 cm/s，表明在不同生长期作物对盐分的敏感性存在着显著差异。灌溉水盐分浓度越高，叶面积和干物质重越小。叶面积和干物质在不同生长阶段其下降幅度不同，生育后期下降达 15%。ECe＝ 4 ds/m 的产量比 ECe＝0.9 ds/m 的严重下降 28%。

1.1.3.2 碱度对作物的毒害作用

土壤吸收性复合体中有较多的交换性钠，从而降低钙及镁的有效性，同时亦降低植物吸收利用钙离子的能力；含钠的吸收性复合体的水解作用，形成少量氢氧化钠，从而造成一个高碱度的土壤环境，直接对植物产生毒害；交换性钠在吸收性复合体中积累较多，对土壤产生分散作用，造成一种湿时泥泞、干时坚硬收缩状态的恶劣的土壤物理性质，严重地阻碍水和空气的通透性（孔东，2004）。

1.1.3.3 钠盐胁迫

对于盐碱土而言，Na^+是土壤中最重要的阳离子，土壤溶液中 Na^+ 含量过高，很容易使土壤黏粒和团聚体分散，土壤对水和空气的渗透性降低，对土壤物理性状产生极大的危害，从而使得作物营养失调，无法正常生长（吕殿青等，2000）。自然界中大多数盐胁迫是由 Na 盐引起的，特别是 NaCl。盐生植物一词的字面意思是咸植物，但专门用于那些能够在 Na 盐浓度高的环境中生长的植物，不能在 Na 盐浓度高的环境中生长的植物叫做淡土植物。因为在盐生植物中发现的抗性范围很广，所以它们被进一步分为极端的真盐生植物和中等的寡盐生植物。许多盐生植物能在低盐或无盐环境中生长得很正常，因此它们是兼性盐生植物。另外一些盐生植物不能在低盐或无盐环境中生长，所以它们是专性盐生植物（高玲，1994）。

1.1.3.4 盐胁迫对作物形态和生理过程的影响

作物在生长发育中会受到多种逆境的胁迫，盐胁迫是影响植物生命活动的主要外界环境因子之一，同时盐分又是植物生长过程中必不可少的物质，植物体内各种有机物的积累几乎都依赖于土壤中盐的供应。但处于胁迫状态，植物正常的生命活动就会受到影响，其内部结构和生理功能、生育特征将均会发生变化。

1.1.4 作物水盐关系研究简述

我国盐碱化范围广，在盐渍化土地上进行节水灌溉或使用含盐劣质水和微咸水灌溉作物是一项紧迫任务。U. Shani 等认为，未来农业发展所要面临的挑战之一就是在水量不足或用劣质水灌溉条件下保持作物产量甚至增加产量。农作物生长条件下的农田水盐运动是一个十分复杂的系统，土壤水分和盐分以及作物各因子间相互制约耦合构成了农田水盐动态变化并由此影响作物生长环境，当灌溉水中含有盐分或在盐渍化土地上进行节水灌溉时就有可能使土壤盐分积累，造成土壤溶液浓度过高引起作物生理干旱，由盐分因素引起的生理干旱同水分因素引起的干旱缺水一样造成了作物减产或死亡。随着作物水分关系的深入研究，对作物水盐关系的探索国内外已有一些学者进行了试验研究。KK. Datta（1997）在印度 Haryana 的 Rohtak 地区研究了含盐条件下小麦的生长状况，用二项式很好地表述了作物产量 Y 与灌溉水量 Q、水质 C 和土壤初始含盐量 S_0 的关系，并建议在淡水资源有限的含盐环境中对耐盐的高产品种进行适量咸水灌溉是可行的结论。张展羽、郭相平（1999）研究采用微咸水灌溉玉米苗期生长及生理性状的反应发现，在盆栽的情况下当 NaCl 浓度不超过 3 g/L 时对幼苗的生长不但无不良影响，反而有促进作用。Letey Ariel 和 Dinar 等（1985）考虑作物产量与腾发量、产量与根区平均含盐量、根区平均含盐量与淋洗率的关系等，提出与灌溉水量和灌溉水盐分浓度有关的作物增产量模型，但是模型的使用受到作物种类、施肥方法、土壤性质和水质确定方法的限制。水盐模型通常需要反映大气蒸发、土壤水有效性及作物耐盐性对典型作物盐分敏感反应的影响，但模型的使用也往往受到作物种类及一些田间不确定因素的限制，这也是水盐模型复杂性之所在。孔东和史海滨等（2000、2001）研究了在含盐土壤中不同生育阶段水分、盐分和水盐联合胁迫对作物油葵的出苗、生长发育状况和产量形成的影响，并对作物水分利用效率进行初步节水灌溉试验研究。

1.1.5 土壤水盐运移理论的国内外研究进展

对土壤溶质运移现象的研究正在深入。在相当长的时期内，人们的研究多集中在溶质的物理和化学变化上，而对其在土壤中的移动过程和规律研究相对较少。学者们对于溶质运移的理解，始于 19 世纪末期。Lawis（1881）提出水与溶质在田间土壤中的运移并不是一致的。Kita－gawa（1934）从不饱和砂中 NaCl 点源的弥散现象，提出了混合过程可作为平均孔隙流速的函数的观点。Bosworth（1948）和 Talor（1953）又说明了毛管中分子扩散的作用。20 世纪 50 年代起，Taylor、Bear、Breasler 等从试验和理论进一步说明了土壤溶质运移过程中对流、扩散和化学反应的耦合性质，并开创了应用数学模型来说明和解释溶质运移过程的新局面。从 20 世纪 70 年代起，此方面的研究工作开始扩展到田间，研究者发现实验室内的研究结果与田间有很大的差别，从而开始了土壤性质空间变异性的研究。我国从 20 世纪 80 年代初开始了对溶质运移的研究，早期做过这方面工作的有石元春、贾大林等。此后张蔚榛等将数值模型应用于区域水盐预测预报中，使我国的区域水盐运动研究进入了一个新阶段。近年来，随着计算机的广泛使用和观测手段的改善，对溶质运移函数模型的研究已从地下水发展到了土壤水，从沙土深入到了壤土、黏土，由单一条件发展到表面蒸发条件下溶质运移和入渗条件下溶质运移并举，研究的重点是溶质运移对盐渍化的影响及肥料、化学污染物等在土壤中的传输和特定运移因子的作用等（徐冰等，2003）。农田土壤水盐运动理论起源于 Darcy 定律，而固体热传导方程的问世为土壤溶质运移提供了依据。自从 Buckingham 把能量概念引入土壤水，用偏微分方程描述非饱和土壤水的运移，建立了多孔介质中水流运动的基本方程，才开始了土壤水分的定量研究（李韵珠等，1998）。由于土壤盐分运移和土壤水分运移同时发生，因此土壤溶质运移方程也是随着土壤水分运动方程的发展而发展起来的。方程的共同点在于用动力学的观点、物质与能量守恒原理来分析土壤水盐运动。含有易溶盐和其他溶质的溶液在多孔介质中的运动要复杂得多。Lapidus 和 Amundson，Nielsen 和 Blggar 根据一系列试验提出了易混合置换理论，认为溶质的通量是由对流、扩散和弥散的综合作用引起的。

20 世纪 70 年代中后期，水盐运动的机理研究开始注重田间复杂的实际情况，如对结构良好土壤的水盐运动方式不仅考虑对流和弥散，还考虑了其中的可动水体和不动水体、大孔隙流、优先流和通管流等，并建立了土壤水盐运移的两区－两域模型（李保国，2000）。盐分运移过程中物理化学过程的定量化描述也取得了进展。随着土壤水盐运移机理研究的深入，各种定量描述水盐运动的模型也相继问世。水盐在农田土壤中的运动规律是研究水盐运动的基础，土壤中盐分的运动是十分复杂的，而且也会在自身浓度梯度的作用下运动，部分溶质可以被土壤吸附或为植物吸收。盐分离子在土壤中还有化合分解、离子交换等化学反应。因此，土壤中的盐分离子处在一个物理、化学、生物的相互联系和连续变化的系统之中。土壤中盐分离子迁移的物理过程包括对流、扩散、机械弥散过程、土粒与土壤溶液界面离子的交换吸附作用以及盐分离子随薄膜水的运动等。随着计算机技术的飞速发展，使人们对复杂的田间土壤水盐运移的研究已成为可能，田间模拟的计算结果与实际观测结果相差甚远，特别是对非饱和流土壤水盐运动的模拟结果更是如此，究其原因主要是由于土壤的物理性质在空间上的不均匀性、土壤水盐运动过程的复杂性及输入水盐系统各激励变量的随机性造成的。在土壤水分运动方面，针对作物发育阶段、灌溉制度、土体构型的不同条件进行了一系列的研究，并把部分的研究成果应用于田间合理灌溉。在盐分运移方面，主要通过盐分运移的动力学理论进行模拟计算，并把取得的成果应用于盐碱地改良实践中，近十几年来物理化学过程的变化是盐分运移中的研究热点（徐力刚等，2004）。

1.1.6 作物种植情况下水盐动态

1.1.6.1 作物种植情况下土壤水盐动态综述

一个地区的土壤水盐状况，是由植被、当地气候、灌溉条件、地形特征、土壤和各种农业生产措施等因素综合决定的（石元春等，1991）。相对来说，植被与气候因素对土壤水分变化的影响最大，不同的作物种植与气候条件、灌溉条件等形成不同的水盐运动规律。土壤水盐动态是指土壤水分和盐分随空间的分布和随时间的变化过程，土壤水盐动态是受各种因素影响的复杂的自然现象（尤文瑞，1994）。土壤水盐动态是进行土壤改良的基础，也是土壤水盐动态预测预报的基本资料。种植作物可增加地表覆盖，降低水分蒸发量，提高土壤的蓄水能力，减少地表径流，改善耕作层土壤结构，加强入渗淋溶作用（徐力刚等，2003）。同时棵间蒸发的减少降低了土壤地表积盐量，改变了土壤中盐分分布状况，延缓土壤次生盐渍化的产生。作物根系吸收深层土壤水，加速了含有盐分的地下水由下向根际运移，除部分盐分被植物吸收利用外，大部分盐分则残留在根际一带，造成该处土壤盐分高于表层未种植作物的土柱地表积盐。

近年来，在我国开始利用土壤盐分传感器等先进的测试手段，对土壤水盐动态进行了监测研究（王遵亲等，1993），在此基础上对土壤盐渍化进行预测预报，取得了很大进展（徐力刚等，2003）。但在大型模拟土柱上连续进行多年生多茬牧草的种植条件下对水盐动态变化做定性定量研究在国内还不多见。本研究在位于永登县中川镇何家梁的蒸渗场试验点对在苜蓿种植情况下的土壤水盐动态模拟实验室中,利用微机控制自动数据采集系统和盐分传感器、温度传感器与水分传感器等测试手段,进行了大型模拟土柱试验,着重研究了作物生长过程中,灌溉对耕层根系区以及表土土壤水盐动态的影响。与此同时,在当地引大节水灌溉基地内进行了大田苜蓿地试验,研究了在非充分灌溉下苜蓿的生育指标、生理生态指标、生物产量以及耕层根区、表土土壤水盐的动态变化。根据两年来在对苜蓿的种植与不种植的情况下上述实验项目试验,着重探讨了作物生长情况下耕层土壤中水盐的变化。

1.1.6.2 灌溉水质对土壤水盐动态的影响

地下水源是一种非常重要的水资源,当地面水源、降水不足时,常采用地下水灌溉土壤,因此,灌溉地下水水质对作物的生长特性和土壤盐渍化影响研究已成为十分重要的研究课题(肖振华等,1994)。Mehanni 等(1986)发现灌溉水含盐量达到 700 mg/L 对牧草生长没有影响,含盐量 1 500 mg/L 和 3 000 mg/L 可能引起牧草减产 25% 和 50% 以上。Noble 等(1987)的研究认为灌溉水电导率(ECw)达到 2.4 ds/m 牧草没有明显减产。为了防止盐分在土壤中累积达到对作物产生危害,应当采用洗盐的方法将土壤中过多的可溶性盐分淋洗到根层以下,所以灌溉水还要满足淋洗需水量的要求。在 Shepparton 地区(US Salinity Laboratory Staff,1954),灌溉土壤的低透水性影响水和可溶盐的下渗运动,限制了灌溉水量,所以在进行微咸水灌溉时,采取合理的灌溉管理和改善透水性能的措施,对于控制地下水位,防止土壤次生盐渍化以及保持良好的土壤生态环境等都是非常重要的。

1.1.7 作物—水—盐分关系的研究

农作物生长条件下的农田水盐运动是一个复杂的系统,土壤、水分、盐分以及作物各因子间相互制约耦合,构成了农田水盐动态变化并由此影响作物的种植生长环境。当灌溉水中含有盐分或在盐渍化土地上进行亏缺灌溉时,就有可能使土壤盐分含量积累,造成土壤溶液浓度过高,引起作物生理干旱。土壤的盐分含量过多或水分过少都会造成土壤溶液浓度升高,使根系吸水困难(孔东,2004)如同缺水对作物的反应,也会造成减产。盐分因素存在引起的生理干旱如同水分因素不足引起的干旱缺水,一样会造成作物减产或死亡。土壤中的盐分和水分是影响作物生长和产量的相互作用的两个变量。盐分的多少影响土壤水分对于作物的有效性。对于盐渍化土地,作物对盐分、水分的反应很难割裂开来。在盐渍化地区农业灌溉管理中,作物对水、盐关系的数学表达具有非常重要的作用,可广泛用于节水防盐、灌溉水优化管理、咸水灌溉等。

土壤中含盐对作物的生理性状和产量产生影响,是因为增加了渗透势影响作物根系吸水从而也加剧了水分胁迫。N. Katerji 等的咸水灌溉试验证实:土壤盐分越高,作物的气孔导度和黎明前叶水势越低,作物水分胁迫越严重,作物的叶面积、干物质积累和产量越低。同时发现作物在不同生长时期对盐分的敏感性存在显著差异。在水盐共同作用的关系研究中,Russo 和 Bakker(1987)对不同含盐水平下的甜瓜和棉花的作物水分生产函数做了扩展,发现灌溉水量并不能补偿盐分胁迫的影响。这一观点同 Liebeg 的观点一致:一种生长因素得到满足无法补偿另一种生长因素受限的影响。但是也有相反的观点,Letey(1985)和 Bresler(1987)通过生产函数对产量趋势预测得出额外多灌水可以改善盐分胁迫的影响。Shalhevet(1994)总结了作物水盐胁迫对产量影响的研究发现水盐胁迫两种效应具有可加性,但并不完全相等,产量对水分胁迫响应的线性回归系数比盐分胁迫回归系数大 2 ~ 3

倍。U. Shani(2001)研究作物对水盐的响应,认为水盐胁迫中,水分与盐分的互作效应非常小,以至于可以忽略不计。

我国在灌溉理论方面针对盐渍化土地也做了一些研究。李加宏和俞仁培等(1998)通过温室和田间试验,曾研究小麦和甜菜在盐分胁迫下的生长及其对盐分的吸收。张展羽和郭相平(1999)参照 Jensen 模型,建立了作物水盐动态响应模型分析了模型中各参数的求解方法,并考虑作物对土壤盐渍度的敏感性随生长发育阶段不同而变化这一基本现象,提出作物不同生育阶段水盐动态响应模型。张丽辉和史海滨(2002)对含盐土壤中节水灌溉条件下的作物水盐响应模型做了一定的研究,在建立模型过程中对自变量的选取和阶段的划分作了大量工作,建立了以土壤溶液相对浓度为自变量的多阶段加法模型。但是目前的许多模型均是在一定的试验条件下获得的,不同的模型尚缺乏在同地区或不同条件下的系统比较检验,今后的研究要对一些有代表性的模型在同地区或不同条件下进行统一的检验,为农业可持续发展获得指导性的作物—水—盐分模型。

1.2 土壤水、热和溶质耦合运移研究

土壤中任一点的水分运动、热量转换和溶质运移相互关联、相互作用,从而形成一个复杂的土壤水动力耦合系统,土壤水、热和溶质在该系统中耦合运移的研究,对农业生产、盐碱化土地的治理、地下水污染的监测控制等方面都有重要的指导意义。分析现有文献,土壤水、热和溶质耦合运移研究与发展可从土壤水热耦合运移,水和溶质耦合运移,水、热和溶质耦合运移 3 个方面进行归纳、综述。

1.2.1 非饱和土壤中水分运动

一维非饱和流的水动力学方程为:

$$\frac{\partial\theta}{\partial t}=\left[k(\theta)\frac{\partial h}{\partial z}-k(\theta)\right]-s(z,t) \tag{1-1}$$

式中:h 为基质势,cm;$k(\theta)$ 为导水率,cm^3/d;$s(z,t)$ 为根系水分吸收速率,cm/d;z 为垂直坐标,原点在土表,向下为正,cm;t 为时间,d。

水分运动模型上边界条件:计算的上边界为地面,为第三类边界条件。

$$-k(h)\frac{\partial h}{\partial z}+k(h)=\in \text{(}\in\text{ 蒸发为负,入渗为正)} \tag{1-2}$$

下边界条件:计算的下边界取到地下水位,为第一类边界条件。

$$h(l,t)=0 \text{(}l\text{ 为地下水位埋深)}$$

初始条件:开始时刻的剖面负压分布已知。

$$c(h)\frac{\partial h}{\partial t}=\frac{\partial\left[k(h)\dfrac{\partial h}{\partial z}\right]}{\partial z}-\frac{\partial k}{\partial z} \tag{1-3}$$

式中:h 为负压水头,cmH_2O;t 为时间,d; $c(h)$ 为容水度,L/cm;$k(h)$ 为水力传导度,cm/d(入渗为正,蒸发为负); l 为计算土层厚度,cm。

基本方程:取坐标向下为正。

1.2.2 土壤中的热流

土壤的导热性使土壤中产生了热流,土壤中的热流影响着土壤的温度。土壤的温度除随着太阳的辐射发生变化外,还随季节不同发生变化,特别是北方的冬春季节,土壤将随气

温的变化发生冻结和融解。

土壤中的热流及温度变化对土壤的理化性质（如表面张力系数、溶解度等）和土壤中的许多物理过程都有一定的影响，必将引起土壤水分和溶质运动参数发生变化。此外，由温度差产生的温度势梯度也都直接影响着土壤中水、气及溶质的保持和运动。

1.2.3　土壤水、热和溶质耦合运移

1.2.3.1　土壤中的水热耦合

多年来，等温条件下饱和、非饱和土壤中水分运动的研究在理论和实践中已取得丰硕成果。非等温条件下，土壤中温度的分布和变化通过对水的理化性质的影响而影响到基质势、溶质势以及土壤水动力学参数，从而引起土壤水的运动。土壤水分运动过程中，其运移特性及含水量又反过来影响土壤热传导参数，从而影响土壤温度。因此，实际问题中土壤水、热迁移的研究应突出它们之间的相互交叉与耦合。土壤水热耦合运移模型比较复杂，一般只能通过数值方法求解，Shao 等利用变量代换和 Fourier 变换得到了特殊的初始和边界条件下水热耦合运移方程的解析解，求解步骤非常直接，因而可用于验证水热耦合模型的数值求解过程。

1.2.3.2　土壤水和溶质耦合运移

土壤液相是浓度很稀的溶液，溶解于其中的溶质也称为土壤盐分，土壤中由于盐分的存在，影响土壤的结构性、溶液的黏滞性等，这些都综合地影响着土壤的导水性能，进而又影响土壤水分的运动。随着土壤水分的运动，土壤盐分必然发生迁移，灌溉水或地下水携带着各种可溶性盐类，使得溶质进入并积累在农田中。强烈的蒸发，水去盐存，导致盐分不断积累在上层土壤中，随着土壤条件的变化，这些离子或者发生离子交换，或者被吸附、沉淀，或者被植物根系吸收，但多数溶质随水分入渗进入深层土壤或地下水中。总之，土壤水分和溶质的运动是互相联系、互相影响、不可分割的。

土壤中水分运动和溶质运移同时发生，因而水和溶质迁移的数学模型分别由水分运动和溶质运移两个方程耦合构成。

描述饱和、非饱和土壤中水分运动的基本方程是 Richards 方程，其一般形式为：

$$\frac{\partial\theta}{\partial t}=\frac{\partial}{\partial z}\left[k(\theta)\frac{\partial h}{\partial z}-k(\theta)\right]-s(z,t) \tag{1-4}$$

一维非饱和土壤水盐运移模型为（对流－弥散）：

$$\frac{\partial C}{\partial t}=-\frac{\partial}{\partial z}\left[D\frac{\partial C}{\partial z}\right]-\frac{\partial}{\partial z}[vC] \tag{1-5}$$

式中：h 为基质势，cm；$k(\theta)$ 为导水率，cm^3/d；$s(z,t)$ 为根系水分吸收速率，cm/d；C 为土壤溶液的溶质浓度；D 为土壤溶质水动力弥散系数；v 为水分空隙流速，cm/d；z 为垂直坐标，原点在土表，向下为正，cm；t 为时间，d。

1.2.3.3　土壤水、热和溶质耦合运移理论

土壤水、溶质的非等热转换周期性（如日变化、季节变化）地发生在靠近地表的土壤中。温度梯度影响水势场并能诱导土壤水的运动、水的运动输送热和溶质，从而导致溶质浓度梯度和新的温度梯度的产生，它们又能推动水的运动。考虑到溶质浓度对水汽流的影响，把分子扩散和对流作为盐分迁移的主要动力，描述了一个非饱和带土壤水、热和化学物质的运动模型，该模型只考虑到盐分滤渗和热扩散对溶质运移的作用，而忽视了溶质浓度对液体流的

影响。通过稳态条件下热和物质迁移的土柱试验,发现溶质浓度影响不等温条件下非饱和土壤的水分迁移,由此提出了一个同时考虑含水量、温度和溶质浓度影响并描述稳态条件下多孔介质中液相和气相水分迁移的理论,该理论对水分分布的预测值和实测值基本一致,而使用 Philip DeVries 的水流方程得到的盐化土稳态条件下水分分布的预测值则明显偏离了实测值。

瞬态条件下非饱和土壤水、热和溶质耦合运移的理论,包括水流、热流和溶质流 3 个流动方程,水流方程由气态流和液态流结合而成,描述水、温度和溶质浓度共同作用下的水分运动。溶质对流方程则描述对流、扩散 - 弥散、盐分渗流以及由温度梯度引起的扩散作用下的溶质运移。热流方程考虑传导和对流的作用,描述固液气三相中热的迁移。

1.2.4 进一步研究的方向

农田水盐运移规律的研究仍是今后土壤学、灌溉学的研究重点。为了在生产实践中应用,需要在特定条件下选择并建立完全封闭的平衡区进行基础研究工作,即大量试验观测和数据分析,以便解决目前模型缺乏对生产实践的指导意义,使之能综合反映水盐在土壤—植物—大气连续系统中运移的物理过程及揭示水盐运移的实质,以建立土壤—盐分—植物—大气连续系统,与此同时,结合农业水土工程学科,将进一步研究作为一个草地—土壤水盐—大气综合系统的灌区人工草地生态系统,在水土—作物—生态环境关系的最优理论与方法方面,将建立水、肥及环境综合生产函数和通用作物水土管理模式,建立降水(灌溉水)—作物水—光合作用—经济产量的转化效率的计算模式及水土—作物—生态环境关系优化协调的理论和方法。

1.3 作物水分关系的研究现状和应用

1.3.1 作物水分关系的研究现状

作物产量首先取决于自身遗传特性,其次是周围的生态环境,如土壤、气候、耕作、肥力和水分状况等。其中水是影响作物产量的主要因素,研究产量与作物需水量关系是评价地区水资源生产潜力和合理利用水资源的基本依据。在作物产量与水分函数关系的研究中,大约经历了 3 个阶段 (李洁,1998)。第一阶段:20 世纪 30 ~ 50 年代,美国犹他州曾总结了 1928 年的小麦试验成果,提出了抛物线形的生产函数关系。第二阶段:20 世纪 50 ~ 70 年代,属于国际开发委员会的 4 所大学从已积累的大量资料提出以实际蒸散量作为作物特征量的观点。后有人提出并证实,全生育期蒸散量与总产量之间相关关系明显。第三阶段:1974 ~ 1975 年,由 4 所大学证实并进一步扩展到不论是有限灌水(limited irrigation)还是由于含盐水平不同引起根区水分吸力作用不同,都可用相同的蒸散量与产量关系模型来表示。这就发展到了节水农业领域。

在作物整个生长发育全过程中,一直保持充分供水,虽然产量最高,但耗水量也最多,水分利用率最低,不是科学的供水方法。尤其在干旱半干旱地区,由于水资源的匮乏或者灌水成本的增加,人们势必注重以最低的灌水定额,获得最高的灌水生产效率。在作物非水分敏感期进行适度水分亏缺,将有限的水分选择在对产量影响较大的生育时期灌溉,这样可以在产量和生物量等方面接近或超出一直充分供水的水平,达到高产与节水的双重目标,为理想的供水方式,目前这方面的研究试验证据较多(石培泽和杨秀英,1998;许振柱等,1997;陈晓远等,1999)。

1.3.2 牧草水分生态概述

水是干旱区关键生态因子,灌区植被的组成和结构由水密切控制,同时在各种尺度上对水产生重要的反馈作用。从生态植被意义上讲,人工牧草、农作物有一年生和多年生之别,植物学性状不同,生态生产力特征不同。苜蓿为多年生优质牧草,生态节水和经济价值非常优越。从植物学角度讲,苜蓿为多年生豆科宿根草本植物,喜冷凉耐酷暑,更耐干旱,根系庞大,吸水力强。在日照充足、温差大的内陆性气候,地力瘠薄和土壤侵蚀严重的盐碱化土地种植,它的生态适应性和生产性能远非其他作物可以比拟。有研究测试表明,仅苜蓿草的蛋白质单位面积产出量,显著地高过同类农田粮食作物经济学产量。由于苜蓿草生产投入少,生态生产力回报率高过其他作物数倍,因此苜蓿可谓风蚀水蚀强烈地区生态效益与经济效益兼收并蓄的高效作物。过去的研究还发现,苜蓿的耗水系数远低于其他所有栽培作物。因此,苜蓿水分生产效率又远高过其他所有作物,苜蓿可以高效利用全年降水,任何降水年型,苜蓿阶段需水与降水季节分配的吻合程度都明显高过其他一年生作物。加之,苜蓿收获为营养器官绿色体,而不是对水分敏感的有性器官的子粒,从而使苜蓿成为高度耐旱的栽培作物。

1.3.3 牧草水分—产量关系的研究现状和应用

包括苜蓿在内的各种牧草的产量首先取决于自身遗传因素,其次是周围的生态环境,如土壤、气候、耕作、肥力、水分、盐分和土壤热状况等。其中水是产量的主要影响因素,研究产量与牧草需水量关系是评价干旱半干旱地区水资源生产潜力和有效利用有限水资源的基本依据。

根据现有理论,在试验基础上建立的作物产量与耗水量的经验关系模式可以分为两大类:一是建立作物产量与各生育期的水量关系;二是建立总产量与生育期总耗水量的关系,这些研究成果成为指导灌溉实践的重要理论依据。在深入认识作物产量与耗水量关系的基础上,根据作物不同时期对水分敏感特性的不同来合理安排不同生育时期的水分,以造成一定程度的水分亏缺,研究作物对水分的响应关系将是现在和今后相当长的一段时期内人们研究的重点课题。

1.3.3.1 植物 WUE 及其影响因子

作物水分利用效率(WUE)指作物消耗单位水分所生产的同化的物质的量,它实质上反映了作物耗水与干物质生产之间的关系,也是评价作物生长适宜程度的综合生理生态指标。作物水分利用效率可以从不同层次上进行表达,其中蒸腾效率反映了作物本身的性能,本书专指蒸腾效率。早在 20 世纪初,Briggs(1913) 和 shantz(1913,1917)即已开始了植物水分利用效率的研究工作,他们在 6 种 C_3 作物四年的盆栽试验中发现:不同作物的水分利用效率有明显差别,其中小麦的 WUE 最高,达到 1.97 g/kg(水),而苜蓿 WUE 是最低的,为 1.169 g/kg(水),其余介于两者中间,最高和最低之间相差 70%。他们认为低的需水量一定与作物耐旱性有关,但当时并没有作出合理的解释。

由于植物叶片水平上的 WUE 是光合速率和蒸腾速率之比,因而凡影响光合和蒸腾的植物和环境因子对植物单叶 WUE 均有影响。气孔行为是影响叶片 WUE 的重要因子,组间 WUE 的差异就是由于其气孔行为的差异所造成的,气孔阻力的增加会提高叶片水平上的 WUE。

除了植物因子外,环境因子对植物 WUE 也有显著影响。温度对单叶 WUE 的影响是由于它对光合和蒸腾的影响不同所致,蒸腾随温度成指数曲线上升,没有上限,而光合随温度上升则有限度,当温度接近最适点时,光合速率先是上升减缓,以后变平甚至下降,但蒸腾仍然上升,使得单叶 WUE 下降。湿度则由于只影响了蒸腾而对光合无显著影响,与温度的影响不同,随着大气湿度的增加,单叶 WUE 增加。光照是影响植物单叶 WUE 的另一个重要因子,光照是光合和蒸腾的驱动力,但对两者的影响不同,光照对光合的影响是瞬间的,而对蒸腾的影响则可以在时间和空间上进行累积。

1.3.3.2 根冠大小与 WUE

植物大小在其对胁迫环境的适应方面有重要意义,生态学家一般认为个体小的植物在干旱胁迫环境下有较好适应性(Levitt,1980),而育种学家则认为小个体品种易对高投入和生产环境起反应,而大个体品种则在不利环境条件下具有较好的稳产性,但大个体品种对资源的需要量要大于小个体品种(Reynolds 等,1994)。事实上,现代育种也正向矮杆化方向发展。Owonubi 等(1982)认为冠层结构的不同是造成其 WUE 差异的原因,植株矮化对干旱胁迫的响应没有明显的影响,而遗传背景和产量潜力对其影响远远大于矮杆基因的影响。矮化对根系生长的影响尚无明确结论。

一般认为强大而深密的根系是植物适应缺水环境的重要机制,凡能促进根系发育的措施都可以促进作物对缺水环境的适应。因此,人们均以根量大小作为作物抗旱性强弱的指标。农学界普遍接受的观点认为:根系越庞大,作物获得的水分就越多,因而产量就越高(Albrecht,K 等,1987)。然而追求庞大根系的育种思想和方法却未能给半干旱雨养农业地区小麦产量潜力提高带来任何实质性的改变(张大勇等,1995)。因为根据生态学中的最优生活史对策原理,生物个体把同化的有限能量向某一功能分配的增加必然造成对其他功能分配的相应减少。Passioura(1983)指出生产单位重量根系所需消耗同化产物相当于形成等量冠层物质的两倍,Hamblin 等(1991)研究表明其相对百分比高达 20% ~50%。

1.3.3.3 根冠关系对作物水分利用效率的影响

旱地农业与节水灌溉农业结合发展的趋势日益明显,两者结合所要解决的关键问题是:在灌溉农业中如何做到在节约大量灌溉用水的同时实现作物高产,在旱地农业中如何做到限量供水以达到显著增产,两者的结合点就是如何提高水的利用率和利用效率的问题。国内外的旱农实践证明:充分将有限的环境水和最大限度地节约作物本身用水相结合是提高农田水利用率和利用效率的基本途径,而在径流、渗漏、无效土面蒸发接近于最大限度的控制以后,提高植物本身的水分利用效率就成为进一步发展旱作农业和节水农业的一个中心问题(山仑,1997)。唯有如此,才有可能在进一步大幅度减少农业用水方面取得新的突破(Stanhill,1992)。

1.4 苜蓿根系吸水机理研究进展

1.4.1 作物根系构型特征与水分胁迫的关系

水分是农作物赖以生存和发展所必需的自然资源;作物根系是土壤水分的直接吸收利用者,植物根系除支撑和固定其地上部这一力学功能外,另一个重要功能就是从土壤中吸收水分和养分以满足植物地上部生长所需。根系是吸收水分和养分的器官,将水分、营养物质送到地上部,并从茎叶获得它生长所需的营养与微量活性物质。另外根系还具有储藏及生物合成作用,对地上部的生长、形态建成发生作用。当土壤水分胁迫时,作物根系首先感到并迅速发出信号，使整个植株对水分胁迫作出反应。同时根系形态结构、化学成分的数量和作物质量也发生相应变化，并影响地上部"叶光系统"的建成和产量。多年来国内外学者对作物根系和水分的关系进行了大量的研究。在水分胁迫下，诱导根系产生更多数量的二级侧根与三级侧根，根表面积增加，根直径变小，侧根发生率与死亡率都很高。这种分生特征能更有效地吸收土壤中分布不均的水分。因为小直径的根系穿透力强，可吸收深层水分，另外新生侧根能更有效地把吸收的干土层的有效水分输送给主根。

1.4.2　根系吸水特征与土壤水分关系

在干旱条件下，根系分生加速，出生率和死亡率都提高。根系吸水量随土壤深度增加而减少，但与根量之间无线性关系，中深层根系吸水量占总吸水量比例远大于中深层根量所占总根量的比例。当土壤水分干旱时，接近地下水层的根系吸水率比上层干土层的吸水率大得多，深层根的吸水量就变得十分重要（Engels 等，1995）。提高根系水分利用率的调控技术，合理适时适量灌溉，可改变根系形态结构，提高水分利用率。

1.4.3　不同水分处理苜蓿根系特性差异比较

多年生苜蓿的根系和根茎是其吸收运输养分和水分的重要器官，同时根茎也是产生枝条的重要部位，直接影响到苜蓿形态建成、生产性能和可持续利用，如生产力、耐寒性、抗旱性、再生性、水分利用率、抗病性等均与根系形态密切相关。根深有利于吸收深层土壤养分、水分，对不良环境抵抗力强。主根粗且重，侧根多、直径较粗，分布于较深层土壤中。显示其根系生长发育良好，适应能力强，有较好的旱作生理基础，其总根长和总根重在不同水分处理下随生长日期表现相同的单峰变化趋势，总根长和总根重的最大值均出现在分枝至现蕾阶段。水分胁迫会导致 0～60 cm 土壤中总根重和总根长都降低，但水分胁迫下经抗旱锻炼后，会促进根系下扎，深层根量占总根量的比例增大，根长密度随土层深度递减速度减慢，根冠比增大，提高了对土壤深层水的利用。

综上所述，植物根系吸水研究一直是植物生理学研究中的一个热点问题，然而与地上部分研究相比，由于土壤环境的复杂性和研究手段方面的限制，根系吸水研究大大滞后了。近年来压力探针技术的出现，使得从细胞到组织或器官水平上根系吸水的研究成为可能，而水通道蛋白的发现，使得从分子机理上阐明根系吸水成为可能，也引起了人们从细胞途径对整个根系吸水贡献的重新评价。这些技术上的进展无疑对根系吸水研究起到了极大的推动作用，也取得了很大进展，但是这些研究多在离体根系上进行，其测定结果难以反映土壤原位根系吸水的实际情况，因而基于上述研究结果所建立的各种根系吸水数学模型在预报田间根系吸水方面还存在很多问题。

1.5　非充分灌溉理论的提出及研究进展

20 世纪 70 年代以来，随着世界性水资源危机的更加突出，农业的用水观念发生了较大的转变，提出由传统的丰水高产型灌溉转向节水优产优质型的灌溉。在粮食和经济作物生产中先后出现了非充分灌溉（insufficient irrigation），又称为有限灌溉或亏缺灌溉（马忠明，1998）。20 世纪 70 年代中期，澳大利亚率先提出调亏灌溉，并在果树生产中进行了验证（CHALMERSDJ 和 BVANdenEnde，1975）。康绍忠等（1997）提出了控制性分根交替灌溉新概念与方法。这些灌溉方式的关键均依据作物本身的生理特性与需水规律，进行主动人为的水分亏缺处理，试图开辟生物节水的新途径。

非充分灌溉是针对水资源的紧缺性与用水效率低下的普遍性而提出的。非充分灌溉是以提高灌水生产效率为主要目的。在水资源有限地区,不以单位面积的高产作为追求目标,而是重视合理的灌水量、灌水时期、产量及 WUE 之间的协同关系。通过大幅度的降低作物奢侈耗水,以节约大量的水,增加灌溉面积,求得大面积的均衡增产与稳产(山仑和徐萌,1991)。非充分灌溉广义上可以理解为灌水量不能完全满足作物的生长发育全过程需水量的灌溉,就是将有限的水科学合理(非足额)安排在对产量影响比较大,并能产生较高经济价值的水分临界期供水,在非水分临界期少供水或不供水。非充分灌溉作为一种新的灌溉制度,不追求单位面积上最高产量,允许一定限度的减产。在水资源有限地区,建立合理的水量与产量关系模式,通过增加灌溉面积而获得大面积总量的均衡增产,力求在水分利用效率(WUE)—产量—经济效益三方面达到有效统一(山仑和徐萌,1991;陈玉民,2001)。

非充分灌溉的理论相对于传统的灌溉理论是灌溉观念的改革(石培泽等,1998)。充分灌溉的主要目标是获得作物的高产稳产,并以控制土壤湿度作为约束条件,保证每次灌水都满足"及时限量"的传统灌溉要求。非充分灌溉允许作物承受一定的水分胁迫,利用作物不同生育期对水分的生理特性,使作物产量在不明显降低的情况下有较高的水分利用效率和边际产量,达到以最少的水分消耗获取尽可能多的农作物产量的目的。非充分灌溉理论的实施以对作物水分生理特性的深入认识为基础,同时对于灌水控制技术和管理水平提出了更高的要求。只要结合农业生产具体环境,按照作物生长发育的客观规律调控灌溉,深入探讨作物与水分的内在生理关系,完善作物节水理论体系,广泛推广与采用非充分灌溉模式将具有重要的社会、生态与经济意义(孔东,2004)。如美国的加利福尼亚州中央河谷灌区(陈亚新等,1995)从 1969 ~ 1977 年对 6 种作物进行了为期 9 年的充分灌溉与非充分灌溉的对比实验,证明在节水的非充分灌溉条件下比充分灌溉的最高产量减产并不严重。1980 ~ 1982 年,俄勒冈州东部的一些农场经过俄州大学在 Hermiston 附近对冬小麦的定量研究中进一步提高了缺水程度,灌溉水量(包括降雨)保持在作物需水量的 80% 时也获得了良好生产效果。1981 年,美国灌溉协会在盐湖城召开会议,由 J. E. Marscall 和 C. N. Brian 提出了非充分灌溉条件下可靠的产量模式与灌溉水的最优化管理问题。这些概念的提出及其方法的实施,对由传统的丰水高产型灌溉转向节水优产型灌溉,提高水的利用效率起到了积极的作用并产生了显著的效益。

Turner 认为,水分亏缺并不总是降低产量,早期适度的水分亏缺在某些作物上有利于增产,并列举了若干实例,包括向日葵、羽扇豆、花生、豆科牧草、小麦、大麦等作物来证实有效亏缺的反应。山仑(1993)等经过研究也得出结论:一定生育阶段,一定程度的水分亏缺可使禾谷类作物在节约大量用水的同时获得较高产量,其主要根据是旱后复水对若干生理过程的改善程度超过一直充足供水处理,如苗期—分枝期干旱锻炼使谷子生育后期同化能力的增长显著超过了蒸腾的增加,因而提高了 WUE(郭贤仕、山仑,1994)。他还得出分枝期是春小麦限量供水的最佳时期,分枝期限量供水改善了春小麦植株的水分供应状况,特别是减弱了叶水势的剧变过程;另外,提高了叶片光合速率和蒸腾速率的比值,与此同时增强了对土壤储水的利用程度。试验还表明,适宜的限量灌水可以使灌水生产率提高。马忠明(1998)得出作物在适度水分亏缺的逆境下,对于有限缺水具有一定的适应性和抵抗效应。适度水分亏缺不一定使产量显著降低,在一定条件下反而使作物水分利用效率显著提高。肖俊夫、孙景生(2000)等研究亏缺灌溉对棉花生长发育的影响,认为亏缺灌溉条件下,虽然棉花后期受重旱，但对棉花纤维品质没有明显影响，在轻度亏缺灌溉时减产百分数小于水量减少百分数，具有一定节水意义。郭相平等(1999;2000)通过试验研究认为玉米苗期进行亏缺灌溉处理能延缓后期叶片和根系的衰老，保持较高的光合速率、蒸腾速率和根系活力，使后期玉米的需水规律有所改变，生育期总需水量减少。

由于水资源的紧缺，迫使人们难以或者没有必要按照作物需水要求足额供水，因此非充分灌溉是未来节水与灌溉农业发展的主导方向，其现有理论依据为：作物在某一生育阶段适度受旱，复水之后，增强了作物本身的渗透调节能力，加强了作物对多变低水环境的适应性，并且能够在光合作用、营养生长、物质运输和产量形成等生理过程产生一个有效补偿机制，从而实现有限水分的高效利用(吕金印等,2000)。

1.6　生态需水量的研究进展

1.6.1　生态需水量的相关概念

迄今为止，生态环境需水仍没有形成一个系统、科学的理论体系和公认的定义(Elign,1975)。生态需水、生态耗水及生态用水是不同的概念，目前国内有关生态需水的研究是在现有生态系统和生态水文条件下进行的，所讨论的问题大都是针对现有植被或现有地下水位条件，它是现有生态系统的耗水或用水，并不代表所论流域或区域真实的生态需水，生态需水并不等于生态耗水(Garver,1922)。生态需水量直到20世纪90年代，随着国际水文计划等重大项目的推进，研究的对象开始打破过去局限于所关心的某一单一目标的情景，人们才开始考虑维系河流系统生态完整的生态需水量需求，提高对河流生态系统保护的有效性，但对于西方发达国家，并没有中国西部如此生态问题的多样性和复杂性，因此他们对生态用水的研究主要集中在维系自然生态系统平衡方面，较少考虑高强度节水活动大量挤占维系灌区自身生态环境需水的现实问题。

1.6.1.1　生态需水

生态需水相对于人工绿洲用水，具有对水质和用水过程要求不高的特点，关键在于有一定水量以维持植被生存的地下水位。生态需水是生态系统达到某种生态水平或者维持某种生态系统平衡所需要的水量，或是发挥期望的生态功能所需要的水量，水量配置是合理的、可持续的。对于一个特定生态系统，其生态需水有一个阈值范围，具有上限值和下限值，超过上下限值都会导致生态系统的退化和破坏(Felt;ler. K. C 等,1965)。由于生态需水具有时间和空间特征，并和生态系统的属性相联系，因此有各种各样的生态需水。在生态需水研究的不同层次，也有不同的生态需水。在生态问题层次，有为解决面临的生态问题所需的生态需水；在水与生态关系层次，有最小生态需水、适宜生态需水、枯季生态需水和汛期生态需水等；在生态价值层次，有为了达到某个生态价值所需的生态需水；在决策层次，有期望生态需水等；维持期望生态状态所需要的最小水量叫做期望生态需水。生态需水的大小受3方面的因素制约：生态目标、生态特性、生态条件。所谓的生态目标是指人们所期望的特定的生态系统的组成、结构和功能。显然，随着人们对生态系统期望值的提高，生态目标也将提升到一个更高的水平，相应的生态需水量也发生变化。一定程度上可以认为，生态需水的大小受制于社会经济发展的耗水状况以及人们对生态保护和建设重要性的认识程度，并随着社会经济的发展而发生着相应的变化。受生态系统本身物质、能量循环周期特征以及外界环境因子变化的综合作用，生态需水在不同的时段和空间范围内是不同的(George 等,1964)。

1.6.1.2 生态用水

生态用水不是流域新出现的需水对象,它一直存在,并不断被人类活动挤占。生态用水是某种生态水平下所使用和发生的水量,常常是由于自然原因,如降雨、洪水等造成水的储存或汇集,也可能是由于人为原因,如截流、引水、筑坝等形成的相关系统。这些水量未必是合理和可持续的,多数是被动接受的水量(Felt;ler. K. C 等,1965)。生态用水和生态需水类似,也具有时间和空间特性,研究的不同层次也有不同性质。必须指出,生态用水与生态需水是比较容易混淆的两个概念,正如前所述,尽管生态需水受生态目标的影响,但它主要取决于生态系统本身的特点及其所处的环境特征,它提供的是生态环境保护和建设最基本的依据,而不涉及人为的水资源调配(George 等,1964)。

1.6.2 生态需水的分类

根据对国内外有关文献的研究,生态需水可主要按下述方法进行分类。

1.6.2.1 根据用水功能分为生态需水和环境需水

生态需水是指维护生态系统具有生命的生物体水分平衡所需的水量,包括天然植被、水土保持、水生生物等所需的水量。环境需水是指为保护和改善人类居住环境所需的水量,包括改善水质、维护河湖各种平衡、控制地面沉降以及美化环境等所需的水量。

1.6.2.2 根据生态需要和实际用水分为生态需水和生态用水

生态需水是维持某种生态水平或维持某种生态平衡所需使用的水量,是一计算值。生态用水是某种生态水平实际所使用的水量,或称做生态耗水量,是一个实际统计值。生态用水量可能由于水资源的短缺小于其生态需水量,也可能由于水资源丰沛或不合理利用大于生态需水量。

1.6.2.3 根据生态系统形成的原动力可分为天然生态需水和人工生态需水

天然生态需水是指基本不受人工作用的生态所消耗的水量,包括天然植被和水域需水。人工生态需水是指由人工直接或间接作用维持的生态所消耗的水量,包括用于防风的人工林草所需水量、维持城市景观所需水量、农业灌溉抬高水位支撑的生态需水量以及水土保持造林种草所需水量等。

1.6.2.4 国内外关于生态需水研究概况

目前,国内外对生态需水的研究尚处于起步阶段,在理论上还没有切实可行的依据,关于生态需水量的概念、定义以及计算方法还没有统一的认识。Gleick(1996)给出了基本生态需水概念的框架。Covich(1993)强调保证恢复和维持生态系统健康发展所需的水量。Whipple(1999)指出在一个流域内应解决生态环境需水和国民经济需水的矛盾。国内以新疆为背景对干旱区生态用水的概念和分类进行详尽的阐述(贾宝全等,1998),探讨了生态环境用水的必要性(汤奇成,1995)。在干旱半干旱区生态需水理论分析中,对植被生长需水分异规律进行了研究(王芳等,2002)。生态需水计算方法研究方面,Whipple 建议用计算机技术进行基础分析和系统模拟。随着计算机技术的发展,基于遥感和地理信息系统技术对区域生态需水进行计算及分析正在研究之中(王芳等,2002)。也有从生态平衡的角度(陈昌毓,1995)和潜水蒸发与植物蒸腾物理测定的方法(王根绪等,2002)来确定生态需水量的。生态用水也称生态环境用水(贾宝全等,1998;汤奇成,1995),即改善或维护生态环境质量不至于进一步下降时所需要的水量。对干旱区生态用水的概念的认识是:提供一定数量和质量的水给天然生境和人工绿洲内防护植被体系，使其维持正常的生存和延续，至少不向坏的方向发展(司建华,2004)。

1.6.3　生态需水的研究领域

许多学者对我国干旱半干旱地区的生态需水问题进行了研究，得到了许多很有价值的结论(中国西北地区生态需水研究,2002;王西琴等,2003)。丰华丽等从整体性理论、物种多样性理论、物种耐性理论和景观生态学的河流廊道理论等方面探讨了生态需水的理论基础，同时分析了土地利用变化对生态需水的影响(贾宝全等,2000)。目前对生态需水的研究领域主要集中在以下几个方面。

1.6.3.1　水文学

针对目前的生态水文问题，出现了一个新学科《生态水文学》，主要集中从流域水文循环的角度来研究生态需水，分析生态植被的变化对河川径流的影响。通过对海南(丰华丽等,2002)、华中(卢培俊,1980)、黄土高原(黄河流域)(田大伦,1993)、秦岭(田大伦,1993)和东北(雷瑞德等,1996)等不同地区不同森林类型的森林植被变化或对比流域森林覆盖度差异对径流和蒸散发影响的分析可知，森林植被破坏引起森林覆盖度降低一般会导致径流量增加，蒸散发降低(周晓峰等,1994)。但同时对四川省西部米亚罗高山林区、岷江上游冷杉林小集水区等地的研究表明，有林流域年径流量较无林或少林流域大(石培礼等,2001;马雪华,1987;马雪华,1993)。这说明在不同的气候地理条件下，生态需水的特点完全不同。

1.6.3.2　农学

农学方面的研究通常是根据目前农学领域中研究已经较为成熟的作物需水理论进行分析。赵文智等通过测定黑河流域上中下游的典型单株胡杨、柽柳等植物茎流量来确定单株植物的需水量，进而推求生态需水(黄礼隆,1989)。

1.6.3.3　气象学

气象学方面对生态需水的研究主要与农学结合在一起，通过对气象因子的分析，确定某种气候条件下的生态耗水量，其中比较常用的方法是联合国粮农组织推荐的彭曼公式和积温法，这些方法通常通过添加作物系数和土壤水分系数等因子反映不同植被的需水量(赵文智,2002)。

1.6.3.4　生态学

很多学者提出了以维持合理的地下生态水位作为生态恢复的主要途径，在此基础上进行生态需水的估算，使用地下水动力学模拟的方法确定河道输水对周围的地下水位的影响，再与潜水蒸发理论相结合，确定生态需水量。王会让等认为在干旱地区生态需水的确定，生态恢复过程中所使用的水量也应该计入生态需水量，在这样的地区生态需水量应该包括生态系统稳定时的需水量和生态恢复需水量(陈昌毓等,1998)。

1.6.4　生态需水的基本原理及其计算方法

生态需水的基本原理有水分循环与水量平衡(刘昌明,1999)、热量平衡法(陆渝蓉,1998)、水盐平衡、水沙平衡等原理(李丽娟等,2000)。目前确定生态需水的常用方法有直接计算法，即以某一地区某一类型植被的面积乘以耗水定额；间接计算法，即以某一植被类型在某一地下水位的面积乘以该地下水位的潜水蒸发与植被系数，计算其需水量；土壤湿度法(卞戈亚等,2003)，即在一定范围内，牧草的需水量和土壤水分呈正相关，该类计算可用于同一地区或降水量、土壤质地相近地区需水量的估算；目前，联合国粮农组织 FAO 建议作物蒸发蒸腾量统一采用公式计算，并推荐式中参考作物蒸发蒸腾量采用改进后的彭曼公式计算（卞戈亚等，2003）；基于遥感的生态需水量计算方法（王芳等，2002）；用生态经济的观点分析生态需水量，即分别确定生态需水量与生态价值的关系曲线和经济用水量与国民生产总值的关系曲线，根据效益最大化原则，当 $\Delta B_{经济}/\Delta Q = \Delta B_{生态}/\Delta Q$ 时，在这两条曲线中寻求生态需水的平衡点（乔云峰等，2004）。

1.7　灌区草地生态生产力研究

从植物学角度讲，多年生草本植物，喜冷凉耐酷暑、更耐干旱，根系庞大，吸水力强。对日照充足、温差大的内陆灌区、地力瘠薄和土壤侵蚀严重的盐碱化土地种植，它的生态适应性和生产性能远非其他作物可以比拟，过去研究测试表明，仅苜蓿草的蛋白质单位面积产出量，显著地高过同类其他作物数倍，因此苜蓿可谓风蚀水蚀强烈地区生态效益与经济效益兼收并蓄的高效作物。研究还发现，苜蓿的耗水系数远低于其他所有作物，因此，苜蓿水分生产下苜蓿可以高效利用全年降水。任何降雨年型，苜蓿阶段需水与降水季节分配的吻合程度，都明显高过其他一年生作物，尤其是多年生苜蓿生长时期的特点可以将灌区大部分粮食作物在收获后的包括降雨在内的水资源得到充分利用。加之苜蓿收获的为营养器官绿色体，而不是对水分敏感的有性器官子粒，从而使苜蓿成为高度耐寒性和光合生物积累量俱佳的栽培作物，同时被忽略的从营养生长阶段到生殖生长阶段的生理过程使苜蓿在灌区的生态效应得以持续和长久的发挥，提高了草地生产力。

第二章　立题依据

据统计，我国灌溉面积 2 625 万 hm^2，农业节水灌溉达 2 035 万 hm^2，占全国有效灌溉面积的 36%（汪恕诚，2005）。农业灌溉水利用率近十年来提高了 10% 左右，基本实现全国灌溉用水总量 20 年零增长，粮食生产仍得到较快发展。今后新增节水工程面积 1 000 万 hm^2，在用水量仍需保持零增长的情况下，保持灌区生态良好。传统意义上的节水灌溉日显不足，很难达到灌区节水扩大灌溉面积和维系生态良好目标的共赢，潜力在于大力发展其水分适应性与光合生物量俱佳的苜蓿种植。有关资料显示，甘肃省人工种草面积近 90 万 hm^2，其中苜蓿留床面积 50 万 hm^2，面积指标居全国第一，增速最大的在河西内陆河灌区、景电灌区等。张掖黑河流域 2000 年以来发展了 3 万 hm^2 苜蓿产业，促使灌区粮食—经济作物—饲料作物三元结构正在形成，由单纯"以粮为纲"的作物大田灌溉向以"蛋白质为纲"的混合饲料型灌溉模式转变。

秦王川灌区具有丰富的土地、光照资源和良好的交通条件，但存在土壤肥力较差、热量条件有限等资源局限性和生态的脆弱性，引大工程使秦王川从传统的旱作农业变为灌溉农业，大大提高了土地、光热、生物资源的利用率，为促进该区粮、经、饲结构及生态系统的优化提供了水资源条件。

根据秦王川年降雨量和蒸散系数，高翔等（2001）从地理学观点推算出：若调入该区的水量达到 23 亿 m^3/a 可保证生态环境处于最佳状态（2001）。而大通河年水资源总量仅为 29 亿 m^3/a，引大入秦工程年引水量 4.43 亿 m^3，实际进入本区的水量不足 3.0 亿 m^3。同时自流灌区季节性供水导致的单一作物灌溉保证率低，灌溉技术粗放，新建灌区引起的次生盐碱化等问题，说明秦王川仍然是生态缺水灌区，也是结构性缺水灌区，要实现该区生态屏障和经济发展两大功能，在目前实施供水结构调整的基础上，要求灌区向优化配置生态种植结构及相应灌溉模式转变。

针对旱区灌区生态环境健康这一影响西部可持续发展的重大问题，本研究设想能在旱区灌区内土壤瘠薄区、盐碱富集区、风沙侵蚀区、环境退化区和绿洲边缘区及人工植被速建区等非优质土地上栽培苜蓿草，与农作物形成植被生态优化配置，通过试验研究苜蓿草地水盐运移规律，灌溉与植物生长生理生态最佳配置规律，水与植物群落最佳依存规律，生态、经济优化配置规律及光能水分利用效率；提出并致力在试验研究的基础上建立生态灌溉模式，在维系灌区自身生态系统安全的前提下，提高灌区水资源利用效率及草地生态生产力；以现代灌溉理论对传统节水灌溉概念和技术进行创新，并与包括人工牧草在内的灌区种植多元结构调整相结合，建立新型生态灌溉技术体系。

第三章　研究背景、内容及技术路线

3.1　试验区概况

3.1.1　秦王川灌区概况

秦王川灌区是引大入秦工程的主要受益区,灌区总面积5.73 万 hm^2。灌溉设计保证率75%,总干渠设计流量32 m^3/s,加大流量36 m^3/s,其中提灌1.1 万 hm^2。工程系统包括引水枢纽及总干渠、两条输水干渠及支渠和田间工程。农业在秦王川处于优先发展地位,因此水资源是秦王川盆地发展的重要限制因素。灌区地势平坦,土壤较肥沃,主要作物为春小麦、大豆、胡麻等,由于历史上长期旱作,致使土壤盐分富积,1.58 万 hm^2 耕地含盐量达到中等以上,部分区域旱季表层压砂底部产生大量盐分结晶。灌区土壤质地以粉砂质黏壤土和黏壤土为主,块状结构,通透性好,但耕作层有机质含量低,为1.49%,全氮1.101%,全磷0.179%,速效磷10 mg/kg,速效钾130 mg/kg,土壤干容重为1.577 g/cm^3。耕作熟化层15～20 cm,土层厚度0.5～1.5 m。灌区农业生态环境较差,海拔高,无霜期短,降雨量分布不均,植被稀少,农田防护林尚未形成,局部地区土层厚度仅0.4 m,农田灌水渗漏现象较普遍。因此,改善农业生态环境,提高灌区作物产量,已迫在眉捷(张世彪,2001)。

灌区位于兰州市以北70 km处,地理坐标103°27′～104° 21′E,36°16′～36°53′N,海拔1 800～2 400 m,灌区属典型大陆性干旱气候,相对湿度56%,灌区内多年平均气温5～6.5 ℃,灌区降水量少,多年平均降水量284.8 mm,7～9 月占全年降水量的78%,年蒸发量高达1 800～2 100 mm,自产地表水资源贫乏,年仅700 万 m^3,且多以地表径流形式流失,加之植被覆盖度低,约94%的降水消耗于蒸发。灌区地下水主要有两种类型:一是赋存于第四系松散沉积岩层中的潜水,矿化度1.5～2.5 g/L;二是赋存在第三系砂岩、砾岩中的承压水,矿化度变化幅度大,在0.7～3.69 g/L,水层埋深多在40～100 m以下。

3.1.2　水利大院试验区简介

试验地设在甘肃农业大学水利大院试验点内。为了方便细致研究水盐运移和水盐综合胁迫对当年生苜蓿的生长影响,采用秦王川试验点原状土,在设置的遮雨棚内,用黑色厚壁PVC 管筒栽植,海拔1 525 m,年均降水量330 mm,年均蒸发量1 650 mm,无霜期196 d,土质为沙壤,pH 值为8.09,速效氮为0.026 mg/kg,速效磷为0.028 mg/kg。

3.2　蒸渗场试验系统概况

秦王川蒸渗场大型土柱设备实验系统设在秦王川灌区中川镇何家梁村,距兰州75 km,试验区多年平均降雨量241.1 mm,蒸发量1 800～2 100 mm。蒸渗场修建于野外农田之中,铁桶土柱周围用铁丝网制作围栏并搭建临时遮雨棚。

蒸渗场的试验系统由试验土柱、地下观测室、数据采集系统、地下水补给系统以及中子仪等构成。如图3-1 和图3-2 所示。

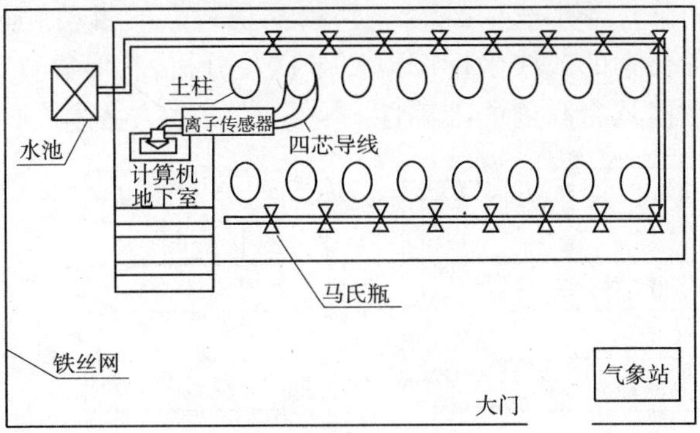

图 3-1　实验室平面布置图

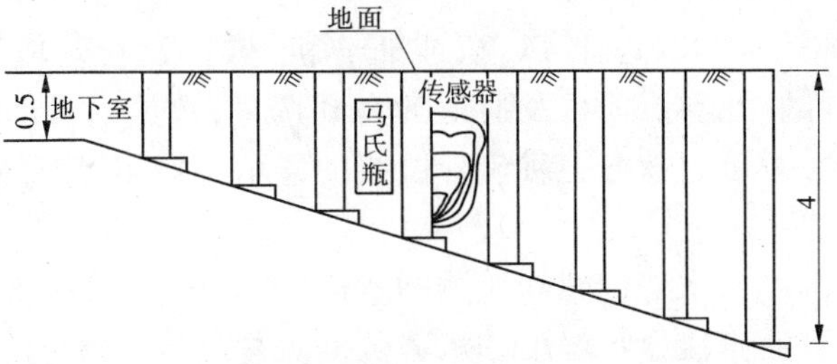

图 3-2　实验室立面布置图　（单位:m）

3.2.1　试验土柱

试验土柱是试验的载体,是构成试验系统的基本设施。装配有马氏瓶补给量观测设施、水分、盐分和温度传感器。土柱共 16 个,每 2 个土柱为一组,高度分别为 0.5 m、1.0 m、1.5 m、2.0 m、2.5 m、3.0 m、3.5 m、4.0 m(见图 3-2)。土柱底部封闭,装有 20 cm 砂砾石过滤层,接近底部侧深筒侧向设有多孔排水管道,排水管与马氏瓶相连接。

土柱由直径为80 cm,高度为0.5 ~4.0 m 不等的16 个钢制筒体制成,上部略高于地面,筒体在地下室中而筒底坐落在地下室中的水泥墩上,它们分布在地下室走廊的两边,每侧各 8 个。在筒体上按从上到下的顺序每隔 25 cm 预留 4 个直径为 2.5 cm 的圆孔。它们分别是:取土孔、张力计插孔、温度传感器插孔、盐分传感器插孔与水势传感器插孔。

3.2.1.1　人工补给地下水装置

人工补给地下水装置包括集水池、供水水管及马氏瓶等。

地下水补给系统由水池、供水管道、阀门、马氏瓶及量筒组成。这一系统可精确模拟地下水的补给,在需要地下水补给时可按精确的水量补给各土柱,当有深层渗漏水时也可精确测量出渗漏的水量。地下水位保持恒定。

3.2.1.2　土壤含水量测定系统

土壤含水量的测定采用美国 Boart Longyear 公司制造的 CPN503DR 型中子仪及铝管(铝管安放在土柱中间)。

3.2.2　MIA -3 型多通道数据采集系统

3.2.2.1　系统组成

该试验的数据采集系统采用中国科学院南京土壤研究所研制的具有国际先进水平的 MIA -3 多通道数据采集系统,它由水势传感器、温度传感器、盐分传感器、离子分析器、计算机、打印机、应用软件等组成(见图3-3),可实现数据的自动定时采集并打印存盘,还可描绘出在采集期间各要素的二维坐标图以便于试验分析,它形象直观,免去了人工采集的巨大工作量且采集的数据具有高度的准确性。它是试验站的主体核心部分。

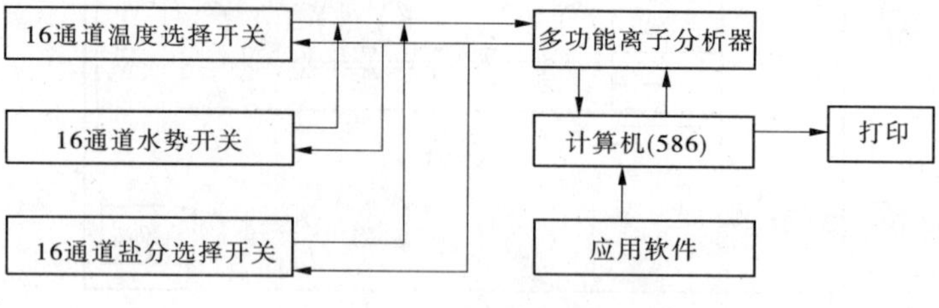

图3-3 数据采集监测系统框图

3.2.2.2 系统软件

本系统运行硬件环境为386以上PC机或兼容机,软件运行环境为UCDOS中文平台(3.1版)。本系统软件的功能有:项目及通道的自动选择;数据的自动定时采集与处理;数据的存盘与打印;水势、温度、盐分三种坐标曲线的显示与打印;传感器参数的设置与修改等功能。

在三种传感器中,温度与水势传感器所测的信号经过通道的温度和水势选择开关进入计算机,经过计算机计算后直接显示温度和水势数据。盐分传感器与前二者不同:其信号经过无阻通道选择开关进入到MIA－3微机化多功能离子分析器中的电导测量部分进行测定,它能自动生成校正系数和在10 ms～0.1 μs范围内量程自动切换从而显示电导值和在25 ℃时的电导率。

在本系统中采集到的各种参数的数据可以边采集边打印,也可以先将采集到的数据结果先存入内存中最后一起打印结果。

3.2.2.3 温度传感器

温度传感器是测量各个土柱不同深度土壤温度的重要仪器。温度传感器是由LM35集成温度传感器胶结在不锈钢管中组成的。其温度的观测值是通过在不同温度下据电流的变化而测定出的。

温度传感器的结构如图3-4所示。

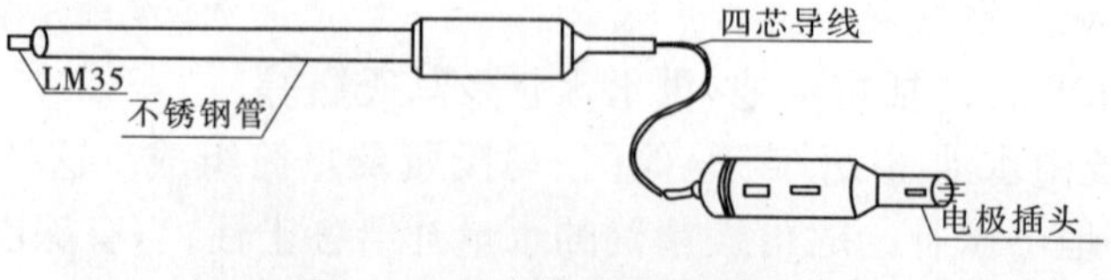

图3-4 温度传感器示意图

为了使传感器所测定的数据准确可靠,在传感器安装前必须进行室内率定工作。

盐分传感器的优点是不需采集土样,可以获得原位土壤溶液电导率的动态信息。缺点是当土壤溶液浓度变化后,需有一段平衡时间,即有滞后作用。其次是无法获得离子组成的信息。

3.2.2.4 水势传感器

土水势是土壤水分运动的驱动力,土壤水吸力是土水势的强度指标,它与土壤含水率的含义不同,它是在土壤水势的强弱上而不是在多寡上反映土壤的干湿程度。一般来说,土壤水吸力越大则含水量就越小，就会使其周围的土水势较低，土壤中的水分受其水吸力的作用而移至其当中。因为盐分是溶解于水分当中的，当水分运移时也就意味着盐分的运移。因此，准确测定土水势对于研究水分运动与溶质运移具有非常重要的意义。

当前，对于经常移动地在田间测土水势常采用表读式土壤负压计（即张力计）。它的特点是便携、简单、直观，可直接在真空表上读出数据且比较准确，但若采集时布点过多则数据值较多造成读取数据困难、费时较多且所要整理资料的强度随之增大的麻烦。由南京土壤研究所研制的机读式水势传感器则可以实现机读并自动记录数据从而减轻了大量的工作量，但它的准确性可能稍差一些。为了准确采集数据，在本试验站中采取以水势传感器为主以张力计为辅的方法即采用少量张力计用于比较校正水势传感器采集数据所带来的误差。

水势传感器的结构如图 3-5 所示。

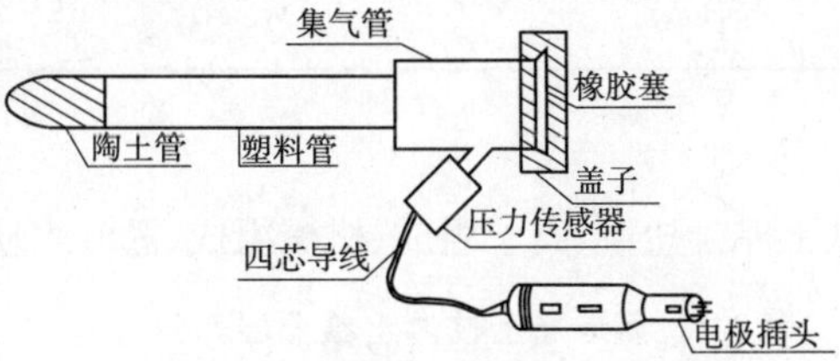

图 3-5　水势传感器结构示意图

水势传感器的工作原理及构成与张力计基本相同，只不过水势传感器在张力计的基础上又增加了一个压力传感器。在水势传感器插入土壤中后，传感器中产生负压，压力传感器将压力转换成电信号，不同的压力产生强弱不同的电信号，电压传给电子计算机后经过分析后显示出各自的土水势值。

水势传感器同样在安装前须经室内率定。

3.2.2.5　盐分传感器

在本试验站中采用南京土壤研究所研制的 TYC－Ⅱ型盐分传感器。盐分传感器是研究水盐运移动态的一种重要仪器，可通过计算机定时自动采集来观测研究各时间内盐溶质的运移变化情况。

盐分传感器的结构如图 3-6 所示。

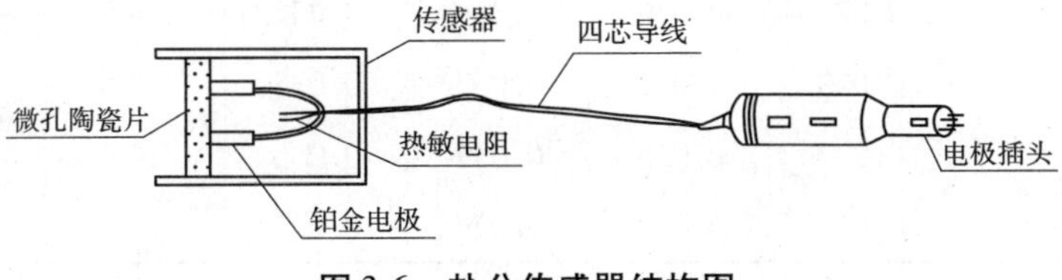

图 3-6　盐分传感器结构图

盐分传感器的工作原理是：将盐分传感器置于被测土壤中后由于传感器顶部微孔陶瓷片中有微小空隙，在负压作用下土壤中溶有盐分的水溶液将会充满陶瓷片的微小孔隙，此时孔隙中的溶液浓度与土壤中的溶液浓度平衡。由于溶液的作用使铂金电极通过溶液而导电，电流强弱随溶液的浓度而发生变化，然后经过一系列的处理可由计算机显示出溶液的电导与电导率。

盐分传感器也须经过率定才可正确读测数值。

3.3 蒸渗场大型土柱土壤理化性质

3.3.1 土壤物理性质

蒸渗场大型土柱内土样的容重和田间持水量见表 3-1。

表 3-1 蒸渗场大型土柱内土样的容重和田间持水量

样号(cm)	容重(g/cm^3)	田间持水量	
		质量百分数(%)	体积百分数(%)
0~20	1.28	23.02	29.49
20~40	1.17	26.68	31.30
40~60	1.19	25.25	30.10

3.3.2 土壤化学性质

土壤化学性质包括供试土样含盐量、离子组成、机械组成、灌溉水质等,见表 3-2 和表 3-3。

表 3-2 蒸渗场土柱内土壤土层养分含量

层次(cm)	有机质(g/kg)	全 N(N,g/kg)	碱解氮(N,mg/kg)	全磷(P,g/kg)	速效磷(P,mg/kg)	全钾(K,mg/kg)	速效钾(K,g/kg)	盐分(%)	电导率(ms/cm)	pH 值
0~20	12.2	0.67	38.3	0.65	0.9	19.5	110	0.149	0.359	7.94
20~40	10.1	0.56	35.8	0.72	0.1	19.1	80	0.137	0.359	8.14
40~60	10.4	0.55	31	0.66	1	18.5	70	0.144	0.359	8.06
60~80	8.6	0.49	19.5	0.65	5.4	19.4	100	0.125	0.339	8.08

表 3-3 蒸渗场土柱内土壤土层盐分离子含量

层次(cm)	离子组成(%)							
	CO_3^{2-}	HCO_3^-	Cl^-	SO_4^{2-}	Ca^{2+}	Mg^{2+}	K^+	Na^+
0~20	0	0.029	0.036	0.034	0.032	0.007	0.001	0.01
20~40	0	0.028	0.018	0.037	0.035	0.007	0.001	0.01
40~60	0	0.027	0.023	0.039	0.036	0.007	0.001	0.01
60~80	0	0.028	0.020	0.029	0.033	0.005	0.001	0.009

在不同程度的盐碱化土壤中也进行了苜蓿的种植,根据初始土壤耕作层内的含盐状态,分成了不同的等级,土壤初始养分含量见表 3-4,盐分离子含量见表 3-5。

其中,标号 1 表示红井槽取样点,盐分含量 0.23%,pH 值为 8.015,土样为轻度盐碱土;2 表示黄茨滩取样点,盐分含量 0.428%,pH 值为 8.02,土样为重度盐碱土;3 表示何家梁(蒸渗场对面)取样点,盐分含量 0.139%,pH 值为 8.055,土样为轻度盐碱土;4 表示五道砚(陶家墩)取样点,盐分含量 0.223%,pH 值为 8.11,土样为轻度盐碱土;5 表示西槽村取样点,盐分含量 0.279%,pH 值为 8.05,土样为中度盐碱土; QM-CF-50(2),100(2),150(2)表示水利大院筒栽试验不同处理下的取样点,原土样与3取样点同,结果见表3-6。

表3-4 不同程度盐碱化土壤养分含量

取样点	层次(cm)	有机质(g/kg)	全N(N,g/kg)	碱解氮(N,mg/kg)	全磷(P,g/kg)	速效磷(P,mg/kg)	全钾(K,mg/kg)	速效钾(K,g/kg)	盐分(%)	电导率(ms/cm)	pH值
1	0~20	12.4	0.69	34.2	0.68	0.6	18.9	70	0.19	0.503	7.99
1	20~40	9.3	0.51	23	0.71	0.5	18.2	60	0.27	0.705	8.04
2	0~20	14.3	0.79	37	0.66	0.3	18.6	140	0.58	1.983	7.82
2	20~40	14.2	0.78	31	0.68	0.6	18.1	110	0.28	0.912	8.22
4	0~20	13.3	0.73	37.7	0.73	6.6	17.9	120	0.23	0.656	8.06
4	20~40	10.9	0.61	28.9	0.69	0.7	18.3	110	0.21	0.677	8.16
5	0~20	10.5	0.58	66	0.68	2.8	19.5	150	0.32	0.961	7.95
5	20~40	9.9	0.54	20.4	0.62	1.7	17.5	180	0.23	0.705	8.15
QM-CF-50(2)	0~15	10.9	0.63	54.8	0.69	1.5	19.8	160	0.42	1.258	7.72
QM-CF-50(2)	15~30	10.9	0.62	48.5	0.69	1.8	20.5	110	0.37	1.133	7.92
QM-CF-50(2)	30~45	12.2	0.67	48.5	0.65	0.8	20.1	140	0.38	1.071	7.92
QM-CF-100(2)	0~15	11.7	0.63	54	0.71	1.8	20.2	110	0.43	1.389	7.68
QM-CF-100(2)	15~30	11.1	0.61	41.4	0.66	3.4	20.6	110	0.58	1.81	7.7
QM-CF-100(2)	30~45	10.3	0.57	48.5	0.68	0.9	19.8	130	0.63	1.873	7.77
QM-CF-150(2)	0~15	13.3	0.72	47.5	0.66	1.4	20.6	110	0.4	1.202	7.82
QM-CF-150(2)	15~30	11.6	0.64	58	0.71	0.8	20.1	130	0.5	1.513	7.8
QM-CF-150(2)	30~45	11.4	0.63	56.4	0.69	3.3	20.6	120	0.56	1.582	7.8

表3-5 不同程度盐碱化土壤盐分离子含量

样号	层次(cm)	离子组成(%)							
		CO_3^{2-}	HCO_3^-	Cl^-	SO_4^{2-}	Ca^{2+}	Mg^{2+}	K^+	Na^+
1	0~20	0	0.029	0.023	0.066	0.041	0.013	0.002	0.02
1	20~40	0	0.03	0.023	0.113	0.051	0.017	0.001	0.03
2	0~20	0	0.025	0.107	0.188	0.126	0.049	0.002	0.08
2	20~40	0	0.039	0.048	0.098	0.028	0.011	0.001	0.01
4	0~20	0	0.025	0.039	0.08	0.051	0.009	0.002	0.03
4	20~40	0	0.028	0.043	0.059	0.036	0.015	0.002	0.03
5	0~20	0	0.038	0.042	0.126	0.052	0.017	0.004	0.04
5	20~40	0	0.025	0.033	0.09	0.003 4	0.01	0.004	0.04
QM-CF-50(2)	0~15	0	0.028	0.094	0.139	0.011 2	0.031	0.001	0.03
QM-CF-50(2)	15~30	0	0.026	0.076	0.117	0.082	0.025	0.002	0.04
QM-CF-50(2)	30~45	0	0.02	0.088	0.124	0.092	0.025	0.002	0.04
QM-CF-100(2)	0~15	0	0.024	0.129	0.095	0.098	0.025	0.002	0.05
QM-CF-100(2)	15~30	0	0.025	0.165	0.152	0.133	0.039	0.002	0.06
QM-CF-100(2)	30~45	0	0.022	0.148	0.182	0.169	0.05	0.002	0.06
QM-CF-150(2)	0~15	0	0.028	0.143	0.071	0.107	0.016	0.002	0.06
QM-CF-150(2)	15~30	0	0.026	0.121	0.153	0.104	0.026	0.002	0.06
QM-CF-150(2)	30~45	0	0.022	0.107	0.188	0.143	0.034	0.002	0.06

表 3-6　不同本地原土的盐分和 pH 值测定表

取样点	1 红井槽	2 黄茨滩	3 何家梁	4 五道砚	5 西槽村
含盐量	0.23%	0.43%	0.14%	0.22%	0.28%
pH 值	8.015	8.02	8.055	8.11	8.05

3.4　试验布置

筒栽试验和田间布置均采取随机布置。

3.5　试验材料

苜蓿品种为甘农 3 号紫花苜蓿(Medicago sativa L. cv Gannong No. 3),小麦品种为西旱一号(Xihan No. 1),蚕豆品种为临蚕五号(Lincan No. 5),胡麻品种为陇西九号(Longxi No. 9)。

3.6　研究内容、方法与试验设计

3.6.1　主要研究内容

本研究针对近年生态环境需水研究概念界定方面的模糊性和内涵上的某些偏向,为满足流域下游或更大尺度的生态需水,不顾旱区灌区自身生态系统健康而单纯向农作区高强节水和由此产生的生态用水配置上的顾此失彼,导致灌区自身出现生态失调问题,联系西部灌区节水灌溉后田间水盐、水热(能)、水量供需变化规律,根据种植结构优化和牧草生态生产力特征优势,将苜蓿种植大面积引入灌区生态植被系统。本研究首先提出生态灌溉新思路,它是在维护灌区生态系统健康的前提下,以生态节水方式来提高灌区水资源利用效率或牧草水分生产率,挖掘牧草生态生产潜力,应用水分生态生产力观点和非充分灌溉原理等新理论,揭示灌区土壤水盐运移与苜蓿生理生态之间的关系;对灌溉方案进行技术和管理更新与调控,并与牧草的生态经济相结合,使其与节水灌溉农作物相比,年度单位面积用水量零增长或负增长,而产生较高的生态经济效益。

研究牧草生态需水规律与生态灌溉问题,对恢复和保障旱区灌区生态系统健康,发挥水利在草地生态中的命脉地位至关重要,一方面根据土壤水盐运移及苜蓿的生理生态特征,通过生态灌溉的研究实践,完善生态需水量概念,创新生态灌溉技术体系;另一方面对灌区植被格局和生态生产力水平产生影响,形成灌区特色优势的草畜产业、产品,发挥生态节水及生态经济效益。

3.6.2　主要测试项目

对供试材料在不同的试验处理下,进行了包括水、热、盐状况在内的一系列的采样测定。根据试验需要设置不同生育阶段,不同程度的缺水处理。在试验过程中,除水分与盐分条件设置不同外,其他种植条件相同。因研究目的不同,试验侧重点也不同,因此具体的水分、盐分处理在后面的各有关章节中叙及。

对各试验设计处理测定内容分别作如下说明。

试验Ⅰ:甘肃农业大学水利大院筒栽苜蓿试验设计。

(1)土壤含水量测定。土壤水分含量测定采用经典的土钻取土烘干法,二次重复,烘干(105 ℃,12 h)。

(2)作物生育指标测定。

生育期观测:苜蓿各处理、各生育阶段10%、50%物候期的出现时间,各发育阶段的特征。

根系测定:各处理在设计的生育阶段测定根系植物量,用水冲洗干净,除去杂质,烘干,称重记载。

植株高度测定:在每个小区标记的3个样方内,使用钢卷尺每隔15 d测一次枝条数量和株高。植株高度现蕾前为从茎的最基部到最上叶顶端的距离,现蕾后为从茎的最基部到穗顶端的距离。

生长速度测定:使用钢卷尺测两次(每15 d)测定的植株高度之差(cm),除以测定时间间隔(d),所得值为该生长时段的生长速度(cm/d)。

叶面积测定:用直尺每15 d测定一次,每小区重复50次,计算采用长宽系数法。面积指数的测定是先测量各叶片的叶长和最大叶宽,然后对二者进行相乘和累加求和后再乘以一个折算系数确定。叶面积 = 叶长(cm) × 叶宽(cm) × 校正系数,紫花苜蓿折算系数取0.78。

干物质测定:在样方内(0.5 m×1 m)每15 d各处理采用刈割法,留茬5 cm,二次重复,测定鲜重和干草重(烘干,80 ℃,48 h)。与叶面积、生长速度同步测定。

地上部生物量:采用常规方法测定根长和土壤含水量。在设定的采样日,打开土柱并按每10 cm切开,小心取土样以免带走部分根,剩余样品浸泡一夜后,冲根并过1 mm筛,网格法测定根长。然后80 ℃烘干12 h称其干重。在第一次采样之前和两次测定根长采样中间,用微型钻从土柱的小孔中取少量样品,也用烘干法测土壤含水量,烘干的土回填到土柱中的原位。

根系吸水速率:由于土面蒸发被抑制,植物耗水量即为根系吸水量。平均根系吸水速率按下述公式计算

$$S = \frac{T_{t_2} - T_{t_1}}{\frac{RL_{t_2} - RL_{t_1}}{2}(t_2 - t_1)}$$

式中:S为根系平均吸水速率,mL/(m·d);t_1和t_2为出苗后天数;T_{t_1}和T_{t_2}分别为t_1和t_2时刻的累计吸水量,mL/柱;RL_{t_1}和RL_{t_2}分别为t_1和t_2时刻的根长,m/柱。

(3)生理指标测定。各生育期内,利用北京益康农科技发展有限公司生产的ECA－PB0401型光合测定仪在晴天测定苜蓿的叶片光合速率、蒸腾速率、气孔阻力和叶片水分利用率等指标,时间为早10:30和下午3:30。每周测一次日变化过程,时间从早9:00到下午6:00,每隔1 h观测一次。与此同时,利用Wescor公司出品的HR－33T露点水势仪同步测定对叶水势。在试验中根据实际情况对此进行了一定的调整。

(4)土温、水势和盐分测定。安装并利用MIA－3多通道数据采集系统测定生育阶段始末土壤温度、水势和电导率的变化。

(5)记载灌水量、灌水时间和灌水次数。

试验Ⅱ:秦王川引大蒸渗场大型土柱试验和与之对应的大田试验。

大型土柱试验观测项目除了土壤含水量使用中子仪测定外其余各项与水利大院筒栽苜蓿试验设计相同。大田试验除了不测定土壤温度、水势和电导率(盐分)变化外其余与试验

Ⅰ同。同时,在蒸渗场大型土柱试验区采用了简易移动式遮雨棚,不考虑降雨因素。

试验Ⅲ:秦王川塑料筒栽培苜蓿的盐分胁迫试验。

观测项目与试验Ⅰ相同,但不测土壤温度、水势和电导率的变化。

试验Ⅳ:秦王川和水利大院大田苜蓿调亏灌溉试验。

观测项目与试验Ⅰ相比除了不测定土壤温度、水势和电导率变化外其余均一致。

3.6.3 研究方法

(1)通过田间重点试验与典型调查,利用先进的蒸渗场等设施,测定苜蓿种植条件下,土壤水、热和盐分耦合运移变化,确定苜蓿生长及不同灌溉处理对土壤环境的影响。同时通过不同水盐胁迫及动态对苜蓿生长特征及营养指标的影响,研究提高苜蓿生态生产力的土壤水盐适宜条件,确定土壤水盐调控指标。

(2)运用系统工程原理,统计显著性检验和回归分析方法,分析研究不同生育期生态灌溉苜蓿水分产量效应,不同亏水程度与作物光合性能和作物光能利用率之间的关系,以达到生态节水并为提高生态生产力提供基础依据和技术支持。

(3)宏观与微观相结合,研究不同水分和盐分条件下苜蓿的光合特征。同时根据SPAC系统水分传输原理,研究不同水盐胁迫下苜蓿土壤水势、根水势、叶水势变化动态及其相互关系,水分利用效率,并建立相应模型,特别对苜蓿根系生长特性与吸水规律进行专题研究,分析其抗旱机制,作为生态灌溉的基本依据。

(4)利用改进Penman公式计算与实测值拟合,确定生态需水规律,估算生态耗水量及各生育期水分生产函数模型。

(5)通过系统工程原理及需水规律变化,确定关键需水期及生态灌溉制度,以土壤水分指标和苜蓿水分生理指标确定生态灌溉指标。

(6)研究苜蓿与主要农作物不同生态灌溉模式生态经济比及灌区种植结构的优化,在生态水量限制下对苜蓿与几种农作物生长期内的最优分配进行研究,并确定健康生态系统条件下提高牧草在种植业结构优化中的比例。

(7)试验数据采用了多种分析方法,使用的软件为DPS(V6.05)。

3.6.4 试验设计

试验采用深筒栽培、塑料筒栽培和大田灌溉对比试验相结合的方法,三种试验既互相区别又互相联系,相辅相成。深筒栽培和塑料筒栽培是对大田的补充和完善,为大田试验的研究提供了理论依据,大田试验又为整个体系的理论和研究提供了一个实践和应用推广的平台。筒栽试验主要探讨不同灌溉条件下苜蓿的种植对土壤中水、盐和热的影响(秦王川地区引大蒸渗场和甘肃农业大学校内试验);塑料筒栽培试验主要探讨在不同盐碱度下苜蓿耐盐能力(秦王川蒸渗场塑料筒栽培试验)。田间试验主要研究在秦王川一定的盐碱化地区对苜蓿生态型灌溉的节水调盐的优化生态灌溉调控制度。

试验共分为四个试验,在秦王川和甘肃农业大学水利大院试验田进行,主要研究在自然条件和人为模拟的环境下含盐土壤中进行节水灌溉对比试验,土壤中水分盐分变化对苜蓿的生长发育、生理变化及产量的影响。

试验Ⅰ:水利大院深筒栽培苜蓿水盐联合胁迫试验。

试验在甘肃农业大学水利大院内进行,采用PVC深筒栽培,土样采用秦王川蒸渗场客土盐碱土,在苜蓿全生育期各生育阶段施加水盐联合胁迫,具体按照苜蓿五大生育期设置五种类型处理,具体如下。

处理类型 1:苜蓿在苗期(MQ)水盐联合胁迫处理,设 4 ×3 =12 个处理。

试验采用 PVC 深筒栽培,筒深 15 cm,并搭建有简易遮雨棚,土样采用的是秦王川蒸渗场客土的盐碱土。

(1)丰水处理(CF),土壤含水量达到田间持水量的 65% ~70% 时灌水,灌溉水 NaCl 溶液浓度分别为 50 mmol/L、100 mmol/L 和 150 mmol/L。灌水定额 60 mm,二次重复。分别用 MQ-CF-50(1),MQ-CF-50(2);MQ-CF-100(1),MQ-CF-100(2);MQ-CF-150(1),MQ-CF-150(2)表示,代号由三部分组成,其中第一部分字母表示生育期,第二部分表示水分处理,第三部分表示该水分处理下灌溉 NaCl 盐的溶液的浓度,(1)和(2)分别表示两次重复。下文中出现类似符号不再赘述。

(2)轻度(QD)水分胁迫,土壤含水量达到田间持水量的 60% ~65% 时灌水,其他同(1)。

(3)中度(ZD)水分胁迫,土壤含水量达到田间持水量的 50% ~60% 时灌水,其他同(1)。

(4)重度(HD)水分胁迫,土壤含水量达到田间持水量的 45% ~50% 时灌水,其他同(1)。

处理类型 2:苜蓿在苗期—分枝期(FZ)水盐联合胁迫处理,筒深 45 cm,其他同处理类型 1。

处理类型 3:苜蓿在分枝—开花期(KH)水盐联合胁迫处理,筒深 60 cm,其他同处理类型 1。

处理类型 4:苜蓿在开花—结实期(JS)水盐联合胁迫处理,筒深 75 cm,其他同处理类型 1。

处理类型 5:在结实—生育末期(QM)水盐联合胁迫处理,筒深 90 cm,其他同处理类型 1。

在各处理水盐联合胁迫结束时,破坏深筒,观测有关生育、生理指标和水盐特征。

试验Ⅱ:秦王川蒸渗场大型土柱试验和与之对应的大田试验。

大型土柱试验在位于永登县中川镇的何家梁省引大蒸渗场进行,苜蓿种植于大型土柱的深筒中。深筒土柱如图 3-1 所示,从左到右分别编号为 A、B、C、D、E、F、G 和 H,二次重复。大田试验在位于同一地点的何家梁永登县引大灌区节水灌溉示范基地内进行。土柱试验和大田试验采用如下相同的试验处理。

处理 1(CF):苜蓿在全生育期丰水处理。即水分下限达到田间持水量的 65% ~70% 时灌水 60 mm,灌水次数不限。

处理 2(QD):苜蓿土壤含水量达到轻度水分胁迫时即达到田间持水量的 60% ~65% 时,其他同(1)。

处理 3(ZD):苜蓿土壤含水量达到中等水分胁迫时即达到田间持水量的 50% ~60% 时,其他同(1)。

处理 4(HD):苜蓿土壤含水量达到重度水分胁迫时即达到田间持水量的 45% ~50% 时,其他同(1)。

灌水定额为 60 mm,灌水次数不限,灌水时间根据土壤含水率下限来定,当土壤含水量等于或稍低于设计的土壤含水量下限值时,立即进行灌溉。

大型土柱试验的主要测定项目有不同时期的土壤水分、地温和盐分等。项目的观测通过微机控制的数据采集系统,定期观测安装于试验土柱的各个项目以及含水量、马氏瓶中水位变化情况,一般5 d测一次。每次上午7:30开始观测。在降雨和灌水前后加测。在生育期初和末对所有设计项目各进行一次观测,对土柱分层取土,测定其盐分含量。同时要结合苜蓿生育、生理指标以及产量的观测。

试验Ⅲ:秦王川塑料筒栽培苜蓿的盐分胁迫试验。

试验于2004年在秦王川试验基地中进行,供试材料为甘农3号紫花苜蓿,供试土壤为何家梁蒸渗场对面的土壤,与试验Ⅰ的供试土样均取自同一地点,碳酸根离子几乎为零,这与所测定的结果一致。种植容器为塑料筒,直径 $d=30$ cm,高度 $h=40$ cm。试验共设37个处理,每个处理设2个重复,共布设74个塑料筒,所加盐与当地土壤中主要所含盐的种类一致,秦王川灌区土壤盐分主要以易溶盐为主,中溶盐较低,在易溶盐中阳离子以钠离子、钾离子、镁离子和钙离子为主,阴离子几乎全为氯离子和硫酸根离子,碳酸氢根离子含量很少。

在本试验中所加盐为 NaCl、$MgSO_4$、$NaHCO_3$。方案如下:

(1)NaCl盐的处理,设0.5 g/L、2 g/L、4 g/L、6 g/L、8 g/L、15 g/L、20 g/L、25 g/L等8个不同浓度的处理。

(2)$MgSO_4$ 盐的处理与NaCl盐的处理相同,共设8个不同浓度的处理。

(3)$NaHCO_3$ 盐的处理与NaCl盐的处理相同,共设8个不同浓度的处理。

(4)混合盐的处理,设与NaCl盐相同的8个盐分梯度处理,每个梯度中NaCl、$MgSO_4$ 和 $NaHCO_3$ 三种盐等浓度混合。

(5)当地自然盐碱土苜蓿的处理,取当地有代表性的不同程度的盐碱土,即轻度盐碱土、中度盐碱土、重度盐碱土和普通盐碱土。

各个处理代号与实际意义的关系如表3-7所示。

以上各处理均采用充分灌水处理,即当土壤含水量达到田间持水量的65%~70%时,即进行灌水,灌水量为600 m^3/hm^2,灌水时间取决于土壤含水量的高低。利用称重法测定土壤的腾发量,观测有关生育期生理指标和水盐特征。

试验Ⅳ:秦王川和水利大院大田苜蓿调亏灌溉试验。

试验区分别位于甘肃省永登县引大灌区节水示范基地大田内和甘肃农业大学水利大院内。

(1)试验阶段的划分。

秦王川大田调亏灌溉试验主要研究初花期刈割苜蓿生理生长等指标,将每一茬的苜蓿生长期分为三个阶段,即生长初期(第一茬的返青—分枝期和其他茬刈割后到分枝期);快速生长期(分枝期到现蕾期);快速生长后期(现蕾期到开花期)。前人的一些研究也采用了相似的生长期划分方法(Saeed. LAM,1997;Saeed. IAM,1998)。

水利大院大田调亏灌溉苜蓿试验重点研究成熟期割刈苜蓿全生育期水分生产函数等内容,将苜蓿全生育期分为返青—分枝、分枝—现蕾、现蕾—开花、开花—结荚、结荚—成熟。

(2)阶段缺水处理。

秦王川大田苜蓿不同生育阶段缺水处理见表3-8。

表 3-7　PVC 筒试验处理与其具体意义

处　理	具体意义
混 4 - a	施加 4 g/L NaCl、$NaHCO_3$ 和 $MgSO_4$ 等浓度混合溶液苜蓿处理的一个重复 a,4 表示盐分浓度值、a 表示重复号
$MgSO_4$(4) - a	施加浓度为 4 g/L $MgSO_4$ 溶液苜蓿处理的一个重复 a,4 表示盐分浓度值、a 表示重复号
NaCl(4) - a	施加浓度为 4 g/L NaCl 溶液苜蓿处理的一个重复 a,4 表示盐分浓度值、a 表示重复号
$NaHCO_3$(4) - a	施加浓度为 4 g/L $NaHCO_3$ 溶液苜蓿处理的一个重复 a,4 表示盐分浓度值、a 表示重复号
P 充 1	在 PVC 筒种植的充分灌溉苜蓿处理的一个重复 1
P 轻 1	在 PVC 筒种植的轻度水分胁迫苜蓿处理的一个重复 1
P 中 1	在 PVC 筒种植的中度水分胁迫苜蓿处理的一个重复 1
P 重 1	在 PVC 筒种植的重度水分胁迫苜蓿处理的一个重复 1
红井槽(0.23%)	用秦王川红井槽处自然盐碱土(含盐量为 0.23%)所种植的苜蓿
何家梁(0.14%)	用秦王川何家梁处自然盐碱土(含盐量为 0.14%)所种植的苜蓿
五道砚(0.22%)	用秦王川五道砚处自然盐碱土(含盐量为 0.22%)所种植的苜蓿
西槽村(0.28%)	用秦王川西槽村处自然盐碱土(含盐量为 0.28%)所种植的苜蓿

表 3-8　秦王川大田苜蓿不同生育阶段缺水处理(%)

处 理	返青—分枝期	分枝—现蕾期	现蕾—开花期
CK	70	70	70
FF	50	70	70
FX	70	50	70
XK	70	70	50

注:数据为各阶段土壤含水率下限(占田间持水率的百分数)。

水利大院大田试验在秦王川大田试验处理基础上增加了开花—结荚、结荚—成熟期水分胁迫处理,其余相同。

(3)灌水时间和次数。

由试验方案规定的土壤含水率下限指标,结合所测土壤含水量决定。

(4)灌水量。

每次灌水量为 60 mm(600 m^3/hm^2),是根据中等偏旱水文年下的经济型灌水定额来拟定的。

(5)灌水方式。

小畦灌溉,采用试验站井水灌溉,水量容易测得,便于控制。

3.7 研究技术路线

本研究在成熟期割刈苜蓿的全生育期（返青—分枝、分枝—现蕾、现蕾—开花、开花—结荚、结荚—成熟）和初花期割刈苜蓿的不同生育阶段（返青—分枝、分枝—现蕾、现蕾—初花）进行不同程度（轻度、中度、重度胁迫）非充分灌溉的基础上实施 WUE 及品质俱佳的水分适度调亏，结合代表性天然盐碱土栽植苜蓿和人工加盐方式对苜蓿实施水盐联合胁迫；以水势、温度、电导率、苜蓿根、叶水势、叶面积、干物质积累为切入点，重点研究运移规律、生态灌溉的最佳灌水时期及相应适度亏缺程度作为水分生态产量效应，不同水分亏缺程度的土水势、叶水势变化与作物光合同化性能表现及其与作物光能效应之间的关系，不同水分条件的土壤水势、叶水势变化动态牧草生态生产力，叶片水分利用效率，光合速率叶片细胞浓度，蒸腾速率与气孔导度与土壤含水率回归分析作为生态灌溉指标生育阶段土壤水分回归分析，适宜下限指标，通过水分生产函数明确生态生产力最优的水分适宜控制指标。试验研究与观测调查相结合，宏观与微观相结合，通过水分观测气象资料与改进 Penman 公式确定牧草生理生态需水量，运用系统工程原理优化设计，研究、筛选和制定出一套旱区灌区苜蓿栽培初级生产层的优化生态灌溉制度，优化配置灌区生态节水型种植结构及生态经济效益。

图 3-7 较为详细地综合了四种处理的主要技术路线，着重与大型土柱试验设计相吻合。数据统计见图 3-8。

3.8 田间管理

在全生育期进行了包括种植、除草、病虫害防治等多项措施管理。其中各试验处理播种与施肥（底肥）情况同，即：播种量 22.5 kg/hm^2；播种方法为条播，行距 25 cm，播种深度为 2 ~ 3 cm；施肥情况：N、P、K 复合肥，经计算基本按 N0.887 kg/hm^2，P0.295 kg/hm^2，K1.111 kg/hm^2 的量施入。

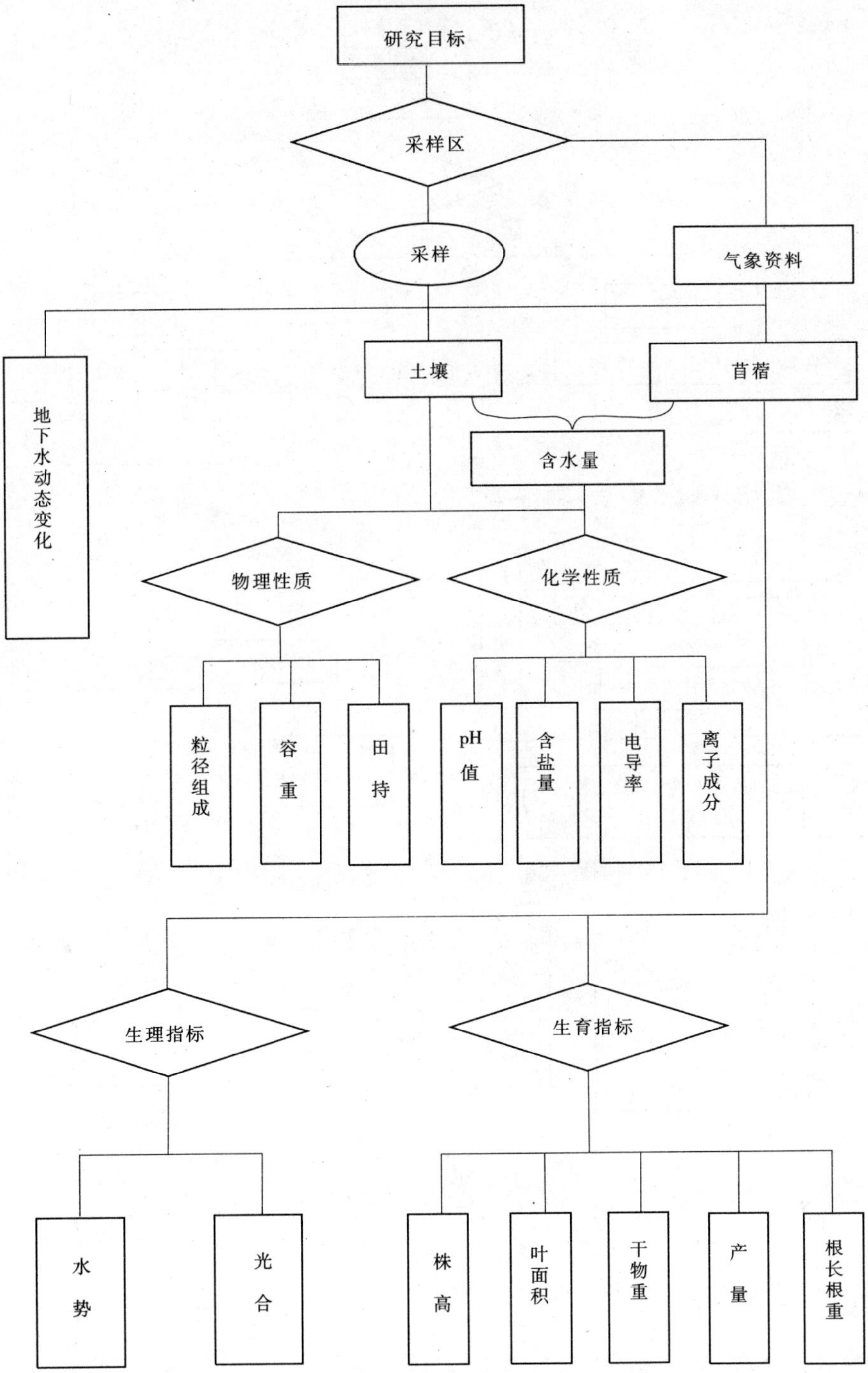
研究目标
采样区
采样
气象资料
地下水动态变化
土壤
苜蓿
含水量
物理性质
化学性质
粒径组成
容重
田持
pH值
含盐量
电导率
离子成分
生理指标
生育指标
水势
光合
株高
叶面积
干物重
产量
根长根重

图 3-7 主要技术路线

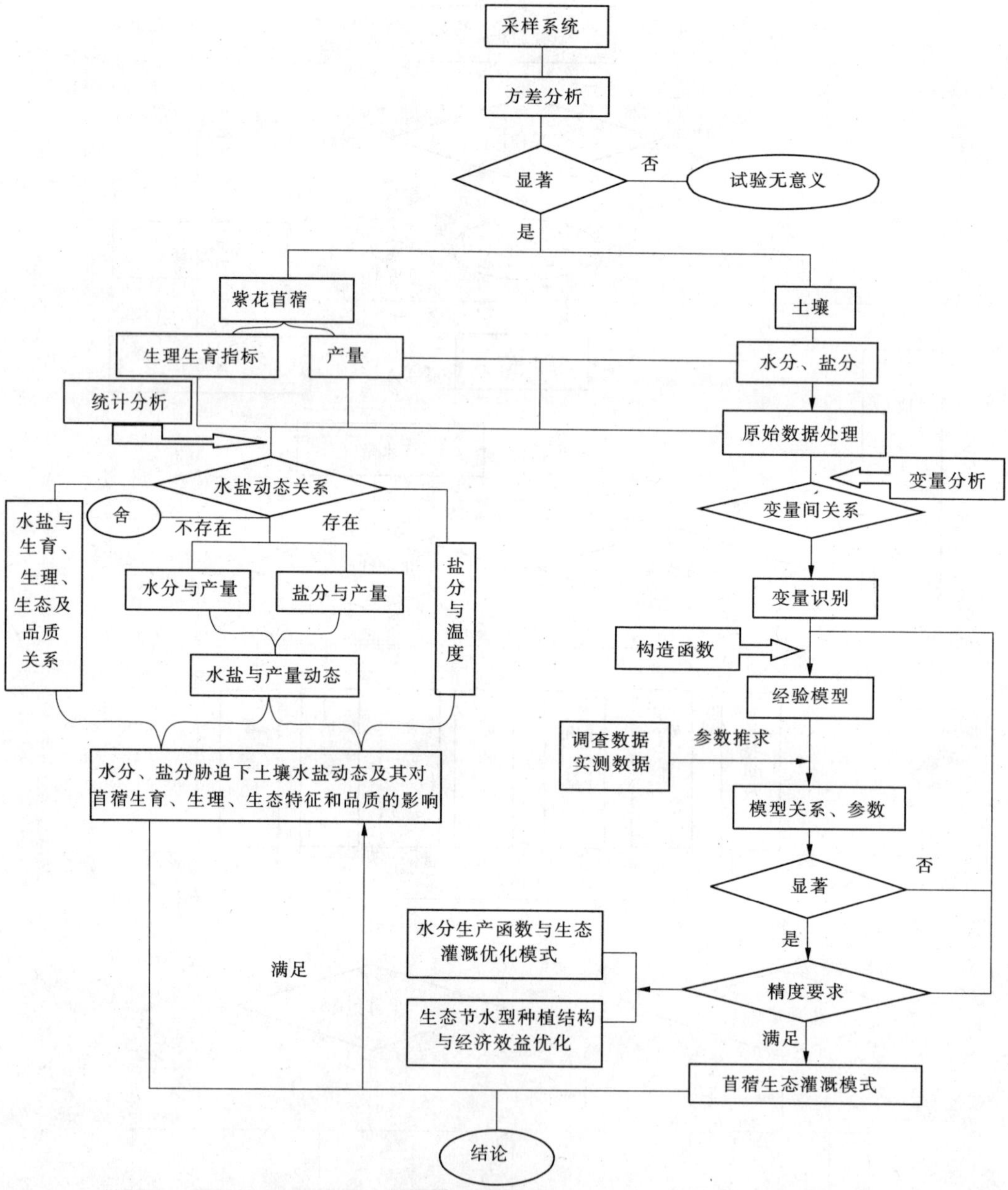
采样系统
方差分析
显著
否
试验无意义
是
紫花苜蓿
土壤
生理生育指标
产量
水分、盐分
统计分析
原始数据处理
变量分析
水盐动态关系
变量间关系
舍
不存在
存在
水盐与生育、生理、生态及品质关系
水分与产量
盐分与产量
盐分与温度
变量识别
构造函数
水盐与产量动态
经验模型
调查数据
实测数据
参数推求
水分、盐分胁迫下土壤水盐动态及其对苜蓿生育、生理、生态特征和品质的影响
模型关系、参数
否
显著
是
水分生产函数与生态灌溉优化模式
满足
精度要求
生态节水型种植结构与经济效益优化
满足
苜蓿生态灌溉模式
结论

图 3-8 数据统计

第四章　水分、盐分胁迫条件下苜蓿地土壤水盐动态及盐分对其生物特征影响

4.1　盐分与电导率的关系

4.1.1　水利大院筒栽苜蓿水分、盐分处理下土壤电导率的变化

盐分存在于土壤中，影响着土壤的结构性和溶液的黏滞性等，这些都综合地影响着土壤的导水性能，进而又影响土壤水分的运动。随着土壤水分的运动，土壤盐分必然发生迁移，灌溉水或地下水携带各种可溶性盐类，在适宜条件下盐分进入农田并在土壤中逐渐积累，经过强烈的蒸发作用，水去盐存，导致盐分不断地积累在上层土壤中，随着土壤条件的改变，这些盐基离子发生交换、吸附、沉淀，或被植物根系吸收，还有更多溶质随水分入渗进入深层土壤或地下水中。这说明土壤水分和溶质的运动是互相联系、互相影响、不可分割的。

灌溉后土层盐分的变化主要受灌溉溶解土壤中可溶性盐分、肥料的水解性离子、入渗水流对土层吸附性离子的调节及浅层土壤水分蒸发产生的水盐上移等方面的影响，可以用电导率表征的土水体盐分浓度大小，而非组成土壤溶液的电导率应是土壤中实际溶液的电导率。当知道实际电导率时，可通过研究灌溉对土壤盐分的动态迁移作用来说明问题。美国盐渍土的传统分类取 ECe 为 4 ms/cm，为盐化土壤与非盐化土壤的临界指标，但实际对敏感作物，ECe 达到 2 ms/cm 以上就已产生影响。

电导率（ECe）对作物产量的反映如表 4-1 所示。

表 4-1　电导率（ECe）对作物产量的反映

电导率（ECe）		作物产量性状
0～2	ms/cm	对作物生长的影响不大
2～4	ms/cm	极敏感作物的产量可能受限制
4～8	ms/cm	许多作物产量受限
8～16	ms/cm	只有耐盐作物的产量是满意的
>16	ms/cm	只有少数极耐盐作物的产量是满意的

根据水利大院筒栽苜蓿水盐联合胁迫的试验处理，对 QM-CF-100（1）、QM-QD-100（1）、QM-ZD-100（1）和 QM-HD-100（1）四个土柱在灌水后电导率的变化进行了分析，见图 4-1～图 4-6。

图 4-1、图 4-2 和图 4-3 分别表示灌水后第 15 cm、35 cm 和 60 cm 处电导率的变化过程。从图 4-1 可以看出，在第 15 cm 处，由于各处理在灌水前期土壤含水量不同，电导率也不同，随灌溉水的入渗，各处理电导率表现各不相同，对于 QM-CF-100（1），其电导率始终维持在一个较高的水平上，说明灌溉对表层土壤含水率的变化几乎没有影响，并且表层土壤水蒸发

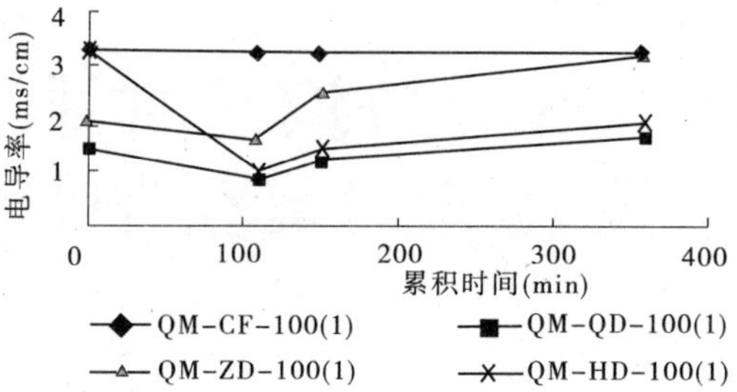

图 4-1　灌水后第 15 cm 处电导率的变化过程

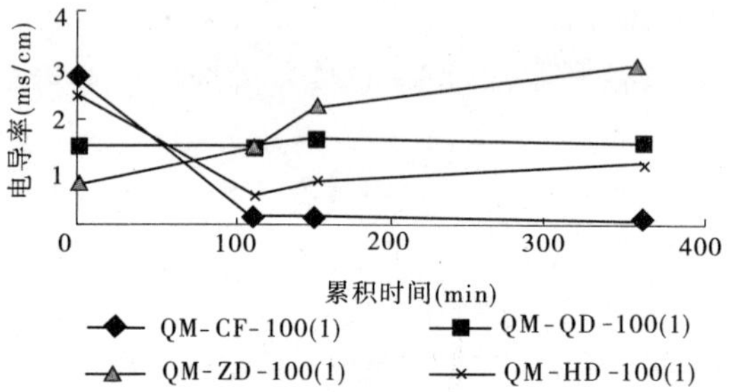

图 4-2　灌水后第 35 cm 处电导率的变化过程

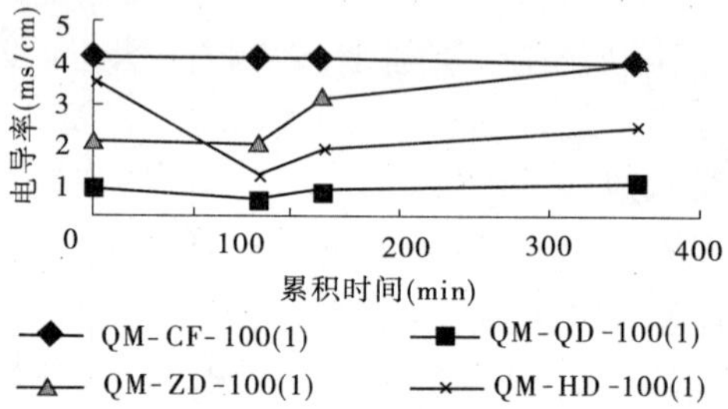

图 4-3　灌水后第 60 cm 处电导率的变化过程

和下渗过程缓慢，类似情况同时也出现在第 60 cm 处。QM-QD-100(1)、QM-ZD-100(1)和 QM-HD-100(1)在灌水后变化趋势非常相近，均呈现先降低再逐渐增加的态势。此外，无论在 15 cm、35 cm 和 60 cm 处，电导率均呈现逐渐增加的趋势，这说明表层的土壤含水量是逐渐下降的，但是在第 35 cm 处，QM-CF-100(1)在前 100 min 的表现比较剧烈，原因是该深度电导率探头边土壤出现了一个较大的缝隙，电导率降低明显，而后电导率一直维持在较低的水平上。另外，除了丰水处理，QM-ZD-100(1)电导率最大，这与其较低的土壤含水率有着密切关系。各层在不同时间电导率的均值见表 4-2。

表 4-2　各层在不同时间电导率的均值　(单位:ms/cm)

处理	15 cm	35 cm	60 cm	0～60
QM-CF-100(1)	3.251 497	4.110 28	0.796 438	2.719 41
QM-QD-100(1)	1.289 383	0.659 281	1.553 282	1.167 32
QM-ZD-100(1)	2.353 924	2.777 693	1.932 368	2.354 66
QM-HD-100(1)	1.920 21	2.207 262	1.279 072	1.802 18

由图 4-4、图 4-5 和图 4-6 可知，除 QM-CF-100(1)外，随着灌水时间的推进，不同处理各层电导率均表现出先下降后升高的趋势，这与含水量在灌水后先增加后逐渐减少的变化趋势相反。三种盐分浓度处理下生育期始末根层土壤盐分的变化见表 4-3。

从表 4-3 中可看出，经过不同浓度 NaCl 的含盐水灌溉，各处理土壤含盐量明显增加，灌溉水盐分浓度越大，生育期末土壤含盐量则越大。

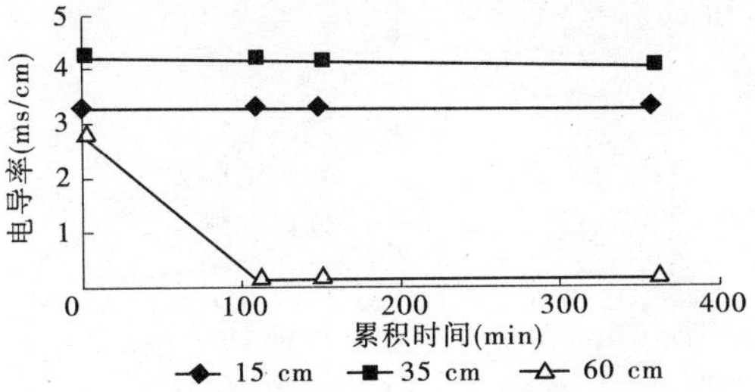

图 4-4 灌水后 QM-CF-100(1)各层电导率的变化

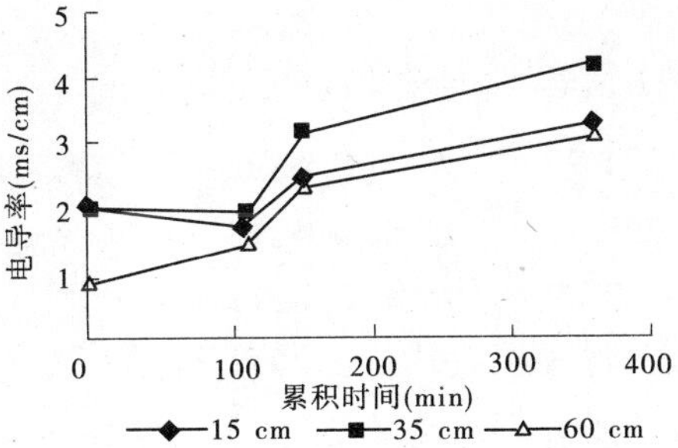

图 4-5 灌水后 QM-ZD-100(1) 各层电导率的变化

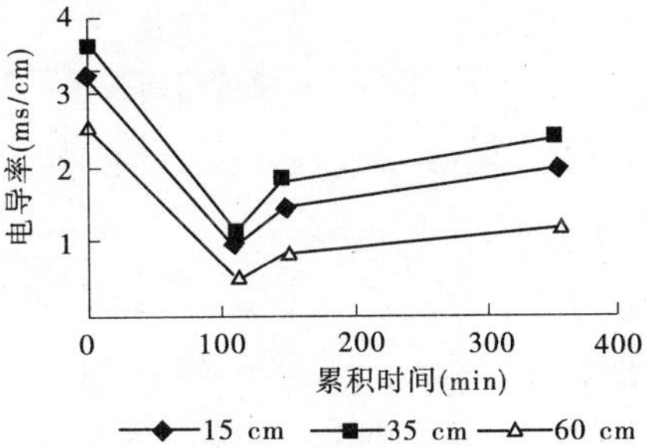

图 4-6 灌水后 QM-HD-100(1) 各层电导率的变化

表 4-3 三种盐分浓度处理下生育期始末根层土壤盐分的变化(%)

处理	QM-CF-50(1)	QM-CF-100(1)	QM-CF-150(1)
初始盐分含量	0.143 3	0.143 3	0.143 3
期末盐分含量	0.394 5	0.501 5	0.526 5

4.1.2 蒸渗场土柱在苜蓿种植条件下水盐联合作用对土壤电导率的影响

根据试验设计Ⅱ中的位于秦王川的省引大蒸渗场大型土柱试验,研究在不同水分处理下,苜蓿种植对土壤电导率的影响。土柱 A、E 为充分处理,但是其土柱深度不同,分别为 4 m和 2 m;土柱 B、F 为轻度处理,但是其土柱深度不同,分别为 3.5 m 和 1.5 m;土柱 C、G 为中度处理,其土柱深度分别为 3 m 和 1 m;土柱 D、H 为重度处理,其土柱深度分别为 2.5 m和 0.5 m。

研究丰水处理下的 A1,为弱盐碱化土壤。在以下五个时间点内,50 ~ 275 cm 内土壤电导率有一些较明显的变化,在此范围呈现抛物线走势。在 150 cm 附近的土壤中,电导率均在不同程度上达到了峰值,就是因为多次少量的较充分灌溉对根层土壤溶质产生了一定的淋溶作用,所以在 150 cm 处那些被淋溶出根层的盐分离子多集中于此,致使该层电导率较大。如图 4-7 所示,并给出了各曲线的回归方程,同期各处理土壤含水率都非常接近,另外土壤组成和结构可以近似认为不变,导致电导率变化的主要因素就是盐分含量的多少。

各曲线的回归方程如下。

3 月 29 日:$y = -0.000\,7x^2 + 0.207\,9x - 5.527\,4 \quad R^2 = 0.718$

4 月 16 日:$y = -0.000\,7x^2 + 0.207\,5x - 7.336\,8 \quad R^2 = 0.754$

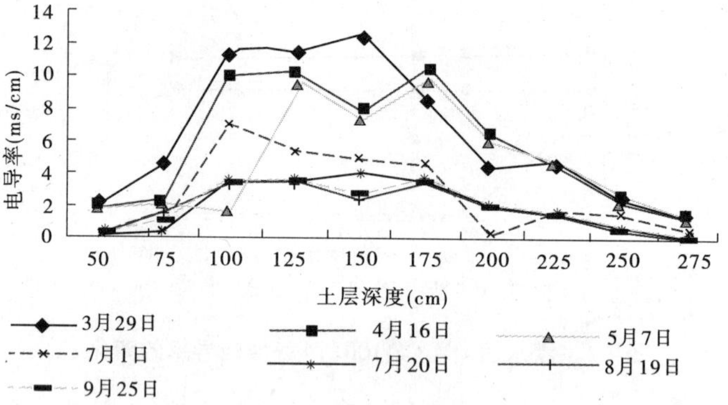

图 4-7 紫花苜蓿在不同时间点土壤各层电导率的变化(CK)

5 月 7 日：$y = -0.000\,6x^2 + 0.192\,8x - 8.371\,7$ $R^2 = 0.689$

7 月 1 日：$y = -0.000\,3x^2 + 0.098\,2x - 3.298\,8$ $R^2 = 0.421$

7 月 20 日：$y = -0.000\,3x^2 + 0.090\,6x - 3.624\,9$ $R^2 = 0.827$

8 月 19 日：$y = -0.000\,2x^2 + 0.059\,8x - 1.491\,5$ $R^2 = 0.791$

9 月 25 日：$y = -0.000\,2x^2 + 0.062\,2x - 1.590\,6$ $R^2 = 0.732$

图 4-7 中各次观测土壤含水量基本一致，约在前后次灌水的中间，从图 4-7 中还能看出，在五个不同的时期电导率的大小是有差别的，总的情况是各层的电导率在返青期前(即 3 月 29 日)最大，此后逐渐减小，到 7 月 20 日也就是第二茬分枝期，电导率已经明显下降。说明在试验土层中溶性离子的运动产生了变化，伴随着灌溉条件和苜蓿的种植情况，系统中的水分通过苜蓿腾发和土壤的渗透作用产生动态变化，盐随水去，在这个动态的运移过程中，盐分离子也发生了动态的迁移，一方面离子在土壤中发生了再分布，另一方面种植的苜蓿也吸收了其中一些离子，尤其是第一和第二茬苜蓿，生长迅速，耗水量大，土壤中的盐分变化也会更为强烈，此种情况下土壤中的电导率减小幅度较大是符合实际情况的，而这种减小无疑对该弱盐碱化土在一定深度内得到改善。

在第三茬的返青期末，即图 4-8 中 8 月 19 日的曲线表明，电导率不但很小而且随着测定深度的增加各层之间的变幅也不大，曲线平缓，说明此阶段土壤盐分分布已基本趋于稳定，这个结论在 9 月 25 日的曲线中有了进一步反映。刈割结束，电导率的变化几乎与 8 月 19 日完全一致。

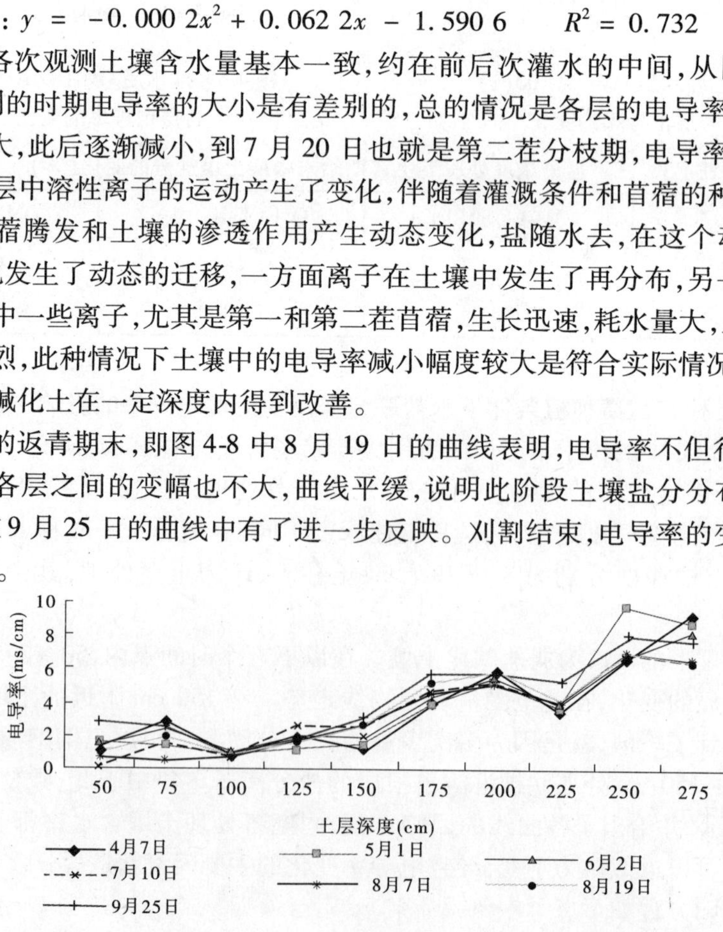

图 4-8 紫花苜蓿在中度水分胁迫下土壤中各层电导率的变化

在第三茬,当地的天气状况如平均气温、日照时数等明显不如第一二茬的情况,苜蓿生育期长,生长缓慢,与之相应的盐分运移程度也减弱了很多,电导率趋于稳定,在所研究的第三茬两个时间段内的 36 d 里,土壤中的盐分几乎没有受外界任何条件的影响。所以,考虑到一定程度的土壤盐碱化影响,则要重点研究第一二茬的生态灌溉制度和灌水技术以提高水分光合生态生产力,而第三茬主要吸收农作物收获后灌溉水增加光合生物产量。

方差分析表明,在5%显著水平下,苜蓿在全生育期末和第三茬返青期末土壤电导率没有显著差异,而在第一茬返青前和全生育期末,则差异性显著,具体见表4-4。

表4-4　方差分析

处理	5%显著水平	处理	5%显著水平
全生育期末	1.975 4 a	第一茬返青前	5.924 9 a
第三茬返青期末	1.937 5 a	全生育期末	1.975 4 b

C1 为全生育期中度受旱处理,选择不同时期各层的土壤电导率,其变化特点如图 4-8 所示。

各曲线的回归方程如下。

4 月 7 日:$y = 0.029\,9x - 1.159\,7$　　$R^2 = 0.685$

5 月 1 日:$y = 0.036\,4x - 2.196\,8$　　$R^2 = 0.747$

6 月 2 日:$y = 0.027\,7x - 0.801\,2$　　$R^2 = 0.747$

7 月 10 日:$y = 0.028\,7x - 1.305\,3$　　$R^2 = 0.877$

8 月 7 日:$y = 0.029\,1x - 1.408\,2$　　$R^2 = 0.877$

8 月 19 日:$y = 0.026\,6x - 0.757\,8$　　$R^2 = 0.812$

9 月 25 日:$y = 0.027\,9x - 0.208\,1$　　$R^2 = 0.760$

与丰水处理不同的是,中度水分胁迫随着土壤深度的增加,各层电导率逐渐增加,呈线性正相关,各时期回归方程如上所示,并且除最后一茬收获后电导率总体较大外,其余各观测时间电导率变化均很小,缘于受刈割后较长时间含水率较低的影响,2004 年 9 月 25 日电导率较大。分析表明,苜蓿在中度受旱下土壤盐分在纵向方面虽然有差异但是较大的变化却没有,灌溉措施对其盐分运移影响微弱。此外,各处理电导率从上到下逐渐增大,主要是灌溉淋溶作用造成的。表层电导率在其他条件与其余各层差异不大的情况下,电导率明显减小。同时,从图 4-8 可以看出,在测定的 50 ~ 150 cm 内,各时期电导率都处于较低水平,这也进一步印证了在该层盐分灌溉淋溶作用和作物的吸收作用。

D2(重度处理)是全生育期重度受旱处理,选择不同时期各层的土壤电导率,其变化特点如图 4-9 所示。

各曲线的回归方程如下。

3 月 29 日:$y = -0.007\,5x + 2.776\,2$　　$R^2 = 0.682$

5 月 1 日:$y = -0.007\,8x + 2.884\,8$　　$R^2 = 0.659$

6 月 2 日:$y = -0.008x + 2.938\,4$　　$R^2 = 0.660$

7 月 10 日:$y = -0.007\,8x + 2.849\,2$　　$R^2 = 0.652$

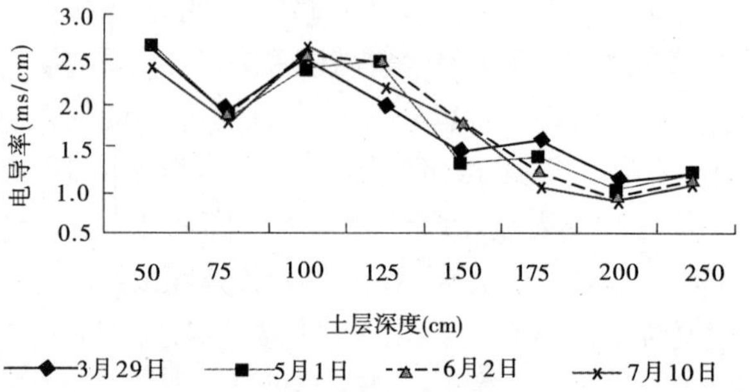

图 4-9 紫花苜蓿在重度水分胁迫下土壤中各层电导率的变化

从图 4-9 中的曲线可以看出，苜蓿在重度受旱下土壤各层电导率的变化过程和在丰水处理与中度受旱下的情况有明显不同。从时间上，三茬苜蓿在各观测时间点所表现的趋势和数值大小非常接近，在统计学上没有显著差异。电导率的变化幅度总体上丰水处理电导率大于中度水分胁迫，中度水分胁迫又大于重度水分胁迫，说明少量多次的充分灌溉有利于土壤盐分的淋溶，土柱纵向随着土层深度的增加电导率逐渐减小。原因是土壤长期受旱，使得土壤上层含水量被大量蒸发，含水量由上而下形成了一个上升的梯度，与之对应的电导率也形成梯度下降趋势，并逐渐趋于稳定。

4.2 温度与电导率的关系

研究秦王川蒸渗场 2004 年全生育期充分处理下铁筒土柱 A1 在三茬中部分有代表性的时期各层地温与电导率存在一定的关系。如上所述，选取 2004 年 3 月 29 日、4 月 16 日、5 月 7 日、7 月 1 日和 7 月 20 日所测定的温度和电导率，绘制在丰水处理下土柱 A1 在不同时期各层温度与电导率的相关关系散点图（见图 4-10），由较长系列的温度与电导率的相关关系散点图可以看出，在不同的温度梯度下，电导率呈现出了比较明显的分段函数特征，且在每一分段内都存在线性正相关。

如图 4-10 所示，在三个梯度地温与电导率的相关关系图中，试图使用线性函数关系、对数函数关系和二次多项式函数关系来模拟其相关关系，发现在较低地温下不论用哪种曲线，其相关程度都不高，而中等地温高于较低地温的电导率，较高地温的相关系数最高，见表 4-5。三种情况下三种曲线及相关系数如下。

图 4-10 地温与电导率的相关关系散点图

较低地温（6 ~ 10 ℃）：

$y = 4.1115x - 27.208$ $6 \leq x \leq 10$ $R^2 = 0.385$

$y = 33.018\ln x - 62.881$ $6 \leq x \leq 10$ $R^2 = 0.382$

$y = 0.1463x^2 + 1.7404x - 17.658$ $6 \leq x \leq 10$ $R^2 = 0.385$

中等地温（10 ~ 18 ℃）：

$y = 2.1536x - 29.018 \quad 10 \leqslant x \leqslant 18 \quad R^2 = 0.543$

$y = 31.988\ln x - 83.254 \quad 10 \leqslant x \leqslant 18 \quad R^2 = 0.533$

$y = 0.2939x^2 - 6.7022x + 37.323 \quad 10 \leqslant x \leqslant 18 \quad R^2 = 0.559$

较高地温(18 ~26 ℃)：

$y = 1.0308x - 19.514 \quad 18 \leqslant x \leqslant 22 \quad R^2 = 0.673$

$y = 20.569\ln x - 60.48 \quad 18 \leqslant x \leqslant 22 \quad R^2 = 0.656$

$y = 0.3367x^2 - 12.621x + 118.43 \quad 18 \leqslant x \leqslant 22 \quad R^2 = 0.782$

但需要指出的是，在各分段函数中，电导率随温度变化最快的是在低地温的情况下发生的，然后是中等地温，最后才是较高地温，dy/dx 分别为 4.111 5、2.153 6 和 1.030 8。

表 4-5　相关系数

地温类型	线性曲线	对数曲线	二次多项式曲线
较低地温	0.384 6	0.382 2	0.384 9
中等地温	0.542 5	0.532 8	0.559 0
较高地温	0.673 2	0.656 0	0.782 3

4.3　土壤水盐动态与苜蓿生物特征的关系

4.3.1　土壤含盐量与作物耐盐度

土壤中过多的盐分显著抑制作物的正常生长发育，植株低矮，叶小茎粗，长势不旺，最终降低作物经济产量。较高浓度的盐分胁迫严重抑制作物生长发育，目前普遍认为盐分胁迫的机理主要包括渗透胁迫和离子效应（刘友良，1987）。本研究采集了秦王川不同程度的盐渍土(0 ~40 cm)研究苜蓿在当地不同含盐量的土壤种子萌发和植株生长情况，同时对试区较大面积的轻度盐碱化土壤（何家梁取样）在苜蓿种植情况下进行盐分胁迫试验和水分胁迫试验。盐分多积累在耕作层，也是苜蓿播种、发芽、苗期生长和根系分布集中的土层，其盐碱度状况决定秦王川的筒栽苜蓿试验处理苜蓿受害程度。以上五个取样点，盐分离子仅区分浓度而不区分组成，在这五个取样点中，黄茨滩的土壤盐碱化程度最为严重；何家梁的土壤盐碱化程度最轻，属于轻度盐碱土类型；其他点基本属于中度盐碱化土壤，盐碱化程度由大到小顺序为：西槽村 > 红井槽 > 五道砚，但是我们几乎可以将后两者看做统一处理的两次重复。

4.3.1.1　不同土壤盐分浓度对苜蓿出苗的影响

在水分、光和热等各方面条件一定的情况下，分析了不同取样点土壤在苜蓿种植的情况下，以上五种土壤对苜蓿出苗的影响，因无对照处理，故取其中盐碱化程度最轻的何家梁的土壤中苜蓿的出苗率为对照。以后凡书中出现出苗率均表示相对出苗率。不同土壤盐分下苜蓿的出苗率如表 4-6 所示。

表 4-6　秦王川灌区不同土壤盐分下苜蓿的出苗率

取样点	3 何家梁	4 五道砚	1 红井槽	5 西槽村	2 黄茨滩
出苗率	1	67%	65%	40%	0

由此可知,苜蓿在轻度盐土中可以正常出苗,而在盐分较高时出苗率下降较明显,说明苜蓿种子耐盐能力弱小,当含盐量达到对苜蓿种子的萌发有严重的抑制作用时(即达到0.279%),出苗时间中度盐分胁迫比轻度盐分胁迫晚2~4 d,含盐量达到0.428%时超过作物耐盐能力,苜蓿种子几乎没有萌发,仅有极个别的植株长出两片叶子便死亡。数据同时表明出苗率随着土壤盐碱化的增加而显著减少。

4.3.1.2　不同土壤盐分浓度对苜蓿株高的影响

轻度盐碱土对应较高的株高,当土壤含盐量达到0.428%时,苜蓿无法生存说明苜蓿的株高对盐分的敏感程度有较明显的差异。这与苜蓿产量变化趋势相似。4号土柱株高在此也认为是受较高pH值的影响。

4.3.1.3　不同土壤盐分浓度下苜蓿的水分利用率与株高的关系

不同土壤盐分浓度下苜蓿的水分利用率(WUE)与株高(h)的关系见图4-11。

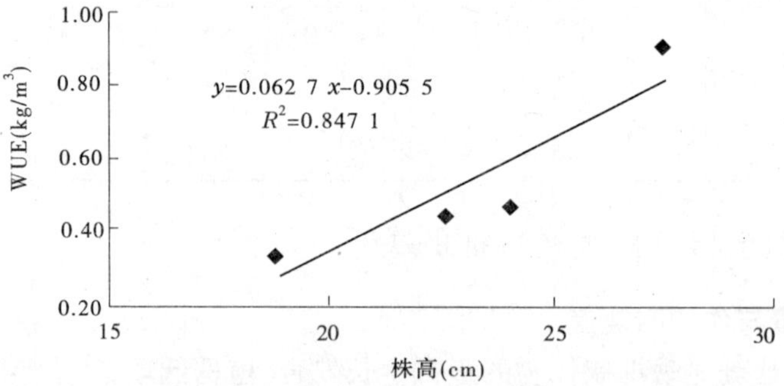

图4-11　WUE与株高的关系

4.3.2　水盐对株高的影响

2005年秦王川大田一定盐碱化土壤在不同水分处理下对苜蓿株高产生了显著变化。对苜蓿各个时期株高进行方差分析,如表4-7所示。其中,CK表示丰水处理,FF表示返青—分枝期亏水处理,FX表示分枝—现蕾期亏水处理,XK表示现蕾—开花期亏水处理。

表4-7　苜蓿各个时期株高的方差分析

处理	4月30日株高方差分析			5月15日株高方差分析		
	均值	5%显著水平	1%极显著水平	均值	5%显著水平	1%极显著水平
FX	5.7	a	A	61.6	a	A
XK	5.2	ab	AB	61.4	a	A
CK	5.2	ab	AB	60.2	a	A
FF	4.8	b	B	53.9	b	B

处理	5月30日株高方差分析			6月14日株高方差分析		
	均值	5%显著水平	1%极显著水平	均值	5%显著水平	1%极显著水平
FX	79.0	a	A	114.6	a	A
XK	81.7	a	A	114.1	a	A
CK	82.0	a	A	115.4	a	A
FF	68.6	b	B	113.1	a	A

对株高的方差分析表明在分枝初期(4 月 30 日),FF 和 FX 在 1% 水平下株高存在极显著差异,此后在返青—分枝期生育期进行了水分亏缺处理,于 5 月 15 日分枝期末,第一阶段受旱处理的效应已显现出来,FF 和其余在阶段内充分灌溉的各盐分处理在 1% 水平下呈极显著差异。这种在株高上的弱势一直持续到复水(5 月 9 日)后的相当长的一段时间。直至全茬收割时才表现出不具有显著差异,但是从均值来看,FF 仍然是最小的。从全生育期来看,仅第一阶段受旱对后面各生育阶段有一定的负面影响(相对于 CK),其余两阶段受旱与 CK 相比没有统计学意义上的差异。

纵向方面,不难看出,四条曲线在整个生育期内表现一致,基本上呈线性递增态势。各线性拟合方程为:

CK　$h = 1.8878d - 28.337$　$R^2 = 0.9819$

FF　$h = 1.774d - 27.843$　$R^2 = 0.9671$

FX　$h = 1.8573d - 27.98$　$R^2 = 0.979$

XK　$h = 1.8824d - 28.79$　$R^2 = 0.978$

在最初的一个月内,各水盐处理曲线斜率明显小于以后各阶段,原因是秦王川地区气候因素造成,当地气温、有效积温都低于兰州市内,实际气温低于兰州市 3 ~ 4 ℃,使秦王川的苜蓿返青期比水利大院的晚 12 d 左右。苜蓿进入了快速营养生长期,分枝期为第二阶段,就 CK 来说,其生长速率(2.8 cm/d)大于第一阶段(0.93 cm/d)很多,同时 FF 处理除在返青期外,其余各生育阶段株高走势都低于其余各水分处理,直到收获前株高才与其他各处理达到相当的水平。这说明,在返青—分枝期进行水分胁迫,会较明显地抑制苜蓿的生长,其营养生长势头减弱而将同化物优先分配给生殖生长器官,使得用于株高和叶面积等的同化物自然减少,生长速率下降,也使得 FF 处理孕蕾和开花期较早到来。而其余阶段的亏水处理在组间没有表现出显著的差异,这也可以从对各处理纵向角度的方差分析中得出。从整个阶段来看,在 5% 水平下,CK 比 FF 多存在显著性差异(见表 4-8)。

表 4-8(1)　方差分析表

变异来源	平方和	自由度	均方	*F* 值	*P* 值
区组间	31 451.5	4	7 862.875	1 011.302	0.000 1
处理间	61.2	3	20.4	2.624	0.098 5
误差	93.3	12	7.775		
总变异	31 606	19			

表 4-8(2)　方差分析表

处理	均值	5% 显著水平	1% 极显著水平
CK	56.4	a	A
FX	55.8	ab	A
XK	55.8	ab	A
FF	52	b	A

4.3.3　水盐对叶面积指数（*LAI*）的影响

叶片是植物进行光合作用和蒸腾作用的重要器官，叶面积的消长是衡量作物个体和群体生长发育好坏的重要标志，叶面积大小将直接影响苜蓿光合面积的大小，进而影响到苜蓿产量的高低。

苜蓿叶面积指数变化过程、苜蓿生长时间与叶面积指数呈现良好的线性正相关，其相关系数高达0.987。

在苜蓿生长达到第75天的时候，叶面积指数达到最大，是因为苜蓿在进入分枝期后便获得了一个较长的快速生长阶段，营养生长大于生殖生长，第75天已进入花期，此时的生殖生长大于营养生长，但苜蓿在其后的生育期叶片将出现衰老、脱落和死亡，叶面积指数呈现下降趋势。综合上述分析可知，在苜蓿开花期前丰水处理下，叶面积指数的增加表现出显著的差异。

此外，叶面积指数和株高之间也存在线性正相关关系，其回归方程为：

$$LAI = 0.1045d - 0.6493 \qquad R^2 = 0.981$$

4.3.4　水分和盐分对苜蓿品质的影响

蛋白质是生命的物质基础，是水溶性最大的氨基酸。氨基酸是合成蛋白质的基本单位。脯氨酸在调节细胞的渗透势和稳定蛋白质特性方面有比较重要的作用（汤章城等，1986）。脯氨酸又是在水盐胁迫条件下易积累的一种氨基酸，在植物逆境胁迫下，被认为是一种渗透保护剂，是一个非常重要的调节渗透压物质，可以增加植物忍耐干旱胁迫和延缓水分胁迫的加剧（田福平，2004）。这一点在苜蓿的不同品种抗旱的研究中得到了肯定（龚明，1989）。

4.3.4.1　水分和盐分对苜蓿体内游离脯氨酸的影响

在正常环境条件下，植物体内游离脯氨酸含量较低，但在逆境（干旱、低温、高温、盐渍等）及植物衰老时，植物体内游离脯氨酸含量明显增加，可增加10～100倍。测定植物体内游离脯氨酸的含量，可以判断逆境对植物的危害程度和植物对逆境的抵抗力。关于盐碱化条件下苜蓿体内积累脯氨酸的生理意义，主要有两方面的作用：一是在盐碱化环境中，液胞中的电解质浓度高于细胞质中的电解质浓度，而存在于细胞质中的脯氨酸能调节渗透平衡；二是对细胞质中的各种酶起保护作用，使之免受电解质的毒害（吴旭红等，2002）。

水分和盐度逆境时脯氨酸的积累是由于细胞渗透下降的结果，植物的渗透调节主要是通过无机离子的吸收、积累及分布和有机小分子的体内合成、积累及分布来实现的，特别是离子区域化在植物中起重要作用。通常认为，脯氨酸主要积累于细胞质中，以均衡原生质体内外的渗透程度。而无机离子大部分积累于液胞中，以解除离子毒害和调节膨压。

对于试验Ⅱ，在秦王川大田土壤盐分一定的水分胁迫下，采用比色法在520 nm波长下测定脯氨酸的含量（如表4-9所示）。

（1）在对苜蓿分别施加8 g/L和15 g/L的NaCl溶液和相同浓度的$NaHCO_3$水盐胁迫时，在土壤含水量一致的情况下，其脯氨酸含量也基本一致。

（2）在进行QM-CF-50、QM-F-100和QM-CF-150的处理时，同样在土壤含水量一致的情况下，其脯氨酸含量极其接近，分别为0.076%、0.066%和0.084%，说明三种盐分水平对苜蓿体内游离脯氨酸的影响很小。一般认为，只有当盐分处于一个比较高的浓度时才会对作物体内游离脯氨酸产生明显的影响。

(3)通过对一定盐分的大田中苜蓿全生育期不同水分胁迫下作物体内游离脯氨酸的测定发现,对照处理和轻度水分胁迫处理对脯氨酸的影响明显小于中度和重度水分处理。说明水分胁迫对脯氨酸的影响作用十分明显,而重度水分胁迫略低于中度水分胁迫,主要是由于在取样时间上处于重度水分处理复水后。

表 4-9　脯氨酸含量的测定

处理	脯氨酸含量(%)
NaCl 15 g/L	0.121
NaCl 8 g/L	0.158
$NaHCO_3$ 8 g/L	0.147
$NaHCO_3$ 15 g/L	0.145
QM-CF-100	0.066
QM-CF-50	0.076
QM-CF-150	0.084
充分	0.036
轻度	0.087
中度	0.171
重度	0.139

4.3.4.2　水分和盐分对苜蓿体内氨基酸的影响

氨基酸是作物的主要营养成分,氨基酸含量的多少对作物的品质有直接的影响,饲草用的往往还需添加氨基酸添加剂。本研究期望在某种条件下的苜蓿既能获得较高生物产量,又有较好的品质。对试验Ⅱ,本研究对在不同土壤盐分梯度不同水分胁迫下苜蓿分枝期末体内的氨基酸进行了测定。测定结果如表 4-10 所示。

从表 4-10 中可知,适当浓度的钠盐、镁盐可以增加苜蓿体内氨基酸的含量。但是氯离子和碳酸氢根离子却产生了较明显的不同效应。前者抑制氨基酸的合成,后者的机制还有待进一步研究;对筒中的三个水盐水平比较发现,较高浓度的钠盐可以使苜蓿体内的氨基酸含量增加。这与我们在秦王川塑料桶中试验所得出的结论相似;大田中四种处理盐分一致的情况下轻度和中度水分胁迫下的氨基酸含量非常接近且明显大于含量也非常相近的对照处理和重度水分处理,尤其在大田的情况下,最后得出的结论有助于实践中的应用,即轻度水分胁迫既节水又有较好的品质。

4.3.4.3　水盐对苜蓿粗蛋白含量的影响

粗蛋白含量的多少是衡量苜蓿品质的一个非常重要的指标,试验研究追求植株体内更高的粗蛋白含量,正因为苜蓿所含较高的粗蛋白及其很高的产量才使之能成为一种优质的饲草。对试验Ⅱ,不同盐分土壤在水分胁迫下苜蓿在初花期前的粗蛋白进行了测定(考马斯亮蓝 G－250 法),测定结果如表 4-11 所示。

分析 NaCl、$NaHCO_3$ 和 $MgSO_4$ 在两种浓度下均表现出高浓度高蛋白的现象,这与前述关于脯氨酸和氨基酸分析的基本结论是一致的。对于筒栽的三个水分处理,当盐分浓度较大时,蛋白质含量成倍增长,而大田中盐分不变时,轻度水分胁迫下蛋白含量显著高于其他处理。而这与前面分析脯氨酸和氨基酸时得出的结论基本一致。

4.4　模拟地下水补给对苜蓿产量的影响

对 2004 年秦王川引大蒸渗场模拟地下水进行了观测,分析了其补给量与苜蓿产量间的相关关系。在气候、土壤质地以及灌水量相同的条件下,苜蓿的产量高低受地下水埋深的影响。当地下水埋深在 3.5 m、3 m 和 2.5 m 三个水平条件下时,地下水补给量不同,地下水埋深较深时,地下水对苜蓿的补给量较小;埋深较浅时,补给量较大。当灌水量相同时,苜蓿产量与地下水补给量的关系如图 4-12 所示。可以看出,随着地下水补给量的增加,苜蓿产量也随之增加。

表 4-10　氨基酸含量测定结果

处理	测定结果(mg/100 g)
NaCl 15 g/L	67.834
NaCl 8 g/L	44.94
$NaHCO_3$ 8 g/L	103.725
$NaHCO_3$ 15 g/L	43.761
$MgSO_4$ 8 b	94.512
$MgSO_4$ 15 g/L	47.928
QM-CF-50	64.654
QM-CF-100	66.957
QM-CF-150	87.082
充分	85.328
轻度	106.412
中度	106.878
重度	86.643

表 4-11　蛋白质含量测定结果

处理	测定结果(ug/g)
NaCl 15 g/L	8 840.204
NaCl 8 g/L	3 340.094
$NaHCO_3$ 8 g/L	4 740.112
$NaHCO_3$ 15 g/L	4 873.458
$MgSO_4$ 8 b	9 056.875
$MgSO_4$ 15 g/L	11 706.928
QM-CF-50	5 490.137
QM-CF-100	5 440.136
QM-CF-150	11 373.588
充分	5 656.807
轻度	13 406.962
中度	8 673.534
重度	7 723.515

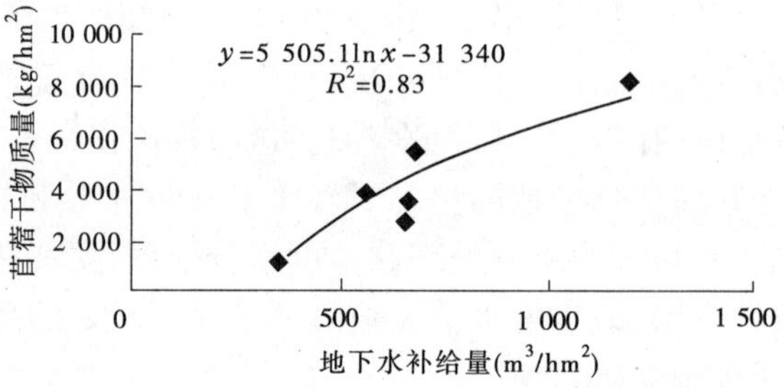

图 4-12　灌水量相同时地下水补给量对苜蓿产量的影响

第五章　不同水分处理和盐分胁迫下苜蓿根系的生物特性

5.1　不同水分处理下苜蓿根系特性对生物产量的影响

5.1.1　不同供水状况与地下生物量的关系

5.1.1.1　土壤水分与根系的发育

根据王晨阳(1992)研究,在土壤相对含水量为60% ~70%,比较适宜次生根的发生,而当土壤相对含水量低于60%时,次生根数目显著减少;在相对含水量为50%、40%和30%时的次生根的数目比相对含水量为60%时的分别减少16.3%、31.8%和44.5%,差异均达显著水平,而当相对含水量低于30%时,发根停滞。不同时期水分的供应状况,对次生根形成的影响也不相同。可见,在旱地生长期间,适当控制水分对增加根毛密度、扩大根系吸水空间具有重要意义。

5.1.1.2　土壤水分与根系干物质重量

根系干物质重量是衡量根系发达程度的又一指标(王晨阳,1992)。盆栽试验表明,小麦根系干物质重量与土壤相对含水量呈极显著正相关关系($R=0.930\ 9^{**}$)(梁银丽)。在模拟田间原状土条件下进行的试验研究表明,小麦根系生长对土壤水分反应极为敏感;在严重缺水条件下(土壤相对含水量为40%),小麦根系生长严重受阻,根系干物质明显降低;在土壤供水条件改善后(相对含水量为55% ~60%),根系生长和根系干重显著增加,并且根系干重达到最大值;但随着土壤相对含水量的进一步增加,根系干物质重量又明显降低。不同生育阶段对干旱胁迫的适应能力也不相同,生育前期根系对干旱胁迫的适应能力强,后期适应能力逐渐下降,因而受胁迫的影响也较大,尤其在抽穗期(根系生物量达最大值时)后,干旱胁迫的影响最为显著。一般认为,根系干物质重量的变化在生长前期似乎呈指数曲线增长,而在后期的变化规律目前说法不一,但从总体上看,呈下降趋势。另外,土壤水分状况影响根系最大生物量持续时间的长短,在正常水分条件下维持时间较长,而在干旱条件下维持的时间明显缩短。苜蓿收割后,洗根测定地下生物量(根量),测定结果见图5-1~图5-3和表5-1。

从表5-1中可看出,不同水分处理状况下,根系分布及根量明显不同。不同深度土层内苜蓿地下生物量分布表现出一定的规律性。土层越深,地下生物量越少,尤以0~10 cm为最高,在开花期占0~60 cm土层地下生物量的34%左右,在结荚期占到26%左右,在生育末期占到18%左右。同时也可以发现,在开花和结荚期,不同的水分处理下,充分处理下和轻度处理下的总根量要比中度和重度水分处理大得多,如开花期充分处理比重度处理要高10%,结荚期要高9%。土壤湿度过大,总根量减少,水平根系特别发达而垂直根系延伸不深,集中在0~30 cm土层中;供水很少时,苜蓿地上部分生长发育受到很大影响,为了吸收土壤水分,补充生长所需营养,根系长度增大,延伸到100 cm以下,但是根的直径比较小,因此55%田间持水量处理导致地下生物量最少,根系最长。在生育后期,结荚期中度水分处

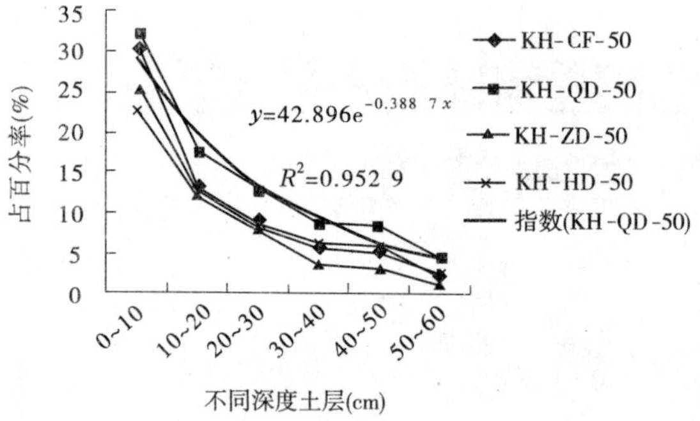

图 5-1　开花期苜蓿不同深度根重占总根重的百分率

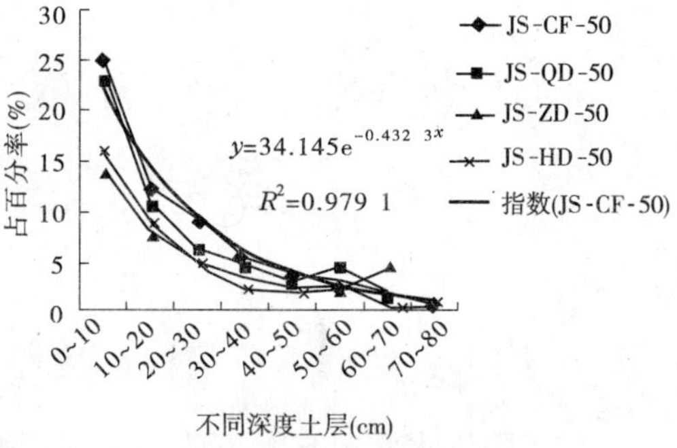

图 5-2　结荚期苜蓿不同深度根重占总根重的百分率

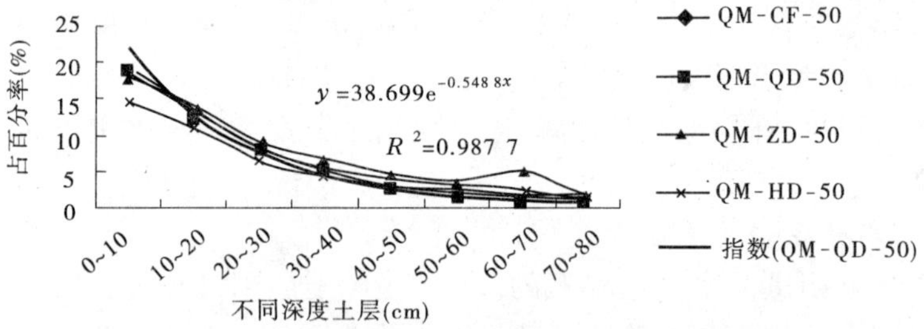

图 5-3　生育末期苜蓿不同深度根重占总根重的百分率

理在 60 ~ 70 cm 土层上要比充分处理所有的要高，同样在生育末期，中度水分处理也是 30 cm 以下土层所有同层中最高的。土壤供水适中，有利于根系的生长发育，根系发达，地下部分生长旺盛，因而总根量最大。这与其他作物、植物的生长习性相吻合。

表 5-1　水利大院深筒栽培苜蓿不同生育期不同水分处理下根系垂直分布状况　（单位：g）

土壤深度	开花期				结荚期				生育末期			
	KH-CF-50	KH-QD-50	KH-ZD-50	KH-HD-50	JS-CF-50	JS-QD-50	JS-ZD-50	JS-HD-50	QM-CF-50	QM-QD-50	QM-ZD-50	QM-HD-50
	占总根量（%）	占总根量（%）	占总根量（%）	占总根量（%）	占总根量（%）	占总根量（%）	占总根量（%）	占总根量（%）	占总根量（%）	占总根量（%）	占总根量（%）	占总根量（%）
10 ~ 20 cm	48.61	39.81	46.98	42.02	40.61	45.23	36.38	35.54	14.12	38.11	32.70	35.17
20 ~ 30 cm	20.73	20.81	22.35	20.85	20.20	21.19	20.61	25.32	9.30	25.84	25.03	27.07
30 ~ 40 cm	12.64	15.09	13.78	15.42	15.05	12.38	13.58	17.45	5.99	16.59	16.53	15.83
40 ~ 50 cm	8.46	10.11	8.17	10.90	8.64	8.91	9.89	11.61	3.65	10.89	11.90	10.03
50 ~ 60 cm	7.26	9.73	7.09	10.81	6.90	5.15	7.29	6.37	3.30	4.91	7.35	5.73
60 ~ 70 cm	3.46	4.44	4.87		4.90	9.00	5.80	3.31	2.48	3.37	5.26	4.46
70 ~ 80 cm					3.22	3.41	9.70	2.58	1.29	0.89	6.91	3.82
80 ~ 90 cm					1.41			1.95	56.75		2.04	1.95
0 ~ 100 cm	100.00	100.00	100.00	100.00	100.00	100.00	100.00	100.00	100.00	100.00	100.00	100.00
地上重(g)	92.85	102.61	64.60	88.40	82.86	85.03	63.16	20.18	18.97	26.22	31.59	24.91
根冠比												

从各处理取样结果来看，根系主要分布在 0 ~ 40 cm 土层中，其中 0 ~ 20 cm 土层中占

55%。产量最高的 QM-CF-50 的根量在 0 ~ 10 cm 土层中居首位。从根量与植株总生物量的比值来看，灌水总量最少的 QM-CF-50 及 QM-ZD-100 的比值最大，分别为 55% 和 59%。说明在灌水量较少的情况下，苜蓿植株遭受水分胁迫后，以增大吸收面积来提高其适应性，因此根量占总生物量的比值会增大。

5.1.2 秦王川筒栽苜蓿水分胁迫下苜蓿生物性状比较

秦王川筒栽苜蓿水分胁迫下苜蓿生物性状比较结果见表 5-2。

表 5-2 不同水分处理下苜蓿地上地下生物性状比较结果

水分处理	根长 (cm)	株高 (cm)	根干重 (g)	地上干重 (g)	灌水量 (m^3/hm^2)	水分利用效率 WUE (kg/m^3)	处理 WUE 平均	地上植株含水量 (g)	根含水量 (g)	地上部干湿比	根干湿比
P 充	21.50	25.75	36.06	28.39	4 800	0.84	0.84	39.92	27.98	0.59	0.56
P 轻	23.00	27.00	45.69	31.77	3 600	1.25	1.25	47.12	41.35	0.59	0.53
P 中	25.75	21.50	34.84	26.93	3 000	1.27	1.27	32.16	46.53	0.54	0.43
P 重	24.50	19.00	23.66	15.01	3 000	0.71	0.71	21.72	20.38	0.57	0.56

5.1.2.1 秦王川筒栽苜蓿水分胁迫下苜蓿地上和地下干物质比较

秦王川筒栽苜蓿水分胁迫下苜蓿地上和地下干物质比较见图 5-4。

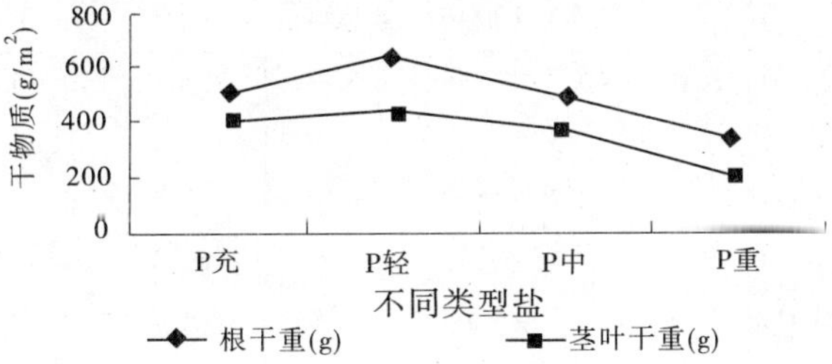

图 5-4 秦王川筒栽苜蓿水分胁迫下苜蓿地上和地下干物质比较

5.1.2.2 不同水分处理下苜蓿干物质方差分析

不同水分处理下苜蓿干物质方差分析结果见表 5-3。

表 5-3 不同水分处理下苜蓿干物质方差分析

处理	均值	5% 显著水平	1% 极显著水平
P 轻	545.465	a	A
P 充	453.875	ab	A
P 中	435.03	b	AB
P 重	272.32	c	B

从以上分析可看出，水分胁迫处理下不同水分梯度间轻度处理与中度、重度处理之间存在显著性差异，与充分处理之间不显著；中度与重度处理之间差异显著。轻度处理的地上和

地下干物质都最高，比充分处理分别大 150 g 和 50 g，而比重度处理大 330 g 和 250 g。说明适度的水分胁迫（水分含水量在 60% ~65%）有利于作物干物质的提高，但再低的水分含量就会抑制苜蓿的产量，如在 60% 以下，就会产生明显的抑制效果，土壤含水率在 50% 以下，干物质下降很快，在苜蓿种植生产中尽量不要严重亏水使水分含量下降到这一限度。

5.1.3 秦王川筒栽苜蓿盐分胁迫下苜蓿生物性状比较

5.1.3.1 秦王川筒栽苜蓿同浓度不同类型盐胁迫下地上和地下干物质比较

秦王川筒栽苜蓿同浓度不同类型盐胁迫下地上和地下干物质比较见表 5-4。

表 5-4 秦王川筒栽苜蓿不同盐分处理下生物特性测定（筒子面积 0.071 m^2）

处理类型	处理	根长（cm）	株高（cm）	根干重（g）	地上干重（g）	灌水量（m^3/hm^2）	水分利用效率 WUE（kg/m^3）	地上植株含水量（g）	根含水量（g）	处理 WUE	茎叶干湿比	根干湿比
	混 0.5	27.00	17.00	47.99	17.86	4 800	0.53	11.40	24.39		0.39	0.66
	混 1	24.50	22.50	43.32	26.36	4 800	0.78	42.86	36.49		0.58	0.56
	混 2	24.00	21.00	38.59	22.75	4 800	0.67	27.45	26.25		0.53	0.60
混合盐	混 4	25.00	19.50	42.54	23.46	4 800	0.69	31.38	27.10	0.63	0.57	0.61
	混 6	25.00	22.50	37.73	22.17	4 800	0.65	33.70	29.02		0.59	0.58
	混 8	26.00	23.50	42.76	23.41	4 800	0.69	22.43	25.89		0.45	0.63
	混 15	25.00		23.03	12.46	4 800	0.37	9.13	23.89		0.42	0.49
	$MgSO_4$(0.5)	25.00	26.00	41.23	27.38	4 800	0.81	50.05	30.69		0.65	0.57
	$MgSO_4$(1)	24.00	20.50	25.85	18.29	4 800	0.54	25.81	21.21		0.53	0.58
	$MgSO_4$(2)	25.00	24.00	45.52	32.23	4 800	0.95	30.06	32.66		0.45	0.59
	$MgSO_4$(4)	27.50	23.00	43.34	26.48	4 800	0.78	28.49	24.99		0.49	0.63
$MgSO_4$ 盐	$MgSO_4$(6)	25.00	21.50	41.67	24.94	4 800	0.74	24.89	23.56	0.69	0.50	0.63
	$MgSO_4$(8)	24.00	22.50	45.30	27.83	4 800	0.82	29.44	30.74		0.49	0.60
	$MgSO_4$(15)	26.00	13.00	51.58	15.68	4 800	0.46	26.74	53.03		0.63	0.49
	$MgSO_4$(25)	26.00	15.00	47.36	16.31	4 800	0.48	25.70	42.12		0.61	0.53
	$MgSO_4$(35)	27.00	23.00	49.76	23.81	4 800	0.70	30.00	39.47		0.56	0.56
	$MgSO_4$(60)	25.00	20.00	54.62	19.66	4 800	0.58	29.94	48.41		0.60	0.53
	NaCl(0.5)	25.00	26.00	56.52	34.70	4 800	1.02	37.28	36.26		0.52	0.61
	NaCl(1)	24.50	23.00	43.29	26.76	4 800	0.79	26.48	26.26		0.49	0.62
	NaCl(2)	25.50	21.00	39.42	22.68	4 800	0.67	35.09	30.66		0.55	0.58
	NaCl(4)	24.50	23.00	47.94	24.89	4 800	0.73	42.83	35.43		0.59	0.59
NaCl 盐	NaCl(6)	24.50	21.00	43.81	26.23	4 800	0.77	44.63	33.05	0.63	0.63	0.57
	NaCl(8)	23.00	20.50	40.68	20.92	4 800	0.62	26.73	23.15		0.56	0.64
	NaCl(15)	25.00	18.00	36.68	13.57	4 800	0.40	21.14	38.11		0.61	0.49
	NaCl(25)	23.00	20.00	22.08	9.55	4 800	0.28	6.46	21.36		0.40	0.51
	NaCl(35)	27.00	22.00	22.69	12.85	4 800	0.38	5.15	16.30		0.29	0.58

续表 5-4

处理类型	处理	根长(cm)	株高(cm)	根干重(g)	地上干重(g)	灌水量(m^3/hm^2)	水分利用效率 WUE(kg/m^3)	地上植株含水量(g)	根含水量(g)	处理 WUE	茎叶干湿比	根干湿比
$NaHCO_3$ 盐	$NaHCO_3$(0.5)	23.00	24.00	51.23	25.39	4 800	0.75	20.33	26.88		0.44	0.66
	$NaHCO_3$(1)	24.50	24.50	40.67	27.24	4 800	0.80	33.29	34.05		0.53	0.55
	$NaHCO_3$(2)	25.00	20.50	40.74	24.01	4 800	0.71	30.13	26.75		0.52	0.61
	$NaHCO_3$(4)	25.50	24.00	44.61	27.64	4 800	0.81	32.89	29.75		0.52	0.60
	$NaHCO_3$(6)	25.50	22.00	42.01	22.70	4 800	0.67	29.34	31.81	0.61	0.55	0.57
	$NaHCO_3$(8)	24.00	22.50	41.77	23.41	4 800	0.69	33.62	31.90		0.53	0.58
	$NaHCO_3$(15)	27.00	15.00	38.58	11.13	4 800	0.33	24.60	37.86		0.69	0.50
	$NaHCO_3$(25)	23.00	17.00	24.40	12.15	4 800	0.36	17.86	31.19		0.60	0.44
	$NaHCO_3$(35)	23.00	22.00	12.60	14.13	4 800	0.42	6.08	10.17		0.30	0.55
本地盐碱土	红井槽(0.23%)	25.67	16.00	15.67	11.32	4 800	0.31	34.27	23.32	0.31	0.58	0.57
	何家梁(0.14%)	24.25	22.50	36.83	26.13	4 800	0.77	70.54	42.66	0.77	0.61	0.49
	五道砚(0.23%)	20.33	13.50	9.41	7.96	4 800	0.26	21.02	15.68	0.26	0.64	0.52
	西槽村(0.28%)	25.00	18.00	38.33	21.33	4 800	0.63	71.38	42.77	0.63	0.74	0.43

不同类型的盐分在不同浓度下胁迫对苜蓿干物质影响的方差分析见表 5-5。

表 5-5(1)　盐分胁迫处理对苜蓿干物质影响的方差分析

变异来源	平方和	自由度	均方	*F* 值	*P* 值
处理类型间	14 011.44	3	4 670.481	2.115	0.124 9
处理浓度间	58 645.76	8	7 330.72	3.319	0.010 7
误差	53 010.52	24	2 208.772		
总变异	125 667.7	35			

表 5-5(2)　四种不同类型的盐分间

盐分类型	均值	5% 显著水平	1% 极显著水平
$MgSO_4$	208.223 2	a	A
NaCl	182.729 6	ab	A
$NaHCO_3$	176.224 7	ab	A
混合盐	152.823 2	b	A

表 5-5(3) 九种不同浓度间盐分

盐分浓度(g/L)	均值	5%显著水平	1%极显著水平
0.5	238.37	a	A
4	216.49	a	AB
6	214.18	a	AB
8	198.44	a	AB
2	183.12	ab	AB
15	169.83	ab	AB
1	167.12	ab	AB
35	117.46	b	B
25	115.00	b	B

对盐分类型之间干物质的显著性分析表明,$MgSO_4$ 和混合盐之间达到5%显著水平,而 NaCl 和 $NaHCO_3$ 之间不显著。对不同浓度盐分比较,浓度 25 g/L 和 35 g/L 与其他浓度间差异明显,说明在高浓度下苜蓿的生理影响最大,而小于 15 g/L 的盐分浓度下对苜蓿干物质的影响不明显。

对不同浓度间分析表明,对于 0.5 g/L 浓度不同类型盐分胁迫下苜蓿的地上和地下干物质的比较可看出,混合盐的根和茎叶干重都比其他三种的要低,而以 NaCl 最高,次之为 $NaHCO_3$。对于 1 g/L 浓度不同类型盐分胁迫下苜蓿的地上和地下干物质的比较可看出,$MgSO_4$ 的根和茎叶干重都比其他三种的要低,而以 NaCl 最高,次之为混合盐。

对于 2 g/L 浓度不同类型盐分胁迫下苜蓿的地上和地下干物质的比较可看出,混合盐和 NaCl 的根和茎叶干重都比其他两种的要低,而以 $MgSO_4$ 最高,次之为 $NaHCO_3$。对于 4 g/L浓度不同类型盐分胁迫下苜蓿的地上和地下干物质的比较可看出,混合盐和 NaCl 的根和茎叶干重都比其他两种的要低,而以 $MgSO_4$ 最高,次之为 $NaHCO_3$。对于 6 g/L 浓度不同类型盐分胁迫下苜蓿的地上和地下干物质的比较可看出,混合盐的根和茎叶干重都比其他三种的要低,而以 NaCl 最高,次之为 $NaHCO_3$。对于 8 g/L 浓度不同类型盐分胁迫下苜蓿的地上和地下干物质的比较可看出,混合盐和 NaCl 间达到 5% 的显著性,其他的无显著性差异。NaCl 的根和茎叶干重都比其他三种的要低,而以 $MgSO_4$ 最高,次之为混合盐。

对于 15 g/L 浓度不同类型盐分胁迫下苜蓿的地上和地下干物质的比较可看出,混合盐的根和茎叶干重都比其他三种的要低,而以 $MgSO_4$ 最高,次之为 NaCl。对于 25 g/L 和 35 g/L浓度不同类型盐分胁迫下苜蓿的地上和地下干物质的比较可看出,NaCl 的根和茎叶干重都比其他三种的要低,而以 $MgSO_4$ 最高,次之为 $NaHCO_3$。

5.1.3.2 秦王川筒栽苜蓿同类型盐不同浓度胁迫下地上和地下干物质比较

从混合盐在不同浓度下的地上和地下干物质比较来看(见图 5-5),苜蓿干物质随着盐分浓度的增大,干物质随之下降,在 8 g/L 之后下降很明显,说明此盐分浓度对于混合盐是一个最高浓度。对于小浓度的 0.5 g/L 根和茎叶的变化不同步,这主要是此时盐分对苜蓿的影响很微小,主要是水分因素起主导作用。

对 $MgSO_4$ 盐不同浓度下的苜蓿干物质比较(见图 5-6),除 1 g/L 有明显的降低之外,其余浓度均变化不大,相反的随着盐分浓度的增大,干物质尤其是根干重有一定的上升,说明对于 $MgSO_4$ 盐在此浓度幅度下盐分胁迫的加重,植株在生理上有抗盐反应,表现为地下根干重增大,相应的地上茎叶干重减小,以适应盐分环境。

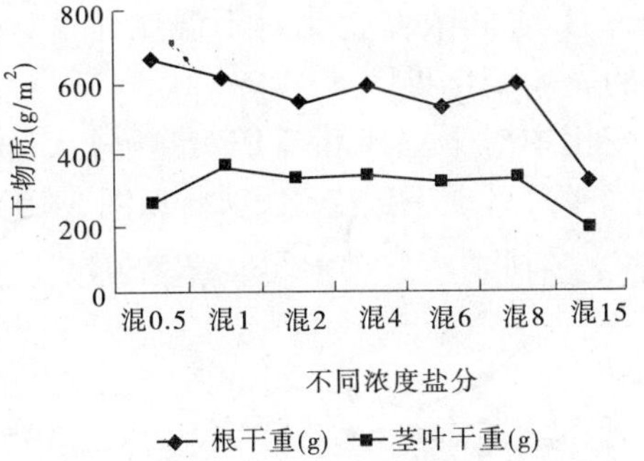

图 5-5　不同浓度混合盐胁迫下干物质比较

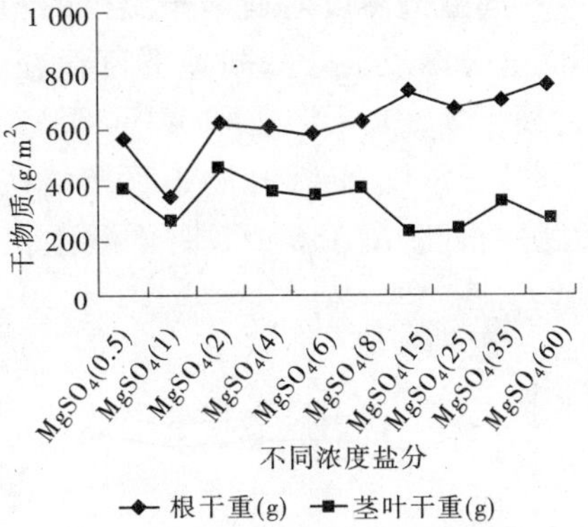

图 5-6　不同浓度 $MgSO_4$ 胁迫下干物质比较

不同浓度 NaCl 和 $NaHCO_3$ 盐分胁迫下苜蓿的地上和地下干物质的比较见图 5-7 和图 5-8,这两种盐都表现出一个共同的规律,随着盐分浓度的增大,相应的地上和地下干重显著减小,在小浓度的 2 g/L 有一个微幅上升的分阶段,与苜蓿对盐分的适应有关,但随后植株抗盐能力减弱,干重减小,与 NaCl 不同的是,$NaHCO_3$ 盐分胁迫下,变化较前者要小,并且在 8 g/L 之前变化不大,在 15 g/L 之后,显著下降。说明苜蓿在对盐分的适应范围上,$NaHCO_3$ 盐要广。

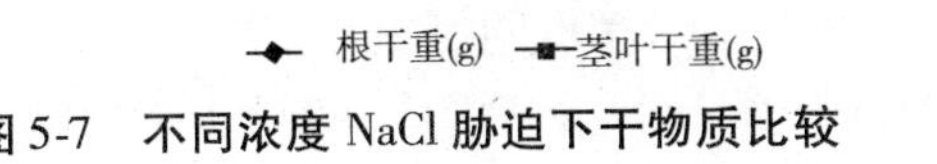

图 5-7　不同浓度 NaCl 胁迫下干物质比较

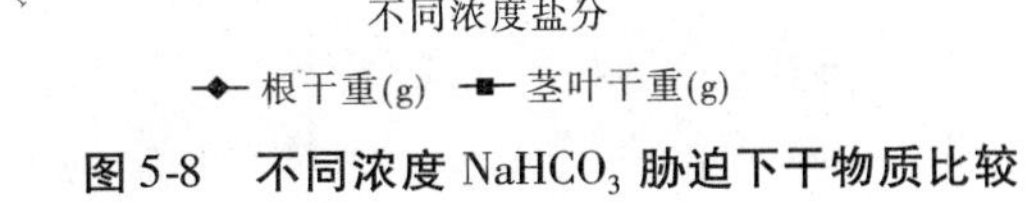

图 5-8　不同浓度 $NaHCO_3$ 胁迫下干物质比较

5.2　盐分浓度对苜蓿干湿比和水分利用效率的影响

5.2.1　不同盐分浓度对苜蓿水分利用效率的影响

在水分胁迫下中度处理的水分利用效率最高,达到 1.27 kg/m^3,其次为轻度处理 1.25 kg/m^3,充分处理为 0.84 kg/m^3,重度处理最低为 0.71 kg/m^3。

在灌水量相同的情况下,对于不同盐分浓度胁迫下,随着浓度增大,WUE 随之下降,和盐分浓度对干重的影响规律相似,在 8 g/L 之前变化不大,之后 WUE 下降很快,对不同盐分类型之间的 WUE 变化不大,$MgSO_4$ 最高为 0.68 kg/m^3,其余三种为 0.6 kg/m^3 左右。说明盐分类型对 WUE 的影响没有浓度大，对同样水分梯度下的水分胁迫和盐分胁迫之间的 WUE 比较可知，单纯水分影响下的 WUE 为 8.2 kg/m³，而水分和盐分共同胁迫下的 WUE 仅为 0.62 kg/m³，相应的重度水分胁迫下也为 0.67 kg/m³。说明盐分胁迫的影响大大高于水分胁迫的影响。

5.2.2　不同盐分浓度对苜蓿干湿比的影响

不同盐分浓度混合盐胁迫下苜蓿在 1 g/L 和 8 g/L 之间浓度变化对干湿比和 WUE 影响不大，高于 8 g/L 干湿比和 WUE 明显下降，浓度的影响变化见图 5-9。

不同盐分浓度 NaCl 盐胁迫下苜蓿在整个浓度变化中对干湿比和 WUE 影响较大，盐分响应敏感性很高，高于 6 g/L 时干湿比和 WUE 明显下降，呈现一致变化规律（见图 5-10）。

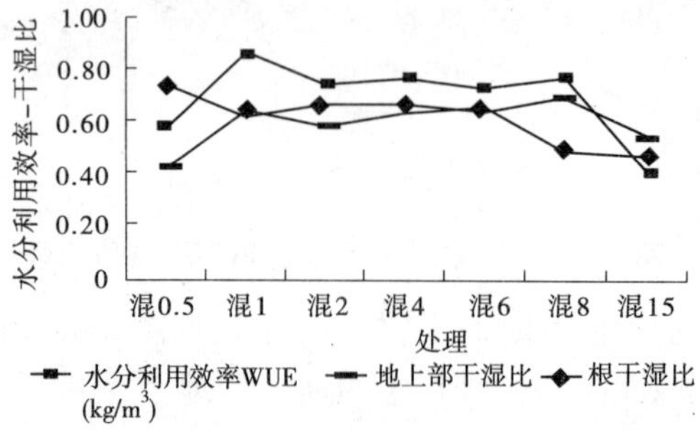

图 5-9　混合盐对 WUE 和植株干湿比的影响

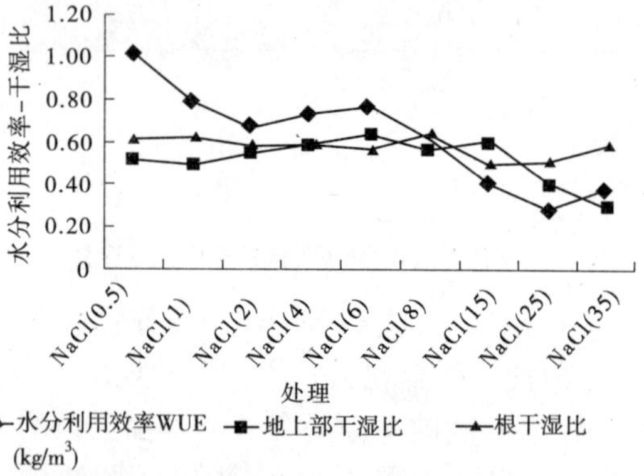

图 5-10　NaCl 盐对 WUE 和植株干湿比的影响

对 $MgSO_4$ 盐，在整个试验盐分浓度范围内，地上和地下干湿比没有明显的变化，$MgSO_4$ 盐对苜蓿的抗盐敏感性不大，但 WUE 变化明显，以 0.5 ~ 8 g/L 较高，而在 8 g/L 之后 WUE 波动很大，下降幅度较大，说明 $MgSO_4$ 盐对植株的水分含量影响不大，但对干物质积累影响较其他盐大，见图 5-11。

$NaHCO_3$ 盐不同浓度对苜蓿的影响不大，在 8 g/L 之前，浓度的变化对干湿比和 WUE 影响不大，在 8g/L 之后，根的干湿比明显下降，地上部分干湿比反而明显上升，而水分利用效率也呈明显下降趋势。说明在此浓度之后，盐分胁迫对植株生理和干物质积累才产生作用，见图 5-12。

综上所述，四种盐在不同深度下对苜蓿植株干湿比和 WUE 的影响中，除 NaCl 盐敏感性最高，影响显著，随着盐分浓度的增大，地上和地下干湿比以及 WUE 显著下降，相应的其余三种盐不同浓度对苜蓿的影响不是很大，只有在超过一定浓度之后，盐分的影响才体现出来，基本以 8 g/L 为分界点，高于此浓度苜蓿的生理才会受到影响。这也为不同盐分类型下和不同浓度下苜蓿的种植提供了理论和数值依据。

5.3　苜蓿根冠比与土壤水分的关系

5.3.1　不同处理下土壤水分与根冠比

5.3.1.1　水利大院筒栽苜蓿全生育期不同水分处理下根冠比

苜蓿根系生物量累积规律的研究方法是：2004 年 4 ~ 9 月定期对当年播种的苜蓿根系生物量进行系统观测。不同水分处理的全生育期干物质性状观测结果见表 5-6。在整个生

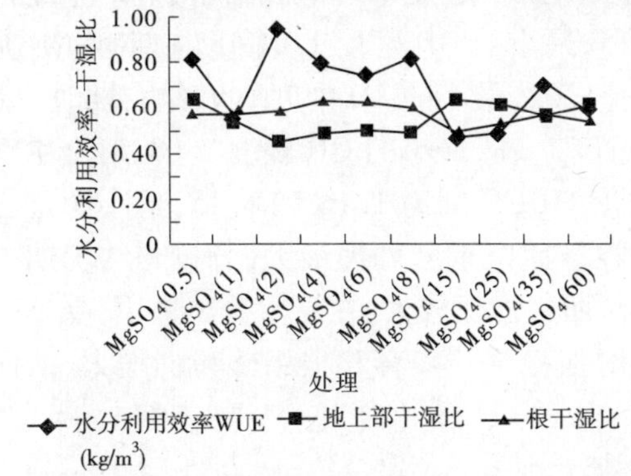

图 5-11　$MgSO_4$ 盐对 WUE 和植株干湿比的影响

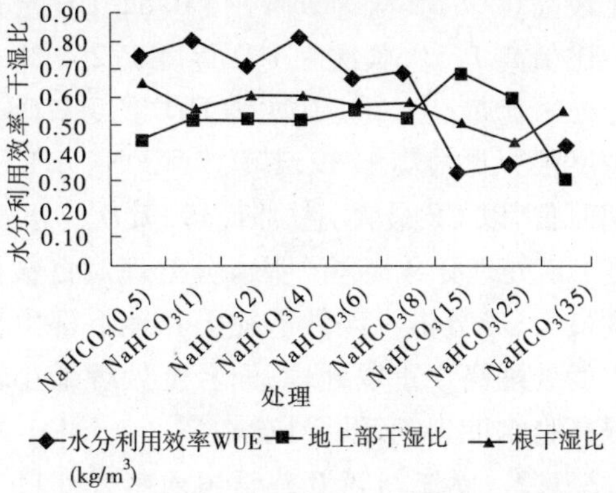

图 5-12　$NaHCO_3$ 盐对 WUE 和植株干湿比的影响

育期内,苜蓿根系生物量是不断增加的,尤其以结荚期最高。各生育期不同水分处理下根重呈现一致的规律,随水分胁迫的加大,根重减小,但 ZD-100 和 HD-150 例外,在各个生育期根重明显较大。根系生物量最高峰出现在生育末期。不同水分处理的生物量累积存在显著差异。在苗期,CF-50 最高,其次为 CF-150 和 ZD-100;分枝期,轻度 QD-50 和充分 CF-50 总根干重最高;而在开花期,仍是轻度 QD-50 和充分 CF-50 最高,在此阶段重度处理的 HD-150 和 HD-100 比重也明显增大;在结荚期,ZD-150 最高,充分 CF-50 和 CF-150 比重较大,这与根长的生长规律是一致的。

表 5-6　2004 年水利大院筒栽苜蓿不同水分处理的全生育期干物质性状

水分处理		苗期			分枝期			开花期			结荚期		
		茎叶(g)	根(g)	根冠比	茎叶(g)	根(g)	根冠比	茎叶(g)	根(g)	根冠比	茎叶(g)	根(g)	根冠比
CF	CF-50	23.31	15.28	0.66	13.59	19.37	1.43	12.89	22.27	1.73	24.84	34.88	1.40
	CF-100	14.54	8.41	0.58	15.42	14.33	0.93	10.31	15.52	1.51	18.50	26.73	1.45
	CF-150	22.95	12.84	0.56	16.21	17.84	1.10	11.36	19.05	1.68	24.96	29.80	1.19
QD	QD-50	12.65	6.67	0.53	15.60	18.69		19.58	21.47	1.10	27.80	27.42	0.99
	QD-100	10.21	5.61	0.55	13.83	12.10	0.87	15.40	17.77	1.15	23.50	21.43	0.91
	QD-150	9.00	4.52	0.50	6.60	7.49	1.14	16.50	13.20	0.80	23.21	27.81	1.20
ZD	ZD-50	9.78	7.04	0.72	6.76	11.99	1.77	21.63	15.68	0.72	17.84	28.66	1.61
	ZD-100	9.28	9.48	1.02	8.69	13.06	1.50	9.03	8.80	0.97	18.33	23.22	1.27
	ZD-150	6.33	4.58	0.72	8.83	11.17	1.26	15.31	15.68	1.02	27.57	35.79	1.30
HD	HD-50	5.63	3.41	0.61	6.33	7.81	1.23	9.00	7.57	0.84	15.45	18.63	1.21
	HD-100	4.93	3.54	0.72	9.91	13.20	1.33	14.37	17.04	1.19	18.50	24.93	1.35
	HD-150	3.90	6.29	1.61	10.70	13.04	1.22	17.59	21.04	1.20			

由表 5-6 可看出,在不同时期,根冠比逐渐增大,苗期时不同水分处理下,HD 重度根冠

比最高0.98,其次为ZD中度0.82,CF充分0.6,最小的QD轻度0.53;分枝期时,ZD中度根冠比最高1.51,其次为HD重度1.26,CF充分1.15,最小的QD轻度1.01;开花期时,CF充分根冠比最高1.64,其次为HD重度1.08,QD轻度1.02,最小的ZD中度0.9;结荚期时,ZD中度根冠比最高1.39,其次为CF充分1.35,HD重度1.28,最小的QD轻度1.03;对全生育期而言,以CF最大,达到1.19,其次中度ZD和重度HD,分别为1.16和1.15,最小的是轻度QD处理0.9。这说明水分处理对苜蓿根冠比,在苗期以重度处理最大,分枝和结荚期中度最大,充分供水条件下地上和地下都生长迅速,从而根冠比较大,在受水分胁迫下,受旱的中度处理高于重度处理,而轻度处理最小,受旱能增强根系的发育和根系体积的增大,从而提高吸水能力,有助于抗旱。

5.3.1.2 秦王川筒栽苜蓿不同水分处理下苜蓿根冠比

不同水分处理下的根冠比,以中度处理最大1.73,其次为轻度1.50,重度处理最小1.25,见图5-13。说明在一定的水分胁迫下可能促使根的生长大于茎叶的生长,从而调节植株不同器官之间营养物质运移,增强植株的抗旱性能。充分供水的情况下根冠比下降,有利于地上物质的生长,但没有发达的根系,对在干旱和半干旱地区苜蓿的适应性较弱。同时也表明,过分的受旱如重度水分处理下,根冠比反而最小,说明水分调亏超过一定的限度以后,对苜蓿的整个植株的生长都受阻,地上和地下的干物质积累严重受限,对苜蓿的生产和产量的提高极为不利。

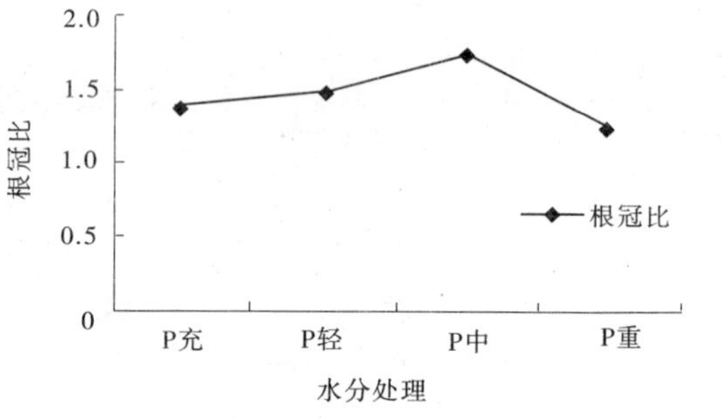

图5-13 筒栽苜蓿全生育期不同水分处理下根冠比

不同土壤水分不仅影响根系生育及形态结构,还会改变植株器官间的生长进程,特别是根冠比。Smucker等(1992)指出,在水分胁迫下,光合产物优先分配给根系,根冠比加大。反之,土壤水分过多,则根冠比减小。根据试验结果,土壤相对含水量为50%~75%,根冠比(y)与土壤相对含水量(x)间的关系符合方程式$y=0.018\ 48e^{-0.024\ 779x}$,表明根冠比与土壤水分含量呈极显著负相关,相关系数为0.972 2。

根冠比加大有利于作物抗旱,但过分庞大的根系会影响地上部的产量。因此,干旱条件下,建立合理的根冠比对水分利用和产量提高是很重要的。适期调亏,建立庞大根系,以及在经过干旱锻炼迫使根系向纵深发展,可提高苜蓿后期抗旱能力。

5.3.2 不同浓度盐处理下苜蓿生物性状比较

5.3.2.1 水利大院不同浓度盐处理下苜蓿生物性状比较

水利大院不同浓度盐处理下苜蓿生物性状比较见图5-14。从水利大院筒栽苜蓿全生育期在三种盐分浓度处理下苜蓿各期根冠比可看出,以分枝期最大,平均达到1.34,而以苗期最小为0.63,开花期和结荚期变化不大,维持在开花期的水平上。在各个生育期内不同盐分浓度间差异不大,营养生长分段高浓度150 mmol/L胁迫下苜蓿根冠比大于较低浓度处理,在生殖生长阶段,中浓度100 mmol/L处理大于其他两个,而整个生育期比较来看,100 mmol/L最大,达到1.083,150 mmol/L的次之为1.08,50 mmol/L的最小为1.07。

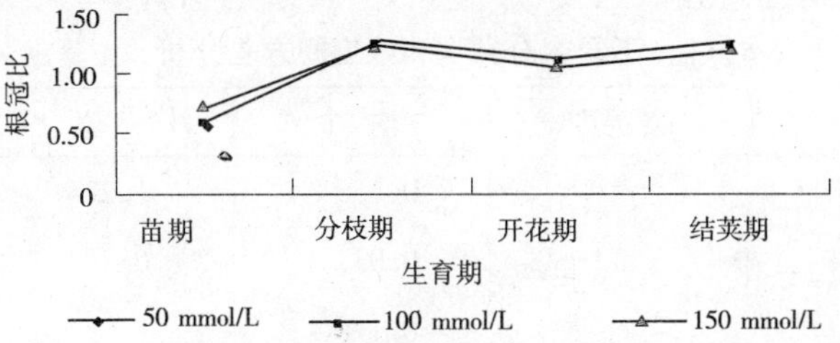

图 5-14　水利大院筒栽苜蓿全生育期不同水分处理下根冠比比较

5.3.2.2　秦王川筒栽苜蓿在不同浓度盐处理下苜蓿生物性状比较

秦王川筒栽苜蓿在不同浓度盐分胁迫下生物性状比较见表 5-7。

表 5-7　秦王川筒栽苜蓿在不同浓度盐分胁迫下生物性状比较

处理	平均根（cm）	平均株（cm）	根冠比	处理	平均根（cm）	平均株（cm）	根冠比
混 1 - a	24.50	22.50	0.70	混 15	25.00		1.07
NaCl(1 - a)	24.50	23.00	0.82	NaCl(15)	25.00	18.00	1.06
$MgSO_4$(1 - a)	24.00	20.50	0.64	$MgSO_4$(15)	26.00	13.00	1.22
$NaHCO_3$(1 - a)	24.50	24.50	0.71	$NaHCO_3$(15)	27.00	15.00	6.73
混 2 - a	24.00	21.00	0.80	混 25	23.00	17.00	0.29
NaCl(2 - a)	25.50	21.00	0.85	NaCl(25)	23.00	20.00	1.38
$MgSO_4$(2 - a)	25.00	24.00	0.76	$MgSO_4$(25)	26.00	15.00	1.13
$NaHCO_3$(2 - a)	25.00	20.50	0.87	$NaHCO_3$(25)	23.00	17.00	0.81
混 4 - a	25.00	19.50	0.78	混 35	25.00	16.00	2.27
NaCl(4 - a)	24.50	23.00	0.86	NaCl(35)	27.00	22.00	1.26
$MgSO_4$(4 - a)	27.50	23.00	0.87	$MgSO_4$(35)	27.00	23.00	0.92
$NaHCO_3$(4 - a)	25.50	24.00	0.79	$NaHCO_3$(35)	23.00	22.00	0.62
混 6 - a	25.00	22.50	0.72	混 0.5 - b	27.00	17.00	1.64
NaCl(6 - a)	24.50	21.00	0.61	NaCl(0.5a)	25.00	26.00	0.79
$MgSO_4$(6 - a)	25.00	21.50	0.83	$MgSO_4$(0.5a)	25.00	20.00	1.10
$NaHCO_3$(6 - a)	25.50	22.00	0.83	$NaHCO_3$(0.5a)	23.00	24.00	1.12
混 8 - a	26.00	23.50	1.04	P 充	16.01	17.16	1.37
NaCl(8 - a)	23.00	20.50	0.86	P 轻	17.35	19.84	1.50
$MgSO_4$(8 - a)	24.00	22.50	0.86	P 中	19.11	17.23	1.73
$NaHCO_3$(8 - a)	24.00	22.50	0.99	P 重	17.25	17.18	1.25

不同盐分类型和浓度间方差分析见表 5-8。

表 5-8(1)　不同盐分类型和浓度间方差分析

变异来源	平方和	自由度	均 方	*F* 值	*P* 值
处理浓度间	1.055 7	7	0.150 8	1.274	0.309 9
处理类型间	0.114 9	3	0.038 3	0.324	0.808 2
误 差	2.485 6	21	0.118 4		
总变异	3.656 2	31			

表 5-8(2)　盐分浓度间

浓度	均值	5% 显著水平	1% 极显著水平
1	0.884 6	ab	A
2	1.073 4	ab	A
4	1.082 9	ab	A
6	0.913	ab	A
8	0.663 7	b	A
15	0.885 5	ab	A
25	0.821	ab	A
35	1.300 3	a	A

表 5-8(3)　盐分类型处理间

盐类型	均值	5% 显著水平	1% 极显著水平
混合盐	1.002 1	a	A
NaCl	0.982 7	a	A
$MgSO_4$	0.976 9	a	A
$NaHCO_3$	0.850 5	a	A

从表 5-8 分析可知，不同盐分类型间没有显著性差异，不同浓度 35 g/L 与 8 g/L 有显著性差异($P<0.05$)，其余浓度间无显著差异。

在不同浓度 $MgSO_4$ 盐胁迫下，苜蓿的根冠比表现出随着盐分浓度的增大根冠比增大，最小的是在 1 g/L 浓度下 1.31，最大在 15 g/L 浓度下，达到 3.3，说明高浓度的盐分胁迫可以诱使苜蓿根冠比的增大。

在不同浓度 NaCl 盐胁迫下，苜蓿的根冠比表现出随着盐分浓度的增大根冠比增大，但与 $MgSO_4$ 盐不同的是它在 6 g/L 和 8 g/L 之间有一个降低的区段，其成因尚不清楚，其他文献也不见报道，可能是在这一阈值范围内，苜蓿的抗盐性有一个适应的过程，如在 15 g/L 以后根冠比也是呈现随着盐分浓度的增大根冠比反而减小的趋势。根冠比最小的是在 1 g/L 浓度下 1.63，最大在 15 g/L 浓度下，达到 2.65，说明高浓度的盐分胁迫可以诱使苜蓿根冠比的增大，但超过根系的忍受限度以后，就会产生整体受盐分伤害的效果。

与 $MgSO_4$ 和 NaCl 盐不同的是在不同浓度混合盐胁迫下，苜蓿的根冠比表现出随着盐分浓度的增大根冠比增大不明显，基本与浓度大小无相关趋势，只是在最小的浓度0.5 g/L 下根冠比达到 2.8，在最大 35 g/L 浓度时达到最大值 4.01，说明混合盐离子对苜蓿的伤害相比同浓度下某一种盐的影响要小得多，这为在盐碱地区种植苜蓿和改良盐碱地提供了一个可行有效的指标。

同样在 $NaHCO_3$ 盐胁迫下，随着盐分浓度的增大根冠比变化不明显，与 $MgSO_4$ 相似之处是，在 15 g/L 最大(3.5)之后，根冠比下降很明显，在 35 g/L 时达到最小值 0.85，说明对于 $NaHCO_3$ 盐而言，15 g/L 是试验中苜蓿受盐分胁迫的上限值。

5.4　苜蓿不同水分处理下的根长根重变化规律

5.4.1　苜蓿根系生长规律

苜蓿的根系属于直根系,由主根和侧根组成。根系入土深度与生长年限、土壤环境等密切相关。根长度是决定根系吸水能力的重要因子,其空间分布在一定程度上可反映根系在不同深度吸水的能力。表5-9为不同处理全生育期内根重和根长的比较。分枝期其根重和根长均以CF最大,根长以QD最小,根重HD最小;开花期CF处理的根重仍明显大于其他处理,ZD最小,但根长以HD最大,ZD最小;结荚期平均根重以CF最大,HD最小,平均根长以CF和ZD最大,QD最小。对于全生育期而言,根重以CF最大22.2 g,其次为QD 18.6 g、ZD 18.23 g、HD 16.12 g;根长以HD最大62.36 cm,其次为CF 61.44 cm、ZD 59.56 cm、最小的QD 55.89 cm,可以看出,根重在全生育期随着水分胁迫的加剧而急剧下降,中度处理的根重比充分处理的小3.97 g,根长却呈现相反的趋势,以重度处理的最大,轻度处理的最小,根长差为6.47 cm。

表5-9　2004年水利大院筒栽苜蓿全生育期不同处理根重和根长比较

处理	分枝期				开花期				结荚期			
	根重(g)	根长(cm)	平均根重(g)	平均根长(cm)	根重(g)	根长(cm)	平均根重(g)	平均根长(cm)	根重(g)	根长(cm)	平均根重(g)	平均根长(cm)
CF-50	19.37	40.00			22.27	67.00			34.88	75.00		
CF-100	14.33	50.00	17.18	47.67	15.52	57.00	18.95	61.33	26.73	75.50	30.47	75.33
CF-150	17.84	53.00			19.05	60.00			29.80	75.50		
QD-50	18.69	39.00			21.47	60.00			27.42	56.00		
QD-100	12.10	44.00	12.76	40.33	17.77	65.00	17.48	61.67	21.43	62.00	25.55	65.67
QD-150	7.49	38.00			13.20	60.00			27.81	79.00		
ZD-50	11.99	45.00			15.68	57.00			28.66	79.00		
ZD-100	13.06	46.00	12.07	44.33	8.80	62.00	13.39	59.00	23.22	67.00	29.22	75.33
ZD-150	11.17	42.00			15.68	58.00			35.79	80.00		
HD-50	7.81	42.00			7.57	68.00			18.63	87.00		
HD-100	13.20	45.00	11.35	43.67	17.04	72.00	15.22	68.67	24.93	62.50	21.78	74.75
HD-150	13.04	44.00			21.04	66.00						

对不同水分梯度下苜蓿三个生育期的根重和根长做方差分析,不同生育期下根重差异显著($P<0.05$),不同生育期下根长差异显著($P<0.05$),充分处理和重度处理之间的根重和根长也达到了显著差异,但充分和轻度处理以及轻度和中度处理之间差异不显著。这说明适当梯度的水分胁迫可以影响根的生理生态性状,达到调节植株不同器官之间营养物质运移的作用。

5.4.2　苜蓿根长生长规律

试验发现,在生长季内,根系有两个快速生长阶段,一是在分枝期(6月10日~7月20日);二是在结荚期以后(8月16日以后)。7月中、上旬主根在剖面30 cm左右产生分叉,

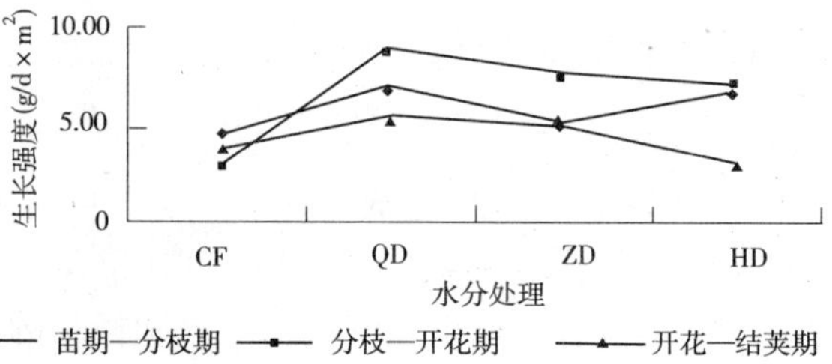

图 5-15　筒栽苜蓿不同水分胁迫下各生育期根生长强度变化曲线

有许多根毛分布,侧根也主要发育在 0 ~ 50 cm 土层中。在生长季内,不同水分处理的根系生长均呈增加的趋势(见图 5-15)。根系的生长速率可以用相对生长速率来加以描述,其物理含义为:单位时间内单位根长的增加量(cm/(cm · d))。在不同生育期,不同水分处理的根系相对生长速率是不同的。分枝—开花期,HD 的相对生长速率最高(3.79 cm/(cm · d)),中度其次(3.05 cm/(cm · d)),轻度处理(2.10 cm/(cm · d))分别比充分灌水处理(1.95 cm/(cm · d))高 1.84 cm/(cm · d)、1.10 cm/(cm · d)和 0.15 cm/(cm · d);而到了开花—结荚期,中度的相对生长速率最高(0.33 cm/(cm · d)),充分灌水其次(0.32 cm/(cm · d)),重度处理最后(0.24 cm/(cm · d))分别比轻度处理(0.20 cm/(cm · d))高 0.13 cm/(cm · d)、0.12 cm/(cm · d)和 0.04 cm/(cm · d)。

秦王川筒栽苜蓿不同水分胁迫处理下的一茬根长比较也是中度最长(19.11 cm),轻度其次(17.34 cm),再次重度(17.18 cm),最小的是丰水处理(16.01 cm)。当年播种的苜蓿,开花期(7 月 12 日)之前,不同水分处理对根系伸长生长的影响不大,ZD 处理的根长略高于充分、轻度和重度处理,差异不显著;但开花期(7 月中旬)过后,ZD 的根长增加较快,其根长明显高于 QD 和 HD,到生长季结束前 ZD 的根长达到最大,为 100 cm 左右,这说明适度干旱可以促进苜蓿根系的生长和伸长。根系在时间和空间上的发育状况,决定了植物在生长期内对水分的吸收利用能力。水分胁迫促使植株必须有较多的干物质分配到根系中,促进根系的生长和伸长,以便吸收土壤中深层的水分。不同水分处理的根系生物量到生育末期达到最大值。

5.4.3　苜蓿根重增长规律

根重是根系大小的一个重要度量。水分处理的开花期、结荚期、生育末期,轻度处理的根干重和充分相对比,分别增加 29.23%、-11.74% 和 -15.57%;中度较充分分别增加 -10.00%、-36.34% 和 6.73%;重度处理较充分则分别增加 -14.86%、-39.14% 和 -25.46%,这表明水分胁迫导致根干重明显减少。尽管庞大的根系对作物的抗旱性很重要,但其空间分布可能对作物的抗旱性影响更大。从中可看出,水分胁迫导致各处理总根重明显减少,但其 20 ~ 40 cm 和 40 ~ 60 cm 的根重与充分供水相比无差异,而表层 0 ~ 20 cm 根重明显降低,说明水分胁迫处理根重下降的主要原因是由于表层根量的减少。无论是高水分还是水分胁迫下,轻度处理各土层的根重明显优于中度处理,表明合理受旱促进了各土层根系的生长。轻度和中度处理相比,表层根重增加明显,在高水分和水分胁迫下分别占整个根系增重的 87.1% 和 70.59%。此外,水分胁迫下 20 ~ 40 cm 的根重也较高,其他情况下二者无差异。说明过量灌水对根系的增重效应主要表现在土体上部。

第六章　苜蓿生态生理特征及 SPAC 系统

6.1　气象因子与苜蓿生长相关度分析

6.1.1　温度条件

紫花苜蓿是喜温植物,对温度反应敏感。试验、调查综合结果表明,在正常情况下,苜蓿出苗(返青)至种子成熟需 120 d 左右,活动积温为 2 150 ℃·d。在整个生育期间的温度范围为 5 ~ 28 ℃,较适宜的温度范围为 12 ~ 24 ℃。但在各生育阶段所需要的温度差异较大,播种—出苗需要温度较低,以 12 ~ 16 ℃为宜;现蕾—开花期则需较高的温度,以 20 ~ 28 ℃较为适宜,当温度超过 36 ℃或低于 3 ℃时,则停止生长。

苜蓿各发育期必须满足一定的积温值才能完成发育过程,常表现为在一定范围内生长速度随温度的升高而加快。通过统计分析证明,各生育阶段的间隔日数与温度的相关性显著,相关系数均在 0.95 以上。在试验地区苜蓿各生育期所需的积温见表 6-1。5 ~ 8 月的活动积温为 630 ℃·d 左右,完全可以满足苜蓿生育的需要,因此积温条件在当地对苜蓿的影响,主要表现在返青的迟早和生育期的长短,而对产量的影响较不明显,因低温、高温造成产量波动的情况是很少的。低温对苜蓿的越冬具有十分明显的影响。

表 6-1　紫花苜蓿各生育期的出现日期及积温

生育期	出现日期(月-日)	间隔日期(d)	积温(℃·d)
返青—分枝	4-20 ~ 5-10	20	179.8
分枝—现蕾	5-11 ~ 6-4	24	484.9
现蕾—开花	6-5 ~ 6-19	15	458.6
开花—结荚	6-20 ~ 7-10	20	388.8
结荚—成熟	7-11 ~ 8-01	20	628.5

6.1.2　光照条件

本地区在整个生长季中,日照时数一般年份都超过 2 000 h,远远高于苜蓿生育的需求。因此,如何使苜蓿充分利用光能资源,提高其光能利用率,以增加产量显得十分重要。苜蓿的光能利用率在同样光照条件下,除在各生育期间不同外,还与苜蓿的生长状态、株型结构、叶面积指数及其他环境因子有关。不同的生育期叶面积指数亦不同,整个生育期的叶面积指数呈抛物线形,即生育前期和生育后期较低,生育中期高。株高和密度与光能利用率呈正相关,据试验结果表明,苜蓿需水量较多。据试验,形成 1 g 干物质需水 565 ~ 715 g,而且不同生育时期对土壤水分的要求也不同;在发芽期要求较充足的水分,土壤湿度在 16% 左右较适宜。调查结果表明,在幼苗期因为种子很小,刚出土的幼苗很弱,又不耐旱,如果土壤湿度低于 12%,就容易干死,因此在播种时,最好在近雨季时进行。两年生以上的植株,墒情的好坏对返青迟早有明显影响。土壤湿度为 14% 时,返青日期为 4 月 20 日;土壤湿度为

16% ~18%时，返青日期为4月25日；当土壤湿度超过18%时，返青日期则延迟到5月1日。苜蓿从旁枝形成到结荚期生长最快，缺水量也相应增大，要求土壤有较高的湿度，又不宜过多。如出现干旱会使植株矮小，分枝少，纤维含量高，适应性差；如果水分过多，营养生长不良，茎弱叶稀，容易倒伏，严重时会导致根部腐烂而死亡。水分也是影响产量的重要因子。在一定范围内，苜蓿产量随着土壤湿度的增加而增加。

试验点所在地区气候比较干旱，而且雨量又分布不均，多集中在7~8月（占年总降水量的76.8%），因此依靠天然降水不能满足苜蓿生育的要求，致使苜蓿在某些生育期内出现不同程度的干旱或水分过多现象而影响产量。试验证明现蕾期为水分临界期，而在分枝形成至开花、盛果期灌水，增产效果最佳。

秦王川大田苜蓿生长期内气象资料见表6-2。

表6-2　秦王川大田苜蓿生长期内气象资料汇总

气象因素		4月	5月	6月	7月	8月	9月
风速（m/s）		1.883	2.213	1.640	1.440	1.353	0.890
气温（℃）	日最高温	19.200	20.957	24.097	26.413	24.820	20.890
	日最低温	0.197	3.500	7.983	11.157	10.527	4.717
水汽压（0.1hPa）		5.503	7.730	10.807	14.030	15.173	9.413
冠层温度（℃）	0cm	14.407	17.223	22.737	22.633	21.430	15.540
	地面最高	41.013	40.687	41.380	41.610	41.163	33.787
	地面最低	−2.843	0.217	3.163	7.180	7.313	0.730
地温（℃）	5cm	13.343	21.653	20.493	21.447	21.263	15.700
	10cm	12.200	15.883	25.713	20.910	20.920	15.570
	15cm	12.410	16.277	19.207	21.207	21.550	15.887
	20cm	11.650	15.600	19.407	20.883	21.123	15.857
蒸发量（0.1mm）	小型	7.257	8.123	8.643	7.840	6.903	4.987
	E601型	5.333	5.803	6.327	5.380	5.240	3.787
降雨量（mm）			8.633	3.350	21.650	13.650	6.433
S 日照时数		4.860	4.670	7.217	4.590	4.613	4.577
U 相对湿度（%）		55.700	63.900	55.067	70.033	69.567	65.450

6.1.3　作物耗水量与气象因子的关联度分析

以灰色理论的关联度分析方法为手段，以秦王川地区气象站5年的气象资料和苜蓿干物质为基本资料，对影响作物耗水量和干物质积累的诸气象因子逐一进行了分析，得出了影响耗水量的最重要因素。根据结论，可以建立苜蓿干物质生成和耗水量与最重要气象因素的关系式，在灌溉预报中加以应用。

影响作物产量的气象因子有气温、风速、日照时数、绝对湿度、气压、饱和差和蒸发量等，在众多的影响因子中，哪种因子对耗水量的影响最重要，过去普遍采用数理统计理论的回归分析法。但回归分析法存在一些问题,如要求大样本量等。灰色理论的关联度分析方法是近些年来发展的一种新方法,本书试图就这一方法在灌溉试验资料分析中的应用进行探讨。

6.1.3.1 关联度方法的基本理论

关联度分析,事实上是动态过程发展态势的量化分析。它的基本思想是根据因素数列的几何形状、发展态势的接近程度来衡量因素间关联程度的大小。几何形状越接近,则发展变化态势越接近,关联程度越大;反之关联程度越小。

作关联度分析首先要选择参考的数据列。参考数据列常表示为:$X_0=[X_0(1),X_0(2),\cdots,X_0(n)]$。$X_0(1)$表示第一个时刻的值,$X_0(2)$表示第二个时刻的值,依此类推。被比较的因素数列表示为:$X_i=[X_i(1),X_i(2),\cdots,X_i(n)]$,$i=1,2,\cdots,m$。定义实数

$$\xi_i(k)=\frac{\min\limits_i\min\limits_k|X_0(k)-X_i(k)|+\alpha\max\limits_i\max\limits_k|X_0(k)-X_i(k)|}{|X_0(k)-X_i(k)|+\alpha\max\limits_i\max\limits_k|X_0(k)-X_i(k)|} \tag{6-1}$$

为 X_i 对 X_0 在 k 时刻的关联系数。

式中:α 为分辨系数,一般在 0 与 1 之间选取。$\min\limits_i\min\limits_k|X_0(k)-X_i(k)|$称为两级的最小差。

第一个层次最小差 $\Delta_i(\min)=\min\limits_k|X_0(k)-X_i(k)|$,指在绝对差$|X_0(k)-X_i(k)|$中按不同 k 值挑选其中最小者。第二个层次最小差$\min\limits_i(\Delta_i(\min))=\min\limits_i\min\limits_k|X_0(k)-X_i(k)|$,是在 $\Delta_1(\min),\Delta_2(\min),\cdots,\Delta_n(\min)$中挑选其中最小者,即 $\Delta_i(\min)$是"跑遍 k 选最小者",$\min\limits_i\Delta_i(\min)$是"跑遍 i 选最小者。"

$\max\limits_i\max\limits_k|X_0(k)-X_i(k)|$是两级(两个层次)的最大差。类似地,第一个层次最大差记为 $\Delta_i(\max)$,且 $\Delta_i(\max)=\max\limits_k|X_0(k)-X_i(k)|$是"跑遍 k 选最大者",而第二个层次最大差为$\max\limits_i(\Delta_i(\max))=\max\limits_i\max\limits_k|X_0(k)-X_i(k)|$是"跑遍 i 选最大者"。

由关联系数定义关联度为:

$$r_i=\frac{1}{N}\sum_{k=1}^{N}\xi_i(k) \tag{6-2}$$

即 r_i 是曲线 X_i 对参考曲线 X_0 的关联度。比较 $r_1,r_2,\cdots,r_i$ 的大小,便得到关联序列,根据关联序列可确定各比较数列对参考数列影响程度的大小。

6.1.3.2 关联度计算步骤

下面以秦王川灌溉试验站的试验资料为基本资料,说明关联度计算的基本步骤。

(1)参考数列与比较数列的选择。

在本书中,参考数列为干物质系列,即某个生长期内各茬干物质。选 5 年资料为参考数列,即:$X_0=(41.02,27.65,15.93,14.20,13.84,27.25,79.66,99.66)$。

被比较的气象因子包括月平均气温、日照时数、蒸发量(E601 型)、降雨量(mm)、绝对湿度、风速、气压、饱和差和蒸发量、15 cm 处温度、20 cm 处温度 、10 cm 处温度、日最高温度、地面最高处温度、5 cm 处温度、日最低温度、地面最低处温度 16 个因子。参考数列 X_0 及被比较序列 $X_i(i=1,2,\cdots,16)$见表 6-3。

表 6-3 中 X_0 代表耗水量数列,$X_1,X_2,\cdots,X_7$ 分别代表月平均气温、日照时数、绝对湿度、风速、气压、饱和差、蒸发量序列。$k=1,2,3$ 分别代表年度生育期(4,5,6,7,8,9 月)内收获茬次。

表 6-3　参考数列和比较序列原始数据

	k	1	2	3		k	1	2	3
气象因子与充分灌水干物质关联分析	X_0	0.78	0.24	0.46	气象因子与轻度处理灌水干物质关联分析	X_0	0.78	0.22	0.45
	X_1	1 030.4	340.34	302.55		X_1	1 030.4	340.34	302.55
	X_2	9 957.2	6 487.5	5 896		X_2	9 957.15	6 487.53	5 896.02
	X_3	1 207.7	2 562.1	2 075.5		X_3	1 207.71	2 562.1	2 075.48
	X_4	3 446.6	3 248.6	3 270.1		X_4	3 446.64	3 248.64	3 270.07
	X_5	8 029	5 815.1	4 834.8		X_5	8 029	5 815.14	4 834.82
	X_6	19 848	10 526	9 685		X_6	19 847.8	10 526.4	9 684.95
	X_7	−412.3	1 451.7	1 257.5		X_7	−412.3	1 451.71	1 257.5
	X_8	8 603	5 395.6	4 839.6		X_8	8 603	5 395.59	4 839.64
	X_9	7 112	6 126.2	4 778.7		X_9	7 112	6 126.18	4 778.73
	X_{10}	7 280.7	5 164.2	4 904.2		X_{10}	7 280.7	5 164.17	4 904.23
	X_{11}	6 935.6	5 176.9	4 855.6		X_{11}	6 935.6	5 176.85	4 855.59
	X_{12}	3 816.1	2 053.3	1 608.3		X_{12}	3 816.09	2 053.29	1 608.27
	X_{13}	2 779.4	1 441.8	1 210.8		X_{13}	2 779.39	1 441.84	1 210.77
	X_{14}	1 813	2 500	2 155		X_{14}	1 813	2 500	2 155
	X_{15}	2 362.5	1 513	1 259		X_{15}	2 362.5	1 513	1 259
	X_{16}	29 141	15 890	16 980		X_{16}	29 141	15 890	16 980

	k	1	2	3		k	1	2	3
气象因子与中度处理灌水干物质关联分析	X_0	0.77	0.12	0.33	气象因子与重度处理灌水干物质关联分析	X_0	0.7	0.08	0.28
	X_1	1 030.4	340.34	302.55		X_1	1 030.4	340.34	302.55
	X_2	9 957.2	6 487.5	5 896		X_2	9 957.15	6 487.53	5 896.02
	X_3	1 207.7	2 562.1	2 075.5		X_3	1 207.71	2 562.1	2 075.48
	X_4	3 446.6	3 248.6	3 270.1		X_4	3 446.64	3 248.64	3 270.07
	X_5	8 029	5 815.1	4 834.8		X_5	8 029	5 815.14	4 834.82
	X_6	19 848	10 526	9 685		X_6	19 847.8	10 526.4	9 684.95
	X_7	−412.3	1 451.7	1 257.5		X_7	−412.3	1 451.71	1 257.5
	X_8	8 603	5 395.6	4 839.6		X_8	8 603	5 395.59	4 839.64
	X_9	7 112	6 126.2	4 778.7		X_9	7 112	6 126.18	4 778.73
	X_{10}	7 280.7	5 164.2	4 904.2		X_{10}	7 280.7	5 164.17	4 904.23
	X_{11}	6 935.6	5 176.9	4 855.6		X_{11}	6 935.6	5 176.85	4 855.59
	X_{12}	3 816.1	2 053.3	1 608.3		X_{12}	3 816.09	2 053.29	1 608.27
	X_{13}	2 779.4	1 441.8	1 210.8		X_{13}	2 779.39	1 441.84	1 210.77
	X_{14}	1 813	2 500	2 155		X_{14}	1 813	2 500	2 155
	X_{15}	2 362.5	1 513	1 259		X_{15}	2 362.5	1 513	1 259
	X_{16}	29 141	15 890	16 980		X_{16}	29 141	15 890	16 980

(2)无量纲化处理。

常用的无量纲化处理有初值化和平均值化两种方法。本书采用前者,即将各因素数列的值除以该数列的第一个数,得到初值化的序列见表 6-4。

表 6-4　初值化处理结果

	k	1	2	3	k	1	2	3		k	1	2	3	k	1	2	3
气象因子与充分灌水干物质关联分析	X_0	1.00	0.31	0.59					气象因子与轻度胁迫干物质关联分析	X_0	1.00	0.28	0.58				
	X_1	1.00	0.33	0.29	$i=1$	0.00	-0.02	0.30		X_1	1.00	0.33	0.29	$i=1$	0.00	-0.05	0.28
	X_2	1.00	0.65	0.59	$i=2$	0.00	-0.34	0.00		X_2	1.00	0.65	0.59	$i=2$	0.00	-0.37	-0.02
	X_3	1.00	2.12	1.72	$i=3$	0.00	-1.81	-1.13		X_3	1.00	2.12	1.72	$i=3$	0.00	-1.84	-1.14
	X_4	1.00	0.94	0.95	$i=4$	0.00	-0.63	-0.36		X_4	1.00	0.94	0.95	$i=4$	0.00	-0.66	-0.37
	X_5	1.00	0.72	0.60	$i=5$	0.00	-0.41	-0.01		X_5	1.00	0.72	0.60	$i=5$	0.00	-0.44	-0.03
	X_6	1.00	0.53	0.49	$i=6$	0.00	-0.22	0.10		X_6	1.00	0.53	0.49	$i=6$	0.00	-0.25	0.09
	X_7	1.00	-3.52	-3.05	$i=7$	0.00	3.83	3.64		X_7	1.00	-3.52	-3.05	$i=7$	0.00	3.80	3.63
	X_8	1.00	0.63	0.56	$i=8$	0.00	-0.32	0.03		X_8	1.00	0.63	0.56	$i=8$	0.00	-0.35	0.01
	X_9	1.00	0.86	0.67	$i=9$	0.00	-0.55	-0.08		X_9	1.00	0.86	0.67	$i=9$	0.00	-0.58	-0.10
	X_{10}	1.00	0.71	0.67	$i=10$	0.00	-0.40	-0.08		X_{10}	1.00	0.71	0.67	$i=10$	0.00	-0.43	-0.10
	X_{11}	1.00	0.75	0.70	$i=11$	0.00	-0.44	-0.11		X_{11}	1.00	0.75	0.70	$i=11$	0.00	-0.47	-0.12
	X_{12}	1.00	0.54	0.42	$i=12$	0.00	-0.23	0.17		X_{12}	1.00	0.54	0.42	$i=12$	0.00	-0.26	0.15
	X_{13}	1.00	0.52	0.44	$i=13$	0.00	-0.21	0.15		X_{13}	1.00	0.52	0.44	$i=13$	0.00	-0.24	0.14
	X_{14}	1.00	1.38	1.19	$i=14$	0.00	-1.07	-0.60		X_{14}	1.00	1.38	1.19	$i=14$	0.00	-1.10	-0.61
	X_{15}	1.00	0.64	0.53	$i=15$	0.00	-0.33	0.06		X_{15}	1.00	0.64	0.53	$i=15$	0.00	-0.36	0.04
	X_{16}	1.00	0.55	0.58	$i=16$	0.00	-0.24	0.01		X_{16}	1.00	0.55	0.58	$i=16$	0.00	-0.27	-0.01
	k	1	2	3	k	1	2	3		k	1	2	3	k	1	2	3
气象因子与中度胁迫干物质关联分析	X_0	1.00	0.16	0.43					气象因子与重度胁迫干物质关联分析	X_0	1.00	0.12	0.41				
	X_1	1.00	0.33	0.29	$i=1$	0.00	-0.17	0.14		X_1	1.00	0.33	0.29	$i=1$	0.00	-0.21	0.11
	X_2	1.00	0.65	0.59	$i=2$	0.00	-0.49	-0.16		X_2	1.00	0.65	0.59	$i=2$	0.00	-0.53	-0.19
	X_3	1.00	2.12	1.72	$i=3$	0.00	-1.96	-1.29		X_3	1.00	2.12	1.72	$i=3$	0.00	-2.00	-1.31
	X_4	1.00	0.94	0.95	$i=4$	0.00	-0.79	-0.52		X_4	1.00	0.94	0.95	$i=4$	0.00	-0.82	-0.54
	X_5	1.00	0.72	0.60	$i=5$	0.00	-0.57	-0.17		X_5	1.00	0.72	0.60	$i=5$	0.00	-0.60	-0.20
	X_6	1.00	0.53	0.49	$i=6$	0.00	-0.37	-0.06		X_6	1.00	0.53	0.49	$i=6$	0.00	-0.41	-0.08
	X_7	1.00	-3.52	-3.05	$i=7$	0.00	3.68	3.48		X_7	1.00	-3.52	-3.05	$i=7$	0.00	3.64	3.46
	X_8	1.00	0.63	0.56	$i=8$	0.00	-0.47	-0.13		X_8	1.00	0.63	0.56	$i=8$	0.00	-0.51	-0.16
	X_9	1.00	0.86	0.67	$i=9$	0.00	-0.70	-0.24		X_9	1.00	0.86	0.67	$i=9$	0.00	-0.74	-0.27
	X_{10}	1.00	0.71	0.67	$i=10$	0.00	-0.55	-0.24		X_{10}	1.00	0.71	0.67	$i=10$	0.00	-0.59	-0.27
	X_{11}	1.00	0.75	0.70	$i=11$	0.00	-0.59	-0.27		X_{11}	1.00	0.75	0.70	$i=11$	0.00	-0.63	-0.29
	X_{12}	1.00	0.54	0.42	$i=12$	0.00	-0.38	0.01		X_{12}	1.00	0.54	0.42	$i=12$	0.00	-0.42	-0.02
	X_{13}	1.00	0.52	0.44	$i=13$	0.00	-0.36	0.00		X_{13}	1.00	0.52	0.44	$i=13$	0.00	-0.40	-0.03
	X_{14}	1.00	1.38	1.19	$i=14$	0.00	-1.22	-0.76		X_{14}	1.00	1.38	1.19	$i=14$	0.00	-1.26	-0.78
	X_{15}	1.00	0.64	0.53	$i=15$	0.00	-0.48	-0.10		X_{15}	1.00	0.64	0.53	$i=15$	0.00	-0.52	-0.13
	X_{16}	1.00	0.55	0.58	$i=16$	0.00	-0.39	-0.15		X_{16}	1.00	0.55	0.58	$i=16$	0.00	-0.42	-0.18

(3)求两级差。

按公式 $\Delta_i(k)=|X_0(k)-X_i(k)|$ 求得不同时刻 X_0 与 X_i 对应的绝对差值,计算结果见

表 6-5。

表 6-5　X_0 与 X_i 绝对差计算结果

	k	1	2	3		k	1	2	3
气象因子与充分灌水干物质关联分析	X_0	0.78	0.24	0.46	气象因子与轻度胁迫干物质关联分析	X_0	0.78	0.22	0.45
	X_1	1 030.40	340.34	302.55		X_1	1 030.40	340.34	302.55
	X_2	9 957.15	6 487.53	5 896.02		X_2	9 957.15	6 487.53	5 896.02
	X_3	1 207.71	2 562.10	2 075.48		X_3	1 207.71	2 562.10	2 075.48
	X_4	3 446.64	3 248.64	3 270.07		X_4	3 446.64	3 248.64	3 270.07
	X_5	8 029.00	5 815.14	4 834.82		X_5	8 029.00	5 815.14	4 834.82
	X_6	19 847.80	10 526.38	9 684.95		X_6	19 847.80	10 526.38	9 684.95
	X_7	-412.30	1 451.71	1 257.50		X_7	-412.30	1 451.71	1 257.50
	X_8	8 603.00	5 395.59	4 839.64		X_8	8 603.00	5 395.59	4 839.64
	X_9	7 112.00	6 126.18	4 778.73		X_9	7 112.00	6 126.18	4 778.73
	X_{10}	7 280.70	5 164.17	4 904.23		X_{10}	7 280.70	5 164.17	4 904.23
	X_{11}	6 935.60	5 176.85	4 855.59		X_{11}	6 935.60	5 176.85	4 855.59
	X_{12}	3 816.09	2 053.29	1 608.27		X_{12}	3 816.09	2 053.29	1 608.27
	X_{13}	2 779.39	1 441.84	1 210.77		X_{13}	2 779.39	1 441.84	1 210.77
	X_{14}	1 813.00	2 500.00	2 155.00		X_{14}	1 813.00	2 500.00	2 155.00
	X_{15}	2 362.50	1 513.00	1 259.00		X_{15}	2 362.50	1 513.00	1 259.00
	X_{16}	29 141.00	15 890.00	16 980.00		X_{16}	29 141.00	15 890.00	16 980.00

	k	1	2	3		k	1	2	3
气象因子与中度胁迫干物质关联分析	X_0	0.77	0.12	0.33	气象因子与重度胁迫干物质关联分析	X_0	0.70	0.08	0.28
	X_1	1 030.40	340.34	302.55		X_1	1 030.40	340.34	302.55
	X_2	9 957.15	6 487.53	5 896.02		X_2	9 957.15	6 487.53	5 896.02
	X_3	1 207.71	2 562.10	2 075.48		X_3	1 207.71	2 562.10	2 075.48
	X_4	3 446.64	3 248.64	3 270.07		X_4	3 446.64	3 248.64	3 270.07
	X_5	8 029.00	5 815.14	4 834.82		X_5	8 029.00	5 815.14	4 834.82
	X_6	19 847.80	10 526.38	9 684.95		X_6	19 847.80	10 526.38	9 684.95
	X_7	-412.30	1 451.71	1 257.50		X_7	-412.30	1 451.71	1 257.50
	X_8	8 603.00	5 395.59	4 839.64		X_8	8 603.00	5 395.59	4 839.64
	X_9	7 112.00	6 126.18	4 778.73		X_9	7 112.00	6 126.18	4 778.73
	X_{10}	7 280.70	5 164.17	4 904.23		X_{10}	7 280.70	5 164.17	4 904.23
	X_{11}	6 935.60	5 176.85	4 855.59		X_{11}	6 935.60	5 176.85	4 855.59
	X_{12}	3 816.09	2 053.29	1 608.27		X_{12}	3 816.09	2 053.29	1 608.27
	X_{13}	2 779.39	1 441.84	1 210.77		X_{13}	2 779.39	1 441.84	1 210.77
	X_{14}	1 813.00	2 500.00	2 155.00		X_{14}	1 813.00	2 500.00	2 155.00
	X_{15}	2 362.50	1 513.00	1 259.00		X_{15}	2 362.50	1 513.00	1 259.00
	X_{16}	29 141.00	15 890.00	16 980.00		X_{16}	29 141.00	15 890.00	16 980.00

从表 6-5 可找出 X_i 与 X_0 对应时刻绝对差值的极小值：$\min\limits_k |X_0(k) - X_i(k)| = (0,0,0,0,0,0,0)$ $(i=1,2,\cdots,7)$。

在所有的最小值中再取最小者，即得两级最小差：$\min\limits_i \min\limits_k |X_0(k) - X_i(k)| = 0$。

同样可求得两级最大差值：

$\max_k |X_0(k) - X_i(k)| = (1.02, 1.61, 1.04, 1.14, 1.438, 1.05, 0.44)$

$\max_i \max_k |X_0(k) - X_i(k)| = 1.61$。

(4)计算关联系数及关联度。

根据关联系数计算公式(6-1)得：$\xi_i(k) = \dfrac{0.805}{\Delta_i(k) + 0.805}$。

根据公式(6-2)得关联度 $r_i = \dfrac{1}{8}\sum \xi_i(k)$。

根据这两个式子得到的计算结果见表 6-6。

表 6-6　关联系数及关联度计算结果

	k	1	2	3	r_i		k	1	2	3	r_i
气象因子与充分灌水干物质关联分析	$i=1$	1	0.99	0.87	0.95	气象因子与轻度胁迫干物质关联分析	$i=1$	1	0.97	0.87	0.95
	$i=2$	1	0.85	1.00	0.95		$i=2$	1	0.84	0.99	0.94
	$i=3$	1	0.51	0.63	0.71		$i=3$	1	0.51	0.62	0.71
	$i=4$	1	0.75	0.84	0.86		$i=4$	1	0.74	0.84	0.86
	$i=5$	1	0.82	0.99	0.94		$i=5$	1	0.81	0.99	0.93
	$i=6$	1	0.90	0.95	0.95		$i=6$	1	0.88	0.96	0.95
	$i=7$	1	0.33	0.34	0.56		$i=7$	1	0.33	0.34	0.56
	$i=8$	1	0.86	0.99	0.95		$i=8$	1	0.85	0.99	0.95
	$i=9$	1	0.78	0.96	0.91		$i=9$	1	0.77	0.95	0.91
	$i=10$	1	0.83	0.96	0.93		$i=10$	1	0.82	0.95	0.92
	$i=11$	1	0.81	0.95	0.92		$i=11$	1	0.80	0.94	0.91
	$i=12$	1	0.89	0.92	0.94		$i=12$	1	0.88	0.92	0.94
	$i=13$	1	0.90	0.93	0.94		$i=13$	1	0.89	0.93	0.94
	$i=14$	1	0.64	0.76	0.80		$i=14$	1	0.63	0.76	0.80
	$i=15$	1	0.85	0.97	0.94		$i=15$	1	0.84	0.98	0.94
	$i=16$	1	0.89	1.00	0.96		$i=16$	1	0.88	1.00	0.96
	k	1	2	3	r_i		k	1	2	3	r_i
气象因子与中度胁迫干物质关联分析	$i=1$	1	0.91	0.93	0.95	气象因子与重度胁迫干物质关联分析	$i=1$	1	0.90	0.94	0.95
	$i=2$	1	0.79	0.92	0.90		$i=2$	1	0.77	0.91	0.89
	$i=3$	1	0.48	0.59	0.69		$i=3$	1	0.48	0.58	0.69
	$i=4$	1	0.70	0.78	0.83		$i=4$	1	0.69	0.77	0.82
	$i=5$	1	0.76	0.92	0.89		$i=5$	1	0.75	0.90	0.88
	$i=6$	1	0.83	0.97	0.93		$i=6$	1	0.82	0.96	0.92
	$i=7$	1	0.33	0.35	0.56		$i=7$	1	0.33	0.34	0.56
	$i=8$	1	0.80	0.93	0.91		$i=8$	1	0.78	0.92	0.90
	$i=9$	1	0.72	0.88	0.87		$i=9$	1	0.71	0.87	0.86
	$i=10$	1	0.77	0.88	0.88		$i=10$	1	0.76	0.87	0.88
	$i=11$	1	0.76	0.87	0.88		$i=11$	1	0.74	0.86	0.87
	$i=12$	1	0.83	0.99	0.94		$i=12$	1	0.81	0.99	0.93
	$i=13$	1	0.84	1.00	0.94		$i=13$	1	0.82	0.98	0.93
	$i=14$	1	0.60	0.71	0.77		$i=14$	1	0.59	0.70	0.76
	$i=15$	1	0.79	0.95	0.91		$i=15$	1	0.78	0.93	0.90
	$i=16$	1	0.83	0.92	0.92		$i=16$	1	0.81	0.91	0.91

为避免上述结论的片面性，再对干物质与气象因子之间进行关联度分析。表 6-2 列出了耗水量与因子的原始数据。经过无量纲化，求两级差等计算过程，得关联系数和关联度计算结果见表 6-7。

表 6-7　秦王川大田苜蓿生长期内气象资料与干物质关联度计算结果

	k	r_i		k	r_i		k	r_i		k	r_i
气象因子与充分灌水干物质关联分析	$i=7$	0.56	气象因子与轻度胁迫干物质关联分析	$i=7$	0.56	气象因子与中度胁迫干物质关联分析	$i=7$	0.56	气象因子与重度胁迫干物质关联分析	$i=7$	0.56
	$i=3$	0.71		$i=3$	0.71		$i=3$	0.69		$i=3$	0.69
	$i=14$	0.80		$i=14$	0.80		$i=14$	0.77		$i=14$	0.76
	$i=4$	0.86		$i=4$	0.86		$i=4$	0.83		$i=4$	0.82
	$i=9$	0.91		$i=9$	0.91		$i=9$	0.87		$i=9$	0.86
	$i=11$	0.92		$i=11$	0.91		$i=11$	0.88		$i=11$	0.87
	$i=10$	0.93		$i=10$	0.92		$i=10$	0.88		$i=10$	0.88
	$i=12$	0.94		$i=12$	0.93		$i=5$	0.89		$i=5$	0.88
	$i=5$	0.94		$i=5$	0.94		$i=2$	0.90		$i=2$	0.89
	$i=15$	0.94		$i=15$	0.94		$i=8$	0.91		$i=8$	0.90
	$i=13$	0.94		$i=13$	0.94		$i=15$	0.91		$i=15$	0.90
	$i=8$	0.95		$i=8$	0.94		$i=16$	0.92		$i=16$	0.91
	$i=6$	0.95		$i=6$	0.95		$i=6$	0.93		$i=6$	0.92
	$i=2$	0.95		$i=2$	0.95		$i=12$	0.94		$i=13$	0.93
	$i=1$	0.95		$i=1$	0.95		$i=13$	0.94		$i=12$	0.93
	$i=16$	0.96		$i=16$	0.96		$i=1$	0.95		$i=1$	0.95

根据表 6-7 得到影响苜蓿干物质形成的气象因子的重要程度依次为：

S 日照时数 > 蒸发量 > 降雨量(mm) > U 相对湿度(%) > 风速(m/s) > 0 cm 处温度 > 小型蒸发量 > 15 cm 处温度 > 20 cm 处温度 > 10 cm 处温度 > 水汽压(0.1 hPa) > 日最高温度 > 地面最高处温度 > 5 cm 处温度 > 日最低温度 > 地面最低处温度。

6.2　作物光合蒸腾研究

6.2.1　作物光合和蒸腾

作物生产实质上就是光合生产，光合作用是产量形成的基础，光合作用是绿色植物利用光能，把 CO_2 和 H_2O 同化为有机物，并释放 O_2 的过程。测得的光合速率为表观光合作用或净光合速率，而不是真正的光合作用。真正的光合作用是指植物在光下实际同化的 CO_2 量，但同时植物进行呼吸作用，要放出一些 CO_2。表观光合作用或净光合速率就是真正光合作用所同化的 CO_2 量，减去因呼吸作用而释放的 CO_2 量。一般所说的光合速率就是指净光合速率。

一天中，外界的光强、温度、土壤和大气的水分状况、空气中的 CO_2 浓度以及植物体的水分与光合中间产物含量、气孔开度等都在不断地变化，这些变化会使光合速率发生日变化，其中光强日变化对光合速率日变化的影响最大，在温暖、水分供应充足的条件下，光合速率的变化随光强日变化呈单峰曲线（王忠，2005），而光合作用对环境因子的反应很敏感，有关水分胁迫对光合作用的影响有过大量报道。

蒸腾作用对于植物的生命活动也具有重要作用。首先,它是植物被动吸水的一个主要动力,能促进植物吸收水分和传导水分。其次,蒸腾作用引起水流通过植物,能提供一个运输系统,矿质盐随水分从根运至植物上部,有机物也在植物体内运输。再次,蒸腾作用还可有效地降低叶片的温度,在强烈阳光下,通过蒸腾作用散热,能保持植物生理上合适的体温。蒸腾作用的强弱,是植物体水分代谢的一个重要的生理指标。在一定程度上可反映植物水分代谢状况,还可以判断植物对水分的利用效率。不同生态类型的植物,适应环境的形态和结构特征,与蒸腾作用的影响有关。

蒸腾速率与光合速率的变化趋势基本一致。但在蒸腾速率较小时,光合随着蒸腾的变化幅度较大,随着蒸腾速率的加大,光合速率增加的幅度减小,最后趋于稳定。充足的水分供应,只会剧烈地增加其奢侈的蒸腾耗水量,而对光合速率的影响甚小;相反,一定程度的水分亏缺引起的气孔阻力的上升能提高光合和蒸腾之比(即水分利用效率)。

6.2.2　水分和盐分对光合蒸腾的影响

干旱必然引起作物体内水分亏缺,当作物水分亏缺发展到使作物的水势和膨压降低到足以干扰其正常机能时才产生作物水分胁迫,并最终影响产量。因此,研究水分胁迫对作物生理、生态的影响,对于确定其关键需水期及节水、高效灌溉指标是非常重要的。当水分供应不足时,作物通过其内部调节机制将使气体气孔部分关闭,这必然影响 CO_2 向植株光合器官的输送过程,从而影响光合作用(阎秀峰和孙国荣, 2000)。有关水分胁迫等环境因子对作物生理的影响一直是逆境研究的热点之一(刘祖贵等, 2005)。

盐分过多使土壤水势下降,严重地阻碍植物的生长发育,盐分多使光合作用受到抑制,盐胁迫下蒸腾作用的增强在一定强度上可以加强根系从环境中吸收水分的能力,其结果一方面能减轻细胞失水,保持膨压,维持正常生长;另一方面又能通过吸收水分稀释体内被迫吸收的盐分,防止盐分离子对细胞的毒害作用。不过当盐胁迫的强度进一步增强后,植株从外界吸水困难,这将通过一系列的信息传递导致气孔的关闭,从而蒸腾作用也随之大幅度减弱盐分胁迫对光合和蒸腾的影响。

当盐浓度较小时,各盐胁迫处理下光合速率没有明显差别,我们的试验就证明了这一点,但当盐浓度进一步增加时,光合速率则明显降低,而且随着盐浓度的增大,光合速率下降的幅度也增大。事实上,较高浓度的盐胁迫只在研究上有探讨价值,而在实际应用中是没有实际意义的。

6.2.3　水利大院 2004 年苜蓿生育期光合速率的日变化等生理特征

通过仪器测定计算的光合速率是被测定苜蓿的净光合速率,即总光合速率与呼吸速率的差值。2004 年水利大院不同水分处理下三年生苜蓿在分枝期光合速率的日变化如图 6-1 所示。

图 6-1 中 1,2,3,4 分别表示充分,轻度,中度和重度水分处理。

从图 6-1 中可以看出,各处理苜蓿的净光合速率的日变化曲线为单峰型,曲线走势相似,峰值出现在中午,这与 Asseng 的试验结果基本一致。

通过各处理的比较,我们看到,丰水处理全天的光合速率均明显较其余各处理高,且峰值出现时间约在 11:00,高达 51.5 CO_2mg · d/(m^2 · h),先于和高于其余处理,如在轻度处理下，峰值出现的时间比前者推迟约 1 h，且峰值不明显，仅为 22.7 CO_2mg · d/(m^2 · h)，同时这种峰值没有明显出现和变化的现象在中度和重度水分处理下表现得更加突出。结果表明，水分条件对苜蓿的光合速率有着明显的影响，在高水分条件下，光合速率大，反之则小。

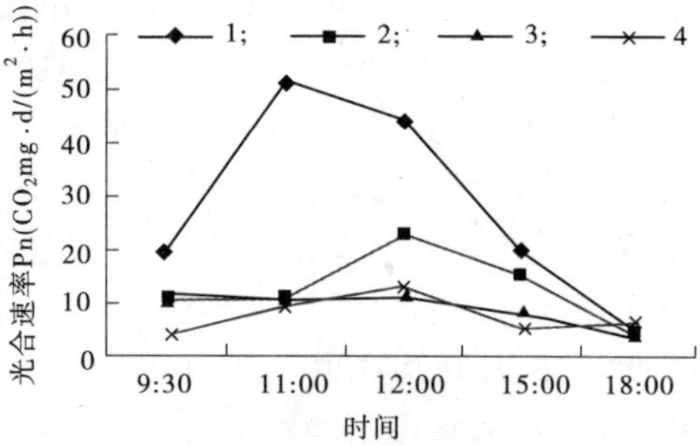

图 6-1　大田苜蓿不同水分处理下全天光合速率变化

图 6-2 是在初花期各处理在 10:00 和 16:00时刻光合速率图，可以看出，在这两个时刻，各处理光合速率值差异性不同，充分水分处理在两个时刻呈极显著差异，中度处理差异显著，而其余两种处理没有统计学上的显著性差异(见表 6-8)，尽管如此，各处理光合速率均有较大增幅，但增幅不尽相同，充分处理增幅最大，重度处理增幅最小，充分、轻度、中度和重度增幅依次为 66.5 CO_2mg · d/(m^2 · h)、47.4 CO_2mg · d/(m^2 · h)、37.5 CO_2mg · d/(m^2 · h)和 18 CO_2mg · d/(m^2 · h)。表明光合速率受水分的影响很大，好的水分条件有利于光合速率的提高，相反，低水分状况不利于光合速率的增加。

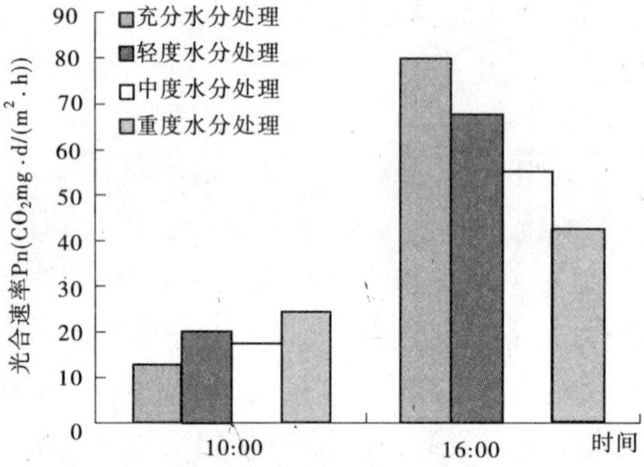

图 6-2　初花期各处理 10:00 和 16:00 时刻光合速率

表 6-8　光合速率方差分析

处理	时间	均值	显著水平
充分处理	16:00	79.5	A
	10:00	13	B
轻度处理	16:00	67.5	a
	10:00	20.1	a
中度处理	16:00	55	a
	10:00	17.55	b
重度处理	16:00	42.5	a
	10:00	24.15	a

6.2.4　蒸腾速率的日变化

光合作用和蒸腾作用对于绿色植物有着极其重要的意义，二者直接决定着作物的水分利用效率。通过在同一天水利大院不同水分处理下苜蓿蒸腾速率的日变化曲线图(见图 6-3)，各处理与光合速率的变化趋势基本一致，呈单峰型变化。光合速率大，则蒸腾速率也较大，反之则小，究其原因，认为充足的水分供应，会剧烈地增加其奢侈的蒸腾耗水量，而一定程度的水分亏缺引起的气孔阻力的上升能抑制剧烈的蒸腾，在一定条件下水分利用效率得以提高。

图 6-4 是在初花期各处理在 10:00 和 16:00 时刻蒸腾速率图，在这两个时刻，各处理蒸腾速率值没有明显区别，但是各处理蒸腾速率在这两个时刻存在明显的差别，其变化幅度各不相同，充分处理增幅最大，重度处理增幅最小，充分、轻度、中度和重度增幅依次为 4 427 H_2Omg · d/(m^2 · h)、3 292.5 H_2Omg · d/(m^2 · h)、2 555 H_2Omg · d/(m^2 · h)和1 939.5 H_2Omg · d/(m^2 · h)。这表明蒸腾速率受水分的影响较大，较好的水分条件对应的蒸腾速

率也高,因此联系前面的分析,高蒸腾高光合就成了充分水分处理下的体现,而低水分状况不利于蒸腾速率的增加。

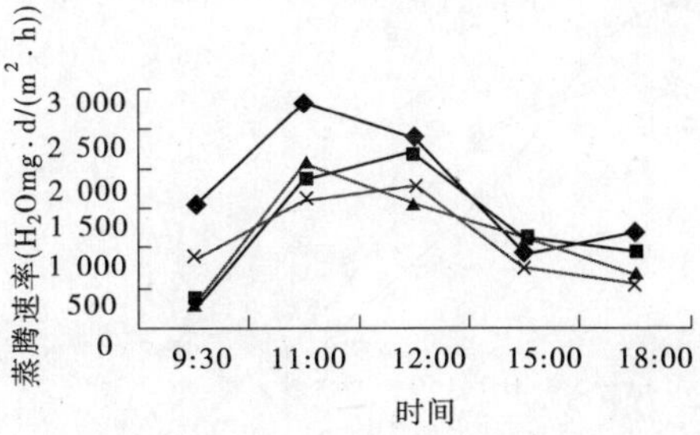

图6-3　大田苜蓿不同水分处理下苜蓿全天蒸腾速率变化曲线

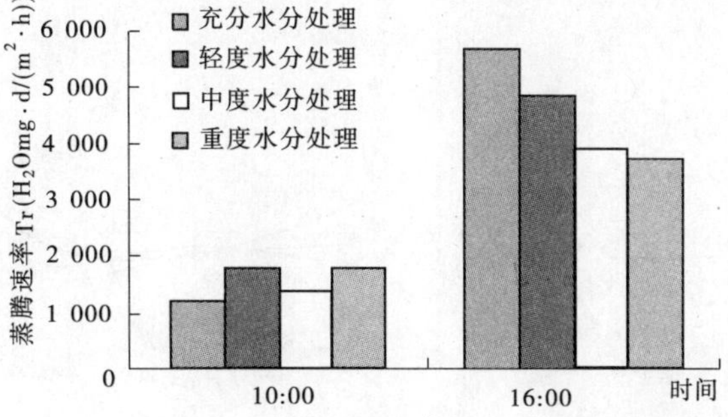

图6-4　初花期各处理10:00和16:00时刻蒸腾速率

6.2.5　蒸腾速率和光合速率的关系

从图6-5可知,蒸腾速率的变化趋势基本一致。可见,水分供应充足时,在光合速率提高的同时也使蒸腾速度加剧。

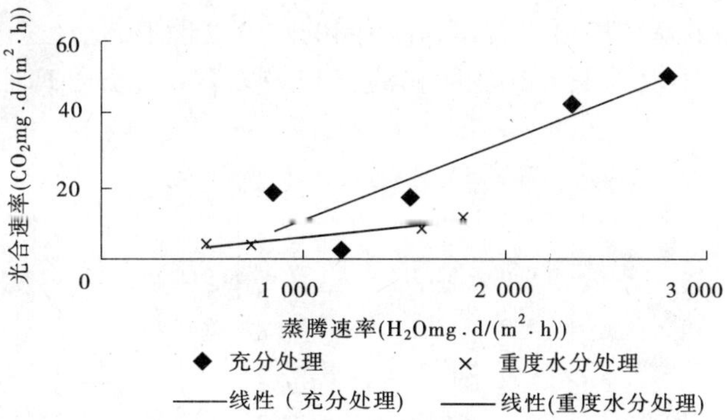

图6-5　蒸腾速率和光合速率的关系

曲线回归方程如下。

充分处理:$y = 0.021\,5x - 9.626\,6, R^2 = 0.810\,3$

重度处理:$y = 0.005\,7x + 1.234\,6, R^2 = 0.791\,3$

图6-5表明,尽管蒸腾速率与光合速率存在着一定的正相关关系,但在充分灌溉条件下,蒸腾速率的增加所对应的光合速率的增幅也很大,而在重度水分胁迫下,随着蒸腾速率的加大,光合速率增加的幅度远不及前者(轻度和中度水分处理情况也类似),这就意味着一定程度的水分亏缺可以提高光合和蒸腾之比(即水分利用效率),这也是调亏灌溉的节水机理所在。

6.2.6　光合有效辐射(PAR)日变化

光合有效辐射(PAR)是指太阳辐射中波长为400~700 nm的部分,能被绿色植物吸收并为植物光合作用提供能源。PAR直接关系到作物的生长发育和产量,因此一直是农学家和农业气象学家极为关注的问题(刘建栋和金之庆,1999)。

在不同水分处理下，苜蓿瞬时光合有效辐射日变化曲线见图 6-6。各处理光合有效辐射曲线趋势基本一致，曲线呈单峰型，在午后至 15:00 左右各处理光合有效辐射值明显高于早晨和傍晚。相同时刻不同处理间数值大小的差异与中午时云量、风速等气象条件有关。

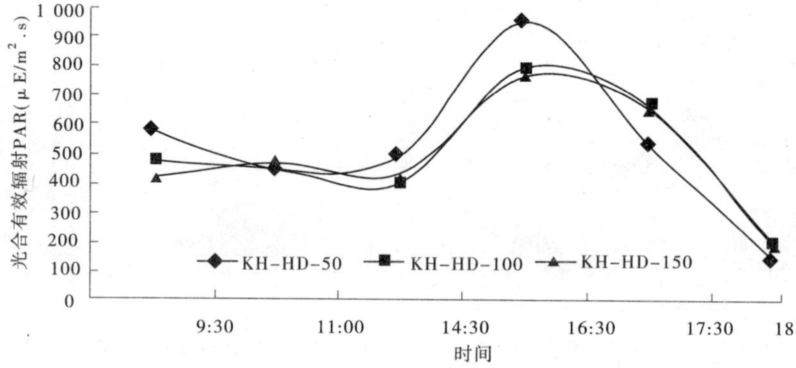

图 6-6　紫花苜蓿瞬时光合有效辐射日变化曲线

6.2.7　光合有效辐射对净光合速率和蒸腾速率的影响

在充分和中度水分条件下，光合有效辐射对净光合速率的影响如图 6-7、图 6-8。图 6-7 中位于上方的曲线（斜率小）表示光合有效辐射与蒸腾速率的关系，位于下方的曲线表示与光合速率的关系。而图 6-8 中上方曲线表示光合有效辐射与光合速率的关系，下方曲线表示与蒸腾速率的关系。从图中可以看出，在不同的水分处理下，光合速率和蒸腾速率均随着光合有效辐射的增大而增大，具有比较明显的正相关关系。充分处理曲线拟合程度好于中度水分胁迫处理。

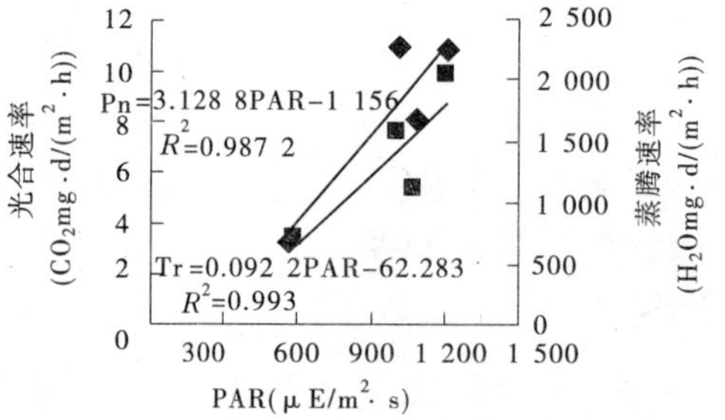

图 6-7　中度水分处理下光合有效辐射对净光合速率和蒸腾速率的影响

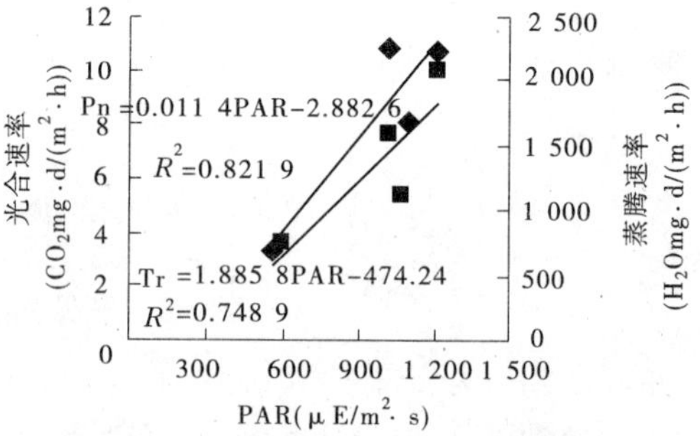

图 6-8　充分水分处理下光合有效辐射对净光合速率和蒸腾速率的影响

6.3　筒栽苜蓿光合等生理特征研究

6.3.1　充分水分处理下，盐分对苜蓿光合速率的影响

盐分胁迫对植物影响的一个重要方面是降低了植物根系环境的水势，产生渗透胁迫。对于光合作用而言，不同盐浓度条件对苜蓿光合速率的影响是有较大差别的。不同盐分处理下 Pn 的平均值见表 6-9。表明在时刻 10:30，处理 FZ-CF-50 与 FZ-CF-100 呈显著差异（$P<0.05$），FZ-CF-150 与 FZ-CF-50、FZ-CF-100 无显著性差异（$P>0.05$）；在时刻 11:30，处

理 FZ-CF-50 与处理 FZ-CF-150 呈显著差异($P<0.05$), FZ-CF-50 与 FZ-CF-100,FZ-CF-100 与 FZ-CF-150 无显著性;在时刻 13:30,处理 FZ-CF-150 与 FZ-CF-100 呈显著差异($P<0.05$),处理 FZ-CF-50 与 FZ-CF-100 无显著差异;在时刻 14:30,处理 FZ-CF-50 与 FZ-CF-150 呈极显著差异($P<0.01$),处理 FZ-CF-50 与 FZ-CF-100,FZ-CF-100 与 FZ-CF-150 无显著差异($P>0.05$);在时刻 16:30,处理 FZ-CF-50 与 FZ-CF-150 呈显著差异,处理 FZ-CF-50 与 FZ-CF-100,FZ-CF-100 与 FZ-CF-150 无显著差异($P>0.05$);在 7:30 和 18:00 两个时刻,三个处理间均无显著性差异($P>0.05$)。通过分析比较,多个时段 Pn 大小还是比较明显的,各盐分处理在不同时间对 Pn 的影响是不同的。这可能与其他局部微环境气象因子有关。不同盐分处理下苜蓿在分枝期光合速率的变化如图 6-9 所示。

表 6-9　分枝期不同盐分处理 Pn、Tr 平均值和方差分析比较

处理	7:30	10:30	11:30	13:30	14:30	16:30	18:00
	Pn	Pn	Pn	Pn	Pn	Pn	Pn
FZ-CF-50	13.4a	18.2a	34.4a	32.3a	32.3aA	28.6aA	3.8a
FZ-CF-100	11.1a	6.9b	22.4ab	29.8a	20bAB	17abAB	13a
FZ-CF-150	4.8a	8.4ab	14b	10.8b	11.3bB	6.3bB	9a
处理	7:30	10:30	11:30	13:30	14:30	16:30	18:00
	Tr	Tr	Tr	Tr	Tr	Tr	Tr
FZ-CF-50	1 744a	2 321a	3 211ab	3 257a	3 870A	2 399a	969a
FZ-CF-100	908a	1 832a	2 060b	3 555a	2 698B	2 720a	1 079a
FZ-CF-150	1 073a	1 925a	3 405a	3 630a	3 520AB	1 644a	1 227a

由图 6-9 可见,分枝期苜蓿在充分水分处理下盐分对其产生了一定的影响。三个处理的日变化基本上均呈单峰曲线,在 NaCl 浓度为 50 mmol/L 时,在多个时段内其 Pn 高于 100 mmol/L 时的处理,同时明显高于 150 mmol/L 时的处理,FZ-CF-50 处理下 Pn 的峰值比 FZ-CF-100 处理下高 4.6 $CO_2mg\cdot d/(m^2\cdot h)$,比 FZ-CF-150 处理下高 21.1 $CO_2mg\cdot d/(m^2\cdot h)$。

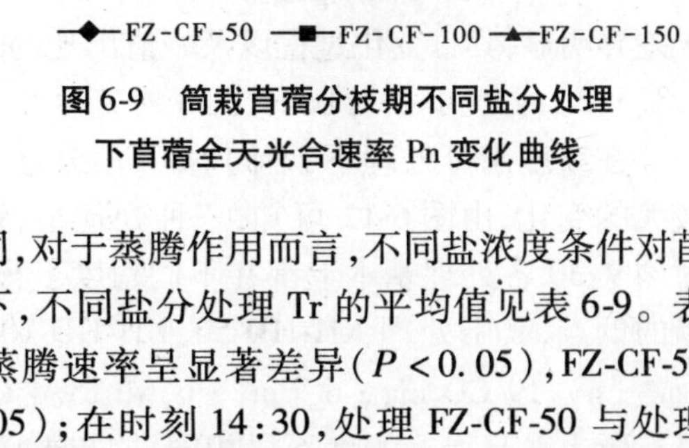

图 6-9　筒栽苜蓿分枝期不同盐分处理下苜蓿全天光合速率 Pn 变化曲线

6.3.2　充分水分处理下,盐分对苜蓿蒸腾速率的影响

盐分胁迫对蒸腾作用的影响与光合作用不同,对于蒸腾作用而言,不同盐浓度条件对苜蓿蒸腾速率的影响差别较小。在充分水分条件下,不同盐分处理 Tr 的平均值见表 6-9。表明在时刻 11:30,处理 FZ-CF-100 与 FZ-CF-150 蒸腾速率呈显著差异($P<0.05$),FZ-CF-50 与 FZ-CF-100、FZ-CF-150 无显著性差异($P>0.05$);在时刻 14:30,处理 FZ-CF-50 与处理 FZ-CF-100 呈极显著差异($P<0.05$),FZ-CF-150 与 FZ-CF-50,FZ-CF-100 与 FZ-CF-150 无显著性差异;在 7:30,10:30,13:30,16:30 和 18:00 等时刻,三个处理间均无显著性差异

($P>0.05$)。通过分析比较,在大部分时段 Tr 的变化不是非常明显,各盐分处理在不同时间对 Tr 的影响不大。尤其是较高盐分处理下,蒸腾作用也在各时段较其他处理维持在一个较高的水平,这可能是苜蓿适应盐胁迫的一种结果或机制。这是因为较高浓度的盐分胁迫下蒸腾作用的增强在一定程度上可以加强根系从土壤中吸收水分的能力,一方面减弱了细胞失水,保持膨压,维持正常生长;一方面又能通过吸收水分稀释体内吸收的一定量的盐分,从而进一步防止盐分离子对细胞的毒害。同时通过不同盐分水平下苜蓿在分枝期蒸腾速率的变化(如图 6-10 所示),可以看出,三种处理下,不论从趋势上还是从数值上曲线都比较接近,这也说明,三种盐分的浓度等级梯度较小,不足以影响到苜蓿的正常生长,高浓度盐分处理对苜蓿没有产生蒸腾上的抑制作用,另外从苜蓿的外观生育性状上,三种处理的长势没有明显差别。

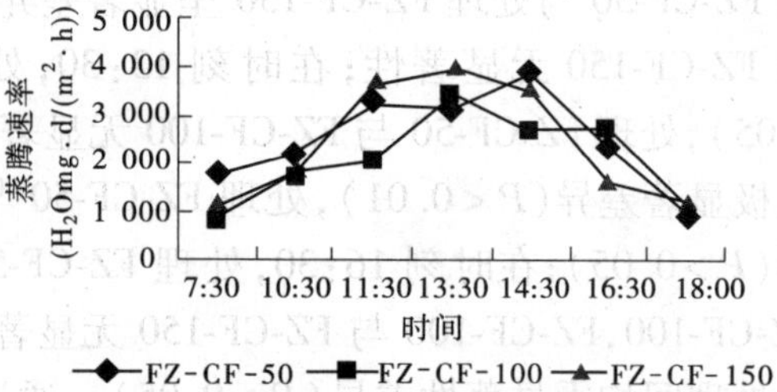

图 6-10　筒栽苜蓿分枝期不同盐分处理下蒸腾速率变化曲线

6.3.3　重度水分处理下,盐分对苜蓿光合等生理特征的影响

6.3.3.1　光合有效辐射(PAR)日变化

在研究了水利大院 2004 年筒栽苜蓿充分水分处理下盐分对光合等生理特征的影响后,该研究分析其在开花期于全生育期重度水分胁迫下不同浓度盐分对苜蓿相关生理特征的影响。在此特意选择试验地范围内为多云天气时所采集数据来分析相关指标。

对多云天气非常直接的响应指标就是光合有效辐射(PAR)的数值在总体上低于晴天,图 6-11 为晴天时的光合有效辐射(PAR)日变化曲线,与图 6-6 相比,前者 PAR 明显维持在较高水平。由图 6-11 可知,各处理 PAR 在早晨 9:30 至 14:30 左右变化缓慢,之后,有了较大幅度的增加,在时刻 16:30 达到了峰值,其中处理 KH-HD-50 峰值在三者中最大,PAR 达到 949 $\mu E/(m^2 \cdot s)$,此后三种处理 PAR 均出现了明显的下降。由以上分析可知,PAR 在晴天和阴天差异明显,其日变化过程以及峰值出现的时间可能与气象因子和叶片相关状况等都有关。

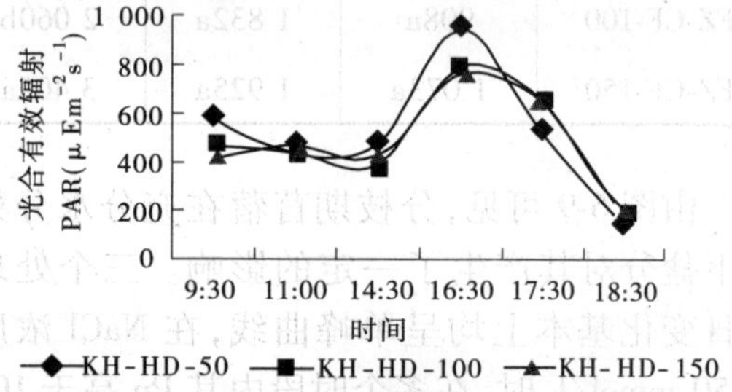

图 6-11　晴天时紫花苜蓿光合有效辐射日变化曲线

6.3.3.2　重度水分处理下,盐分对苜蓿光合速率的影响

在重度水分处理下,不同 NaCl 溶液浓度对苜蓿光合速率的影响与在充分处理下有着比较大的变化,由图 6-12 可知,三种处理下,苜蓿光合速率日变化总体上出现下降的趋势,在时刻 9:30 各处理基本上都在不同程度上出现了峰值,随后逐渐下降,至时刻 14:30 降到了新的低点,其中处理 KH-HD-50、KH-HD-100 和 KH-HD-150 的 Pn 分别为 37.7 $CO_2mg \cdot d/(m^2 \cdot h)$、19 $CO_2mg \cdot d/(m^2 \cdot h)$ 和 25.4 $CO_2mg \cdot d/(m^2 \cdot h)$。至时刻 16:30,三种处理 Pn 又有所上升且上升幅度不尽相同,这与 PAR 在此时刻出现峰值比较吻合,处理 KH-HD-50、KH-HD-100 和 KH-HD-150 的 Pn 分别上升了 3.5 $CO_2mg \cdot d/(m^2 \cdot h)$、12.5 $CO_2mg \cdot d/(m^2 \cdot h)$ 和 1.8 $CO_2mg \cdot d/(m^2 \cdot h)$,且同时达到了一个小峰值。自本时刻后,3 种处理 Pn

基本上以相同的趋势稳定下降，至时刻 18:00 达到最低点。总体上，各曲线呈现了较好的线性负相关（处理 KH-HD-50、KH-HD-100 和 KH-HD-150 的 R^2 分别为 0.91、0.72 和 0.93）。综上所述，在多云天气里重度水分胁迫 Pn 的变化不利于光合作用的进行。

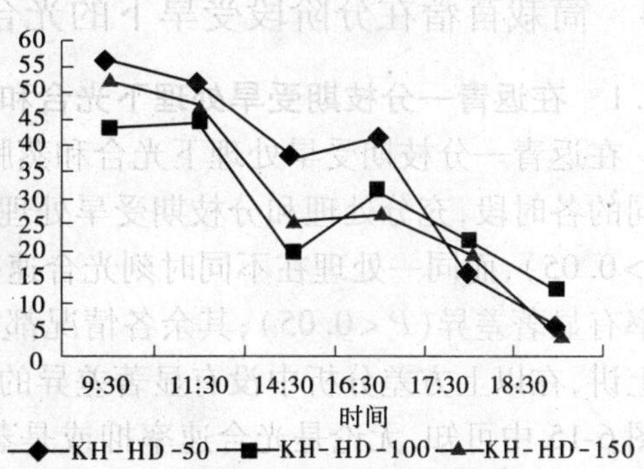

图 6-12 重度水分处理下盐分对紫花苜蓿光合速率的影响

6.3.3.3 重度水分处理下，盐分对苜蓿蒸腾速率的影响

在重度水分处理下，不同 NaCl 溶液浓度对苜蓿蒸腾速率的影响与光合的变化在趋势上是一致的，在一天中的变化都呈现出从早上到下午的降低方向，并且还表现出了比较好的线性负相关（处理 KH-HD-50、KH-HD-100 和 KH-HD-150 的 R^2 分别为 0.85、0.89 和 0.54）。由图 6-13 可知，三种处理下，苜蓿蒸腾速率日变化在总体上出现下降过程中，存在两个蒸腾速率的较高点。与光合速率一样，在时刻 9:30 各处理基本上都在不同程度上出现了峰值，随后下降，从时刻 9:30 到 14:30，在处理 KH-HD-150 下，即高浓度盐分胁迫下，蒸腾速率曲线位于处理 KH-HD-50、KH-HD-100 的下方，并且迅速下降，而同期其光合速率则介于处理 KH-HD-50 和 KH-HD-100 之间，蒸腾速率曲线约在 17:00 才中止了较低的走势，与逐渐降下来的另外两曲线比较接近。在此变化过程中，在时刻 9:30 开始至 17:00 左右选取 11:00、14:30 和 16:30 三个时刻蒸腾速率进行方差分析，如表 6-10 所示，在时刻 11:00 处理 KH-HD-100 与 KH-HD-150 蒸腾速率呈极显著差异（$P<0.01$），KH-HD-50 与 KH-HD-100、KH-HD-150 无显著性差异（$P>0.05$）；在时刻 14:30 和时刻 16:30，处理 KH-HD-150 与 KH-HD-50、KH-HD-100 蒸腾速率呈极显著差异（$P<0.01$），KH-HD-50 与 KH-HD-100 之间蒸腾速率呈显著差异（$P<0.05$）。另外，由表 6-10 可知，处理 KH-HD-150 值最小。通过以上分析，在重度水分胁迫下，高浓度 NaCl 处理对苜蓿的蒸腾作用产生了抑制作用，这可能是植物本身对环境的一种适应和自我保护。与此同时，在生物形状上，其叶片尤其是下部叶片表现出了一定的凋萎，呈现衰败枯黄状。

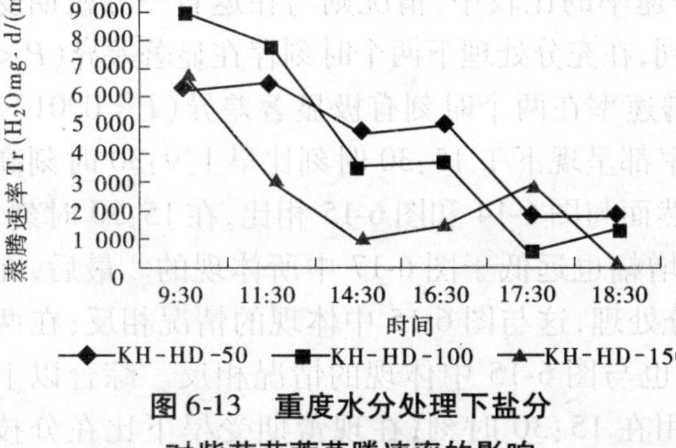

图 6-13 重度水分处理下盐分对紫花苜蓿蒸腾速率的影响

表 6-10 重度水分处理下盐分浓度对苜蓿蒸腾速率影响的方差分析

处理	11:00	14:30	16:30
KH-HD-50	6 574aAB	4 759aA	5 136aA
KH-HD-100	7 771aA	3 558bA	3 703bA
KH-HD-150	3 026bB	910cB	1 511cB

6.4 筒栽苜蓿在分阶段受旱下的光合和蒸腾速率变化研究

6.4.1 在返青—分枝期受旱处理下光合和蒸腾速率的变化

在返青—分枝期受旱处理下光合和蒸腾速率的变化如表6-11所示，由表6-11可知，在相同的各时段，充分处理和分枝期受旱处理的光合速率与蒸腾速率的变化均没有显著差异（$P>0.05$），而同一处理在不同时刻光合速率和蒸腾速率的比较中，只有在充分处理下光合速率有显著差异（$P<0.05$），其余各情况都没有显著差异（$P>0.05$）。尽管如此，从非统计学上讲，在以上方差分析中没有显著差异的情况，其均值的变化仍是明显存在的，从图6-14和图6-15中可知，无论是光合速率抑或是蒸腾速率都呈现15:30时刻比9:30时刻高的特征，且充分处理下的均值高于受旱处理。

表6-11 返青—分枝期受旱处理下光合和蒸腾速率的变化

处理	Pn		Tr	
	9:30	15:30	9:30	15:30
充分	12.5a	22.3a	400a	794a
分枝期受旱	7.2a	13.8a	205.5a	592a

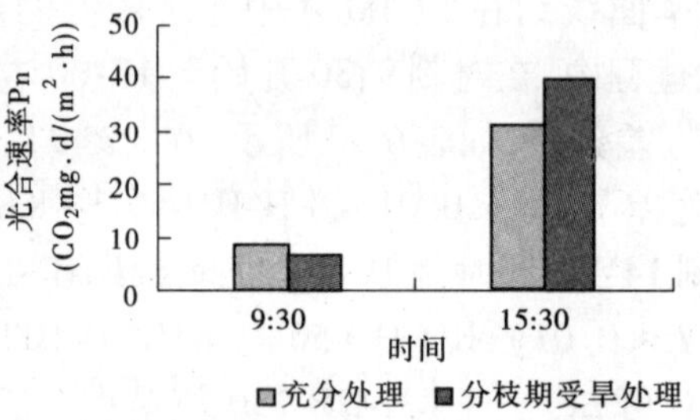

图6-14 苜蓿在分枝期受旱后光合速率变化

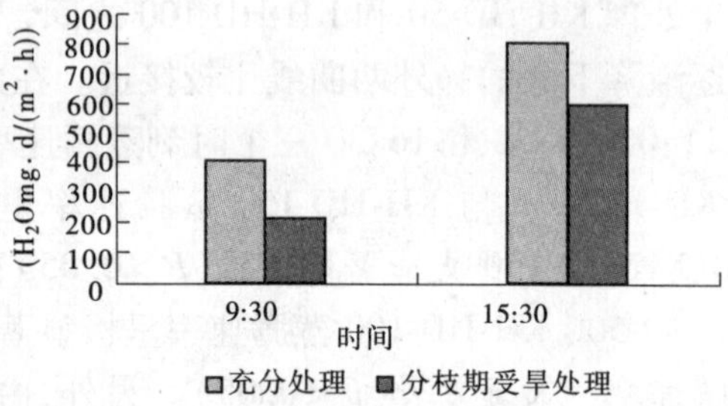

图6-15 苜蓿在分枝期受旱后蒸腾速率变化

6.4.2 在分枝—现蕾期受旱处理下光合和蒸腾速率的变化

在分枝—现蕾期受旱处理下光合和蒸腾速率的变化如表6-12所示，由表6-12可知，在各时刻，充分处理和分枝期受旱处理的光合速率与蒸腾速率的变化均没有显著差异（$P>0.05$），而同一处理在不同时刻光合速率和蒸腾速率的比较中，情况则与在返青—分枝期受旱处理下光合和蒸腾速率的变化有着明显的不同，在充分处理下两个时刻存在显著差异（$P<0.05$），而在现蕾期受旱处理下光合速率和蒸腾速率在两个时刻有极显著差异（$P<0.01$）。由以上分析可知，无论是光合速率还是蒸腾速率都呈现下午15:30时刻比早上9:30时刻高的特点，且充分处理下的均值高于受旱处理。然而与图6-14和图6-15相比，在15:30时刻，对应光合速率低于图6-16，对应的蒸腾速率的增幅也远低于图6-17中所体现的。最后，在图6-16中15:30受旱处理的光合速率高于充分处理，这与图6-15中体现的情况相反；在两个时刻受旱处理的蒸腾速率大于充分处理，这也与图6-15中体现的情况相反。综合以上分析，从两个生育期来看，光合作用和蒸腾作用在15:30时刻，在现蕾期受旱下比在分枝期受旱更剧烈。

表 6-12　分枝—现蕾期受旱处理下光合和蒸腾速率的变化

处理	Pn		Tr	
	9:30	15:30	9:30	15:30
充分	8.85a	31.3a	360.5a	2 876.5a
孕蕾期受旱	6.65a	39.5a	515.5a	2 975.5a

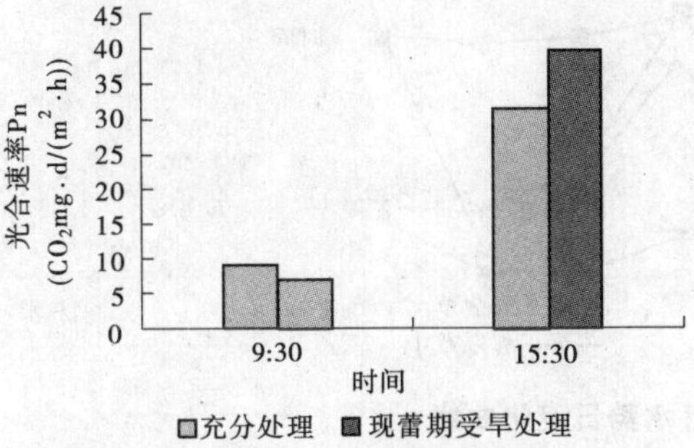

图 6-16　苜蓿分枝—现蕾期受旱处理下光合速率的变化

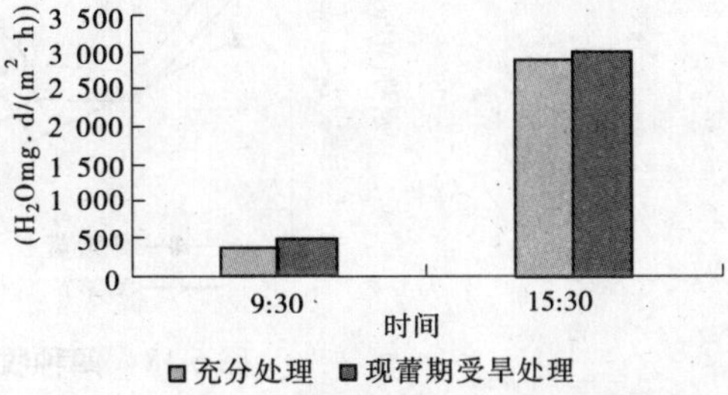

图 6-17　苜蓿在分枝—现蕾期受旱处理下蒸腾速率的变化

6.5　苜蓿水势生理变化规律与SPAC系统水势时空变化

植物的水分亏缺除受土壤的水分影响外，还与大气蒸发量的变化、植物根系分布状况、植物体生长、生理活性、水分输导能力等方面的因素有关。Denmead 等 1962 年就发现在每天 6 ~ 7 mm 的强蒸发条件下需要更湿润的土壤(土壤水势大于 -0.03 MPa)以支持作物的最大蒸腾需求。然而在每天 1.4 mm 的低蒸发条件下，比较干旱的土壤(土水势在 -1.2 MPa)就足以支持作物的最大蒸腾需要。在植物水势的测定方面，虽然许多研究都采用良好光照条件下叶片的水势来衡量植物的水分状况，但也有不少研究表明叶水势严重地受各地环境条件的影响，因此变异太大，不少情况下叶水势与植物水分状况联系不太密切，Jones 等的研究都表明，生长在限水条件下已表现出水分亏缺症状的苹果树与充分灌水的苹果树叶水势差别不大；有研究表明，茎水势由于受短暂天气条件的影响较小，因此可作为确定植物水分亏缺的敏感指标及灌溉制度的有用工具，本书比较了在不同的土壤水分条件下土—根—茎—叶水势的变化及其与土壤水分条件的关系，以评价叶水势及不同测定时间作为确定水分亏缺程度的可能性。

6.5.1　苜蓿和其他牧草水势日变化规律比较

6.5.1.1　四种牧草的全天叶水势日变化

8 月 16 日对秦王川本地四种牧草不同深度的叶水势进行了全天变化测定，分上层(0 ~ 15 cm)、中层(15 ~ 30 cm)、下层(30 ~ 45 cm)结果，不同植物水势的日变化曲线如图 6-18 所示。可以看出，叶片水势总体呈明显的双峰曲线，与土壤水势相比，其变化特征更能体现自身的耗水规律，叶片水势存在明显日变化规律，9:00 叶片水势最高，清晨光照弱、气温低、相对湿度大，空气饱和差很小，气孔开度较小，因此叶片蒸腾散失水分少，叶水势保持较高水平。此后随时间推移不断增加，光照增强，气温升高，相对湿度较小，空气饱和差增加，叶片蒸腾水分也随之增加，叶水势于是逐渐下降，在 11:20 和 15:00 达到最低值。以后，随着光强的减弱,气温的下降,空气饱和差减小,气孔逐渐关闭,叶片失水减少,叶水势也就又开始回升，在 18:00 达到较高水平。叶水势在一天中呈现出高—低—高的变化规律,并且全天最小值燕麦草 -8.0 MPa < 苜蓿 -7.20 MPa < 羊茅草 -6.4 MPa < 高粱草 -1.8 MPa,苜蓿草的变幅最大变异系数为 0.935%。说明苜蓿有较强的抗旱性,从而证明了苜蓿在干旱和半干旱地区适应性较其他牧草好的生理原因。

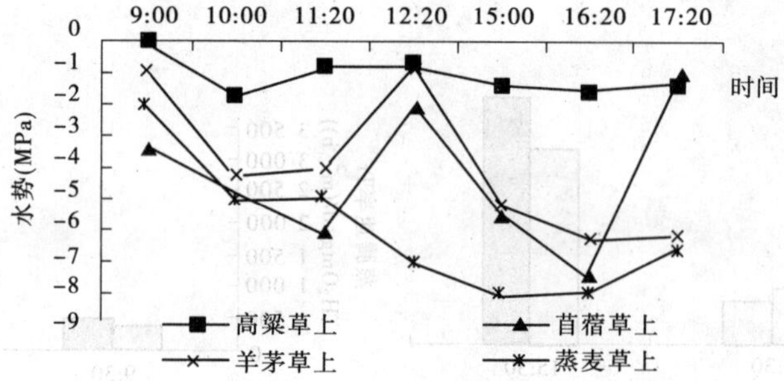

图 6-18　四种牧草叶水势日变化曲线

6.5.1.2　四种牧草水势日变化

一日之内不同时刻水势日动态趋势大体相同,呈双峰曲线,高粱草的水势在四种植物中一直为最高,燕麦草的水势在四种植物中一直为最低。可见,在相同条件下，高粱草吸收水分的能力最强,燕麦草吸收水分的能力最弱。苜蓿草居于第三位,低于高粱草和羊茅草的水势,12:00 以后高粱草、羊茅草和苜蓿草的水势值非常接近。早晨 9:00 四种植物的水势最高,相对而言,苜蓿草的水势最低,燕麦草的水势日动态比较特殊,首先其水势日变化趋势与其他不同,主要表现为燕麦草呈单峰曲线,其水势在 16:00 降到最低值,而其他三种植物的水势在 17:00 才达到最低值;其次在一天中,其水势值在四种植物中都为最低值。高粱草、苜蓿草、羊茅草和燕麦草的水势日变化曲线中的最低值和最高值分别为高粱草在早上10:00 和 15:00 出现两个低谷,其值分别达到 -1.8 MPa 和 -1.67 MPa;苜蓿草在早上 11:20 和 16:20 出现两个低谷,其值分别达到 -6.27 MPa 和 -7.20 MPa;羊茅草在早上 10:00 和 16:20出现两个低谷,其值分别达到 -4.67 MPa 和 -6.4 MPa,燕麦草在早上 10:00 和 15:00 出现两个低谷,其值分别达到 -5.3 MPa 和 -8.0 MPa,分别见图 6-19 ~ 图 6-22。由此可见,一日之内燕麦草的水势变化幅度最大,其次是羊茅草,高粱草的水势变化幅度最小。

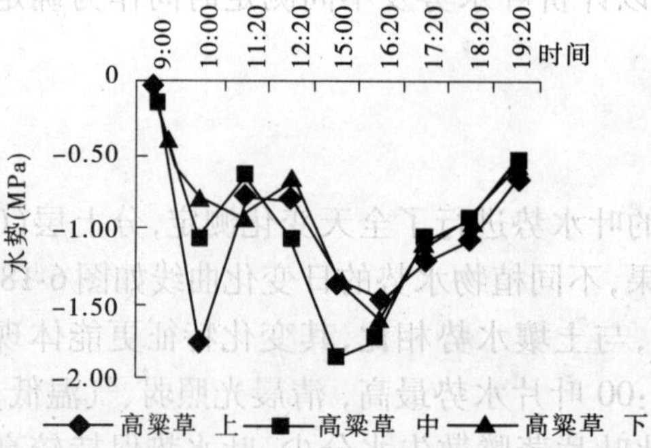

图 6-19　高粱草叶水势日变化

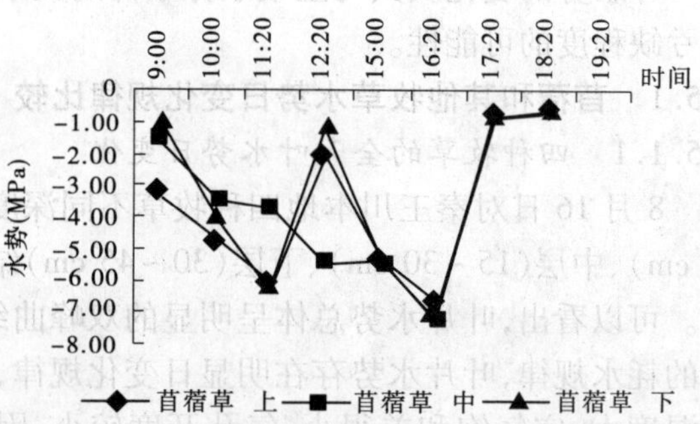

图 6-20　苜蓿草叶水势日变化

水势最低值和水势第一个低值的出现都早于光照强度最大值、气温最高值、湿度最低值出现的时间，这可能是植物提前为可能的水分亏缺做好准备，防止永久萎蔫的发生。这表明，苜蓿有着适应干旱生境的水分特征，在白天光照强烈的情况下，水势的降低利于植物从土壤含水层中吸收水分，而减少向大气中散失水分，从而利于植物在逆境中生长。

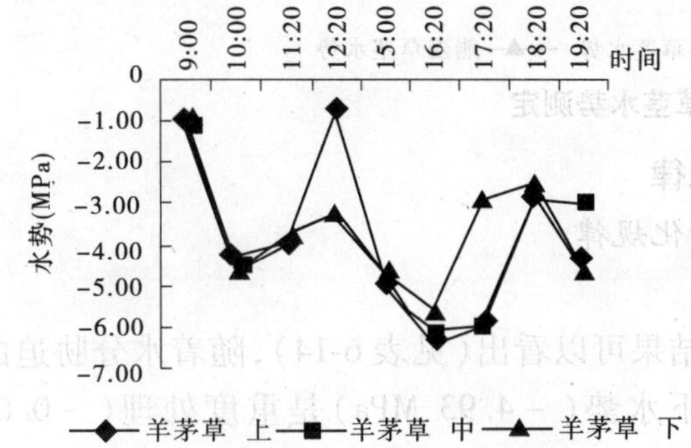

图6-21　羊茅草叶水势日变化

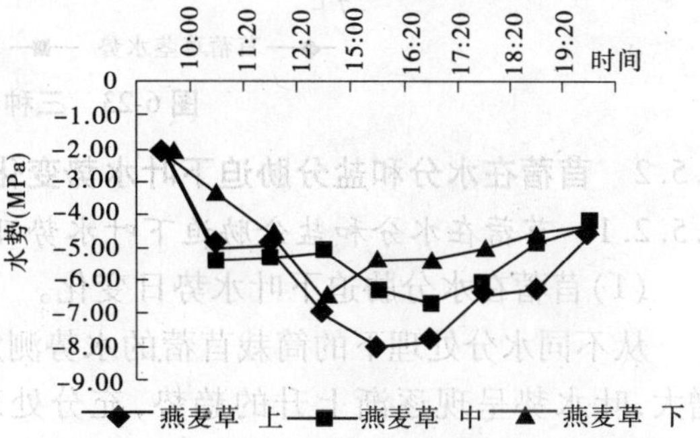

图6-22　燕麦草叶水势日变化

6.5.1.3　不同深度土层下四种牧草的土水势变化

土壤含水量低也是植物水势低的原因，它说明了植物受到的干旱胁迫程度。比较不同土层水势的变化规律（见表6-13），四种牧草相比，除在0～15 cm和30～45 cm土层时苜蓿草土水势略高于同层最低者高粱草，且其土水势远低于同层其他牧草。这表明苜蓿草需要的水分低于其他牧草需要的水分，以维持较高的水势。从表6-13中可以看出，对于不同深度的土层四种牧草的土水势都呈明显指数规律，燕麦草＞羊茅草＞苜蓿草＞高粱草且它们不同深度土水势之间达到显著性检验（$P>0.05$）。这与同层四种牧草的土水势日变化规律相一致，说明这与同层四种牧草的需水特性和生理规律有关。苜蓿不同土层的土水势变化趋于平缓，属缓慢降低，而其他牧草是呈急剧升高趋势，这再次说明苜蓿草应对干旱环境的自身调节能力较强，根系发达，可吸收深层土壤水以维持相对稳定的内环境，是较耐旱的一种牧草。

表6-13　四种牧草的土水势　（单位：MPa）

土层深度（cm）	牧草类型	土水势
0～15	高粱草	-22.00
	苜蓿草	-21.33
	羊茅草	-21.33
	燕麦草	-17.33
15～30	高粱草	-22.67
	苜蓿草	-22.67
	羊茅草	-20.00
	燕麦草	-18.00
30～45	高粱草	-24.67
	苜蓿草	-24.00
	羊茅草	-21.33
	燕麦草	-6.67

6.5.1.4　三种牧草的茎水势日变化

从图6-23看出，三种牧草全天茎水势变化呈现早上和晚上低、中午高的单峰曲线，早上10:00和19:00时刻的茎水势基本相同，分别为-3.8～-5.6 MPa和-2.7～-4.8 MPa，三种牧草全天茎水势最大值出现在12:00～14:00（-1.2 MPa），随后急骤下降，在17:00左右又有一个较小的回升，但幅度很小。全天茎水势总体趋势是：苜蓿草＞羊茅草＞燕麦草，苜蓿草和燕麦草的整体走势相同，变化较平缓，羊茅草的茎水势变化剧烈，出现突升突降的现象。

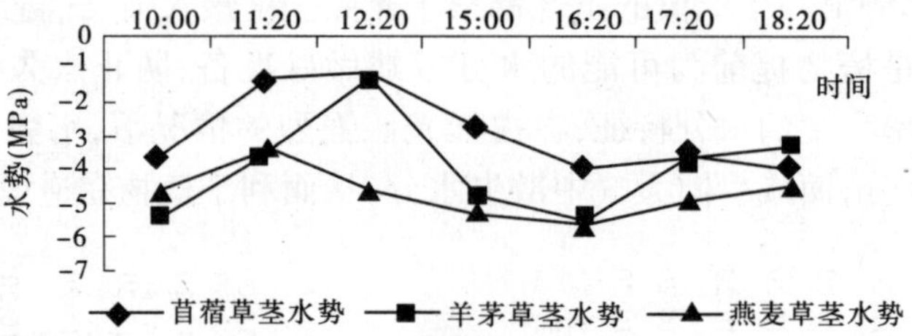

图 6-23 三种牧草茎水势测定

6.5.2 苜蓿在水分和盐分胁迫下叶水势变化规律

6.5.2.1 苜蓿在水分和盐分胁迫下叶水势日变化规律

(1)苜蓿在水分胁迫下叶水势日变化。

从不同水分处理下的筒栽苜蓿的水势测定结果可以看出(见表6-14),随着水分胁迫的增大,叶水势呈现逐渐上升的趋势,充分处理下水势(-4.93 MPa)是重度处理(-0.67 MPa)的7.4倍。

表6-14 秦王川筒载苜蓿不同水分处理叶水势测定结果

处理	副处理	叶水势(MPa)	
		9:00	13:00
水分胁迫	P充	-4.93	-3.33
	P轻	-0.93	-2.67
	P中	-0.80	-0.80
	P重	-0.67	-0.67
盐分胁迫	$NaHCO_3$(8-b)	-1.47	-4.00
	$MgSO_4$(8-b)	-0.80	-3.73
	NaCl(8-b)	-0.93	-3.33
	混合盐(8-b)	-1.60	-3.87
	$NaHCO_3$(1.5-b)	-2.67	-4.40
	$MgSO_4$(1.5-b)	-2.67	-3.87
	NaCl(1.5-b)	-2.27	-3.20
	混合盐(1.5-b)	-1.60	-4.27
不同盐度本地土	1-1	-2.67	-4.36
	3-1	-0.67	-4.00
	5-1	-2.67	-4.53

(2)苜蓿在盐分胁迫下叶水势日变化。

对不同类型高浓度(1.5 g/L)盐分胁迫处理的苜蓿,从表6-14看出,以$MgSO_4$(8-b)的水势最高(-0.8 MPa)比混合盐(8-b)(-1.6 MPa)高2倍。说明在四种同浓度盐分胁迫下,$MgSO_4$盐对苜蓿的生理影响最大,混合盐的影响最小,SO_4^{2-}离子对苜蓿的吸水和水势梯度的阻抗作用较其他盐离子大。而对同低浓度(1.5g/L)盐分胁迫处理下,尤其以混合盐水势最大(-1.6 MPa),NaCl(1.5-b)(-2.27 MPa)次之,最小的为$NaHCO_3$(1.5-b)(-2.67 MPa),这说明在低浓度盐分胁迫下,单一离子对苜蓿的影响没有混合离子的大。

秦王川本地不同盐度土栽植下苜蓿的水势测定结果表明,2 处理(黄茨滩盐分浓度 0.428%)时苜蓿植株已经枯死,说明在此浓度盐分下苜蓿不能生长,3 处理(何家梁盐分浓度 0.139%)时水势最高(-0.67 MPa),5 处理(西槽村盐分浓度 0.279%)时水势最低(-2.67 MPa),1 处理(红井槽盐分浓度 0.23%)和 5 处理相差不大,这同样说明随着盐分浓度的增大,盐分胁迫的加强,苜蓿水势下降很明显。

6.5.2.2　不同水分胁迫和盐分胁迫下苜蓿叶水势随发育期的变化规律

不同水分胁迫下苜蓿全生育期叶水势分析如下。

图 6-24 为苜蓿叶水势随发育期的变化图,曲线随生育期变化略呈递减趋势,表明叶水势的变化除受到土壤水分、植物水分状况及大气状况的综合影响外,由于叶片不断衰老,随作物的生长而不断降低,所以在讨论叶水势作为水分状况指标时,必须考虑作物本身的生育时期。由图 6-24 可以发现,在苗期四种水分处理下,轻度水分处理 QD 水势 -0.808 MPa 较其余的高 -1.03 MPa,在整个生育期中是水势最低的一个阶段;在分枝期各水分处理都较苗期有较大的增大,QD 最大达到 -0.45 MPa,ZD 为 -0.73 MPa,CF 为 -0.78 MPa, HD 为 -0.95 MPa,说明在这一时期,苜蓿处于快速生长阶段,水分含量高的叶片水势相应的较高;在开花期丰水处理 CF 的水势最大,达到 -0.516 MPa,其次为重度处理 -0.616 MPa,轻度水分处理和中度较低,分别为 -0.85 MPa 和 -0.95 MPa,这一时期轻度水分处理低的原因可能是由于土壤含水量的影响;在结荚期重度处理最高达到 -0.46 MPa,其次为轻度处理 -0.58 MPa,丰水处理和中度较低,分别为 -0.9 MPa 和 -1.3 MPa,这一时期重度水分处理低的原因可能是由于补水致使土壤含水量暂时偏高于其他处理;在生育末期,轻度水分处理最高 -0.33 MPa,其次为丰水处理 -0.55 MPa,中度最低 -0.95 MPa,在生育末期,植株含水量高者叶片水势相应的较高,而受水分胁迫处理的叶片衰老加快,生理作用减缓,有的植株叶片发黄,枯死。

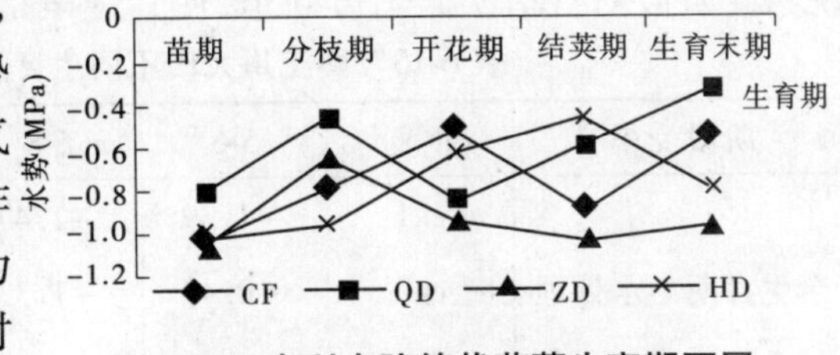

图 6-24　水利大院筒栽苜蓿生育期不同水分胁迫处理下叶水势变化曲线

从不同水分胁迫处理下苜蓿全生育期叶水势变化可以发现,整个生育期表现出双峰"之"字形曲线,第一个水势峰值出现在轻度水分处理下,另一个水势峰值出现在重度水分处理下,并且在每个不同的水分梯度下,叶水势整体规律表现出一致的趋势,即生育末期 > 开花期 > 分枝期 > 结荚期 > 苗期,与此有差异的是丰水处理下开花期水势最大,轻度水分处理下开花期水势最低,中度处理下分枝期水势最高,重度处理下结荚期水势最高。

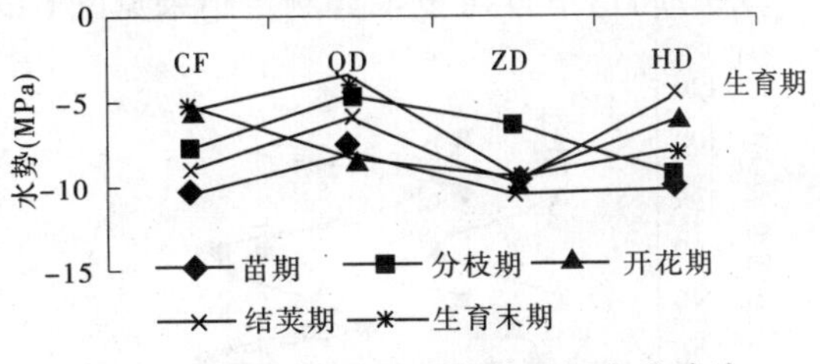

图 6-25　水利大院筒栽苜蓿不同水分胁迫下各生育期叶水势变化曲线

从不同生育期苜蓿在不同水分梯度下叶水势变化(见图 6-25)可以发现,丰水处理的峰值出现在开花期,低谷在苗期,轻度水分处理的峰值出现在生育末期,低谷在开花期;中度水分处理的峰值出现在分枝期,低谷在结荚期;重度水分处理的峰值出现在结荚期,低谷在生育末期，随水分梯度和土壤含水量的不同水势出现的峰值在苜蓿生育期的时间也不一样。

6.5.2.3　不同生育阶段水分胁迫下苜蓿水势分析

（1）不同生育阶段水分胁迫下苜蓿叶水势分析。

对于不同生育阶段受旱处理下苜蓿的叶水势变化规律可从表 6-15 中看出，返青—分枝期受旱处理的全生育期平均水势最小，为 -1.5 MPa，其次为全生育期丰水处理，平均水势为 -1.33 MPa，现蕾—开花期受旱处理的全生育期平均水势最大为 -1.1 MPa，看来在常规的全生育期丰水处理之外，返青—分枝期受旱处理的产量和全生育期丰水处理差异不显著，说明此阶段对苜蓿实施适度胁迫，使其受旱是节水的最佳阶段。

表 6-15　秦王川大田不同生育阶段受旱处理下叶水势变化状况　（单位：MPa）

阶段受旱	重复	5-6	5-8	5-9	6-30	平均	全生育期平均
全生育期丰水处理	ck1	-1.39	-1.47	-1.47	-1.93	-1.56	-1.33
	ck2	-0.42	-1.33	-1.33	-1.27	-1.09	
	fx1	-0.63	-1.69	-1.91	-1.07	-1.33	
返青—分枝期受旱	ff3	-0.89	-2.22	-1.64	-1.07	-1.46	-1.50
	fx2	-1.09	-2.22	-1.49	-1.00	-1.45	
	xk2	-0.64	-2.80	-1.38	-1.60	-1.61	
分枝—现蕾期受旱	ck3		-0.76	-1.42	-0.89	-1.02	-1.25
	ff1		-0.90	-1.64	-1.40	-1.31	
	fx3		-1.11	-1.51	-1.60	-1.41	
现蕾—开花期受旱	ff2			-1.56	-0.60	-1.08	-1.10
	xk1			-1.64	-0.71	-1.17	
	xk3			-1.38	-0.73	-1.06	

（2）不同生育阶段水分胁迫下苜蓿土水势分析。

水分胁迫下苜蓿土水势测定结果见图 6-26 ~ 图 6-30。

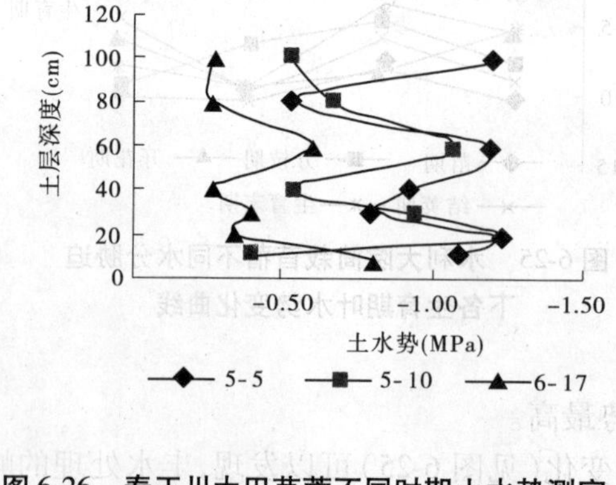

图 6-26　秦王川大田苜蓿不同时期土水势测定

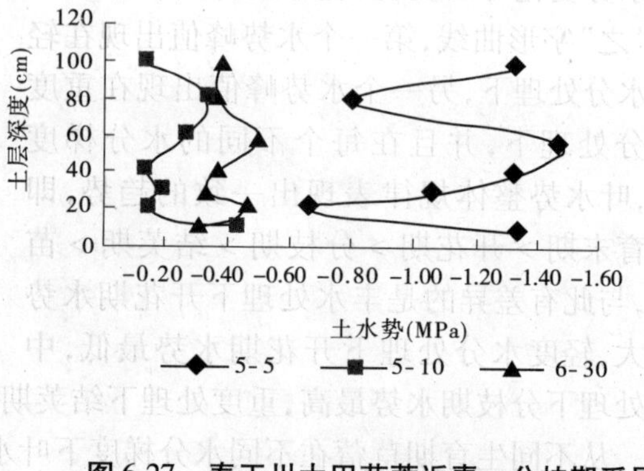

图 6-27　秦王川大田苜蓿返青—分枝期受旱处理土水势测定

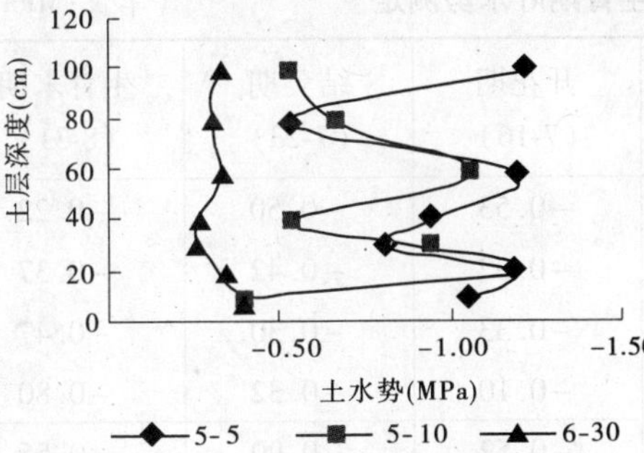

图 6-28　秦王川大田苜蓿分枝—现蕾期受旱处理土水势测定

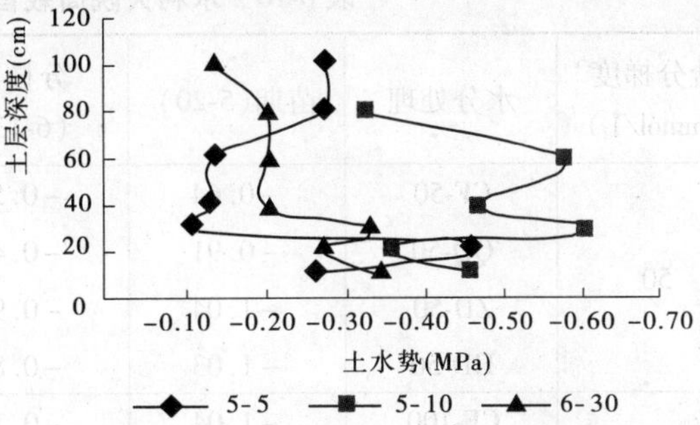

图 6-29　秦王川大田苜蓿现蕾—开花期受旱处理土水势测定

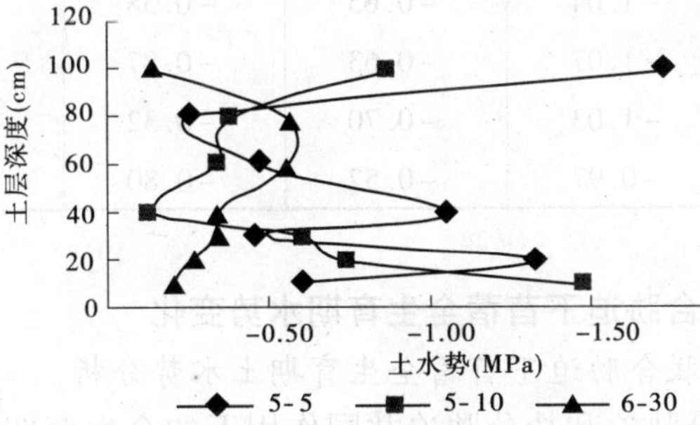

图 6-30　秦王川大田苜蓿全生育期丰水处理土水势测定

图 6-30 显示了试验地各层土壤水势的全期变化规律。在整个试验期间，各层土壤的水势随时间变化的规律相似，虽有上下的波动，但总的趋势较稳定。变化幅度最大的是 0 ~ 20 cm 层，其次为 20 ~ 60 cm 层，80 ~ 120 cm 层的变化幅度最小，下层的土壤对上层土壤水分有补充作用，对水分也有一定的蓄积作用，其整个水势值比其他两层要大。土壤水势在受旱处理后达低点，40 ~ 60 cm 层数值与上两层的数值差别较大，与之对应的是灌水补充了土壤的水分，尤其使 0 ~ 60 cm 层土壤的水势得到了提高。而 7 月的低点是由于植物处于旺盛生长期，蒸腾带动土壤水中的水分散失。

6.5.2.4　苜蓿全生育期不同盐分胁迫下叶水势分析

对于不同盐分梯度下苜蓿的叶水势变化，从表 6-16 上可看出在 50 mmol/L 盐分梯度下苜蓿的叶水势变化在整个生育期中部叶片水势呈现单峰曲线，峰值在开花期，丰水处理在整个生育期中叶水势变化较平缓，变异系数为 0.75，峰值在生育期末（-0.22 MPa）；100 mmol/L 盐分梯度下苜蓿的叶水势变化在整个生育期中部叶片水势呈现双峰曲线，峰值在分枝期和结荚期，丰水处理在整个生育期中呈现双峰曲线，变异系数为 0.38，峰值在开花期（-0.52 MPa）；150 mmol/L 盐分梯度下苜蓿的叶水势变化在整个生育期中部叶片水势呈现抛物线，峰值在开花期—结荚期，丰水处理在苗期—开花期中变化较陡直，在开花期后变化平缓，变异系数为 0.78，峰值在生育末期（-0.28 MPa）。

表 6-16　水利大院筒栽苜蓿全生育期叶水势测定　（单位：MPa）

盐分梯度（mmol/L）	水分处理	苗期(5-20)	分枝期（6-13）	开花期（7-16）	结荚期（7-23）	生育末期（8-31）
50	CF-50	-0.64	-0.50	-0.53	-0.50	-0.22
	QD-50	-0.91	-0.40	-0.32	-0.42	-0.37
	ZD-50	-1.04	-0.98	-0.33	-0.30	-0.47
	HD-50	-1.03	-0.83	-0.10	-0.32	-0.80
100	CF-100	-1.04	-0.78	-0.52	-0.90	-0.55
	QD-100	-0.81	-0.45	-0.85	-0.58	-0.33
	ZD-100	-1.05	-0.63	-0.95	-1.03	-0.95
	HD-100	-1.03	-0.95	-0.62	-0.47	-0.80
150	CF-150	-1.04	-0.65	-0.38	-0.38	-0.28
	QD-150	-1.07	-0.63	-0.87	-0.53	-0.50
	ZD-150	-1.03	-0.70	-0.32	-0.13	-0.52
	HD-150	-0.97	-0.52	-0.80	-0.36	-0.58

6.5.3　不同水分—盐分联合胁迫下苜蓿全生育期水势变化

6.5.3.1　不同水分—盐分联合胁迫下苜蓿全生育期土水势分析

从筒栽苜蓿在不同水分胁迫和盐分胁迫共同作用下的全生育期土水势的变化曲线（见图6-31）可以看出，随着苜蓿进入生育阶段，全生育土水势变化急剧升高，在开花期土水势最高，随后保持平衡，整个生育期中土水势大小为 ZD < HD < QD < CF，在分枝期和结荚期 HD 最大，在分枝期 QD 和 CF 有土水势减小的现象，这与此时期土壤灌水状况有关。生育前期，苗期和分枝期丰水和轻度水分处理土水势差别不大；在开花期四种水分胁迫下的土水势差异明显。在生育末期，四个处理之间基本无差别。

6.5.3.2　不同水分—盐分联合胁迫下苜蓿全生育期叶水势分析

从筒栽苜蓿在不同水分胁迫和盐分胁迫共同作用下的全生育期叶水势的变化曲线（见图6-32）可以看出，随着苜蓿生长时段的增加叶水势变化呈抛物线，全生育期叶水势的变化趋势逐渐增大，在结荚期水势最高，整个生育期水势大小为苗期 < 结荚期 < 分枝期 < 开花期 < 生育末期，并且在开花期有一个反方向的转折点。生育前期，苗期和分枝期丰水和轻度水分处理水势无差别，比受水分胁迫的中度和重度要高；在开花期和以后的结荚期生殖生长阶段，表现出受水分胁迫的中度和重度叶水势要高于丰水和轻度水分处理；在生育末期，受水分胁迫的中度和重度叶水势又明显低于丰水和轻度水分处理，这和水分胁迫下的全生育叶水势的变化曲线表现出一致的规律。

6.5.4　SPAC 中土壤水势—叶水势—大气水势的关系

一般说来，大气水势比植物水势低，植物地上部分的水势比根部的低，根部水势又低于土壤水势。水势梯度为相邻两界面水势差的比值。这样，植物的基本能量水平低于土壤，从而完成吸水的过程。本实验的测定结果同样符合这一规律，水分通过植物叶片不断地向周围大气中散失。

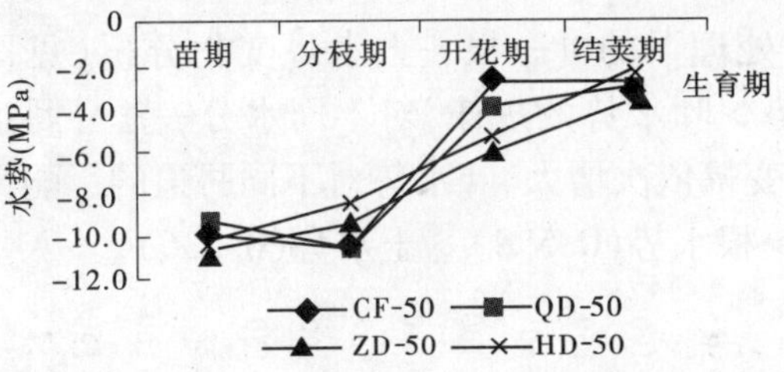

图 6-31　水利大院筒栽苜蓿各生育期土水势变化曲线

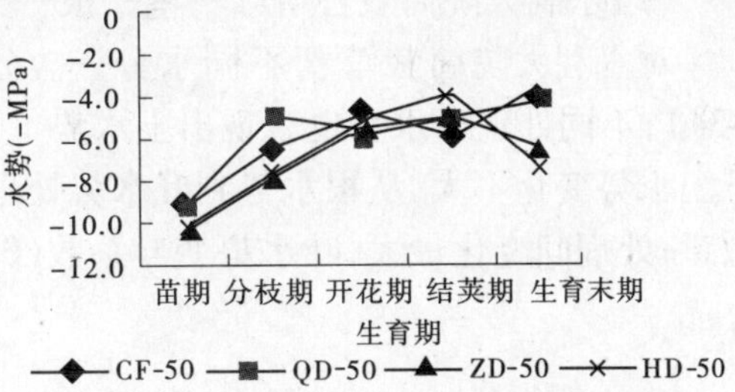

图 6-32　水利大院筒栽苜蓿各生育期叶水势变化曲线

6.5.4.1　SPAC 中部叶片水势—土壤水势的关系

同样,土水势的变动影响着植物水势的变化。由日变化规律可知,清晨土壤含水量高,土水势高,利于植物吸收,植物水势也达到高值。随后,蒸腾强度增加,植物水势明显下降,傍晚土水势和植物水势都有所恢复,但不能达到6:00 左右的值。本试验地区降水、地下水、凝结水是主要的土壤水分来源,其中降水最为重要,它是土壤水分的有效补给,保证植物的正常生长。它不仅能反映土壤水势的变化,也可反映根系伸展的面积和局部根系阻力。土壤条件,即土壤水分的有效性、土壤溶液的浓度、土壤温度等。无论是在干旱条件下还是在土壤水分较充足的条件下,作物根和叶的水势差异较大,据苜蓿的水势测定结果,在土壤水分充足条件下苜蓿根水势为 -0.15 MPa,各叶位叶片平均水势仅为 -0.443 MPa,两者相差 0.293 MPa,说明水势梯度是根和叶片间水分运动的重要动力。

当土壤水受到限制时,根系吸水满足不了蒸腾需要,此时叶水势还与土壤水势密切相关。土壤水势高,植物水势也高;土壤水势低,植物水势也低。这表明在相同天气条件下,根系从水势高的土壤中吸水容易,根系吸水与蒸腾失水基本维持平衡,叶水势较高;反之土壤水势低,根系吸水速率较小,满足不了叶片蒸腾失水的需要,含水量减小,叶水势降低。另外,土壤水势的变化滞后于叶水势的变化,即当叶水势达最小值时,土壤水势还没有达到最小值,而是再过一段时间才达到最小值。土壤水势的变化幅度也要比叶水势小。

6.5.4.2　苜蓿叶—茎—根—土水势连续体动态变化

(1)秦王川筒栽苜蓿叶—茎—根—土水势变化。

对秦王川筒栽苜蓿不同水分胁迫处理下的叶—茎—根水势变化分析(见图 6-33),对不同水分梯度,随水分胁迫程度的加剧,苜蓿不同部位的水势都呈一致的升高趋势;部位水分比较,土水势下层 > 土水势上层 > 根水势 > 茎水势 > 叶水势,这与 SPAC 理论相一致。叶水势一直是研究植物水分亏缺状况的重要指标,试验表明茎—叶之间的水势梯度的变化更多地来自茎水势的降低而非叶片蒸腾的增强,这间接说明茎水势的降低与土壤水势梯度即根系供水能力有关。对不同的土壤湿度和不同的大气条件,茎—叶水势梯度有明显反应,在水分充足的条件下,茎水势和叶水势之差最高可达 1.5 MPa;在水分极度亏缺时,它们之间的水势梯度消失,甚至茎水势低于叶水势,这可以解释为在水分亏缺条件下叶水势与茎水势相比,由于气孔关闭导致了叶水势的短时间升高,当然还需要进行更深入地研究才能对此做出更确切地解释。

(2)水利大院筒栽苜蓿叶—茎—根—土水势。

对水利大院筒栽苜蓿不同水分—盐分胁迫处理下的叶—根—土水势变化分析(见图6-34),不同处理下水势也表现出土水势>根水势>叶水势的规律,对不同水分—盐分胁迫下土水势变化不大,从根水势到叶水势处理间的变幅依次增大,叶水势对不同胁迫的影响最敏感,处理间变化最大,叶水势变异系数(0.75)>根水势(0.598)>土水势(0.536)。

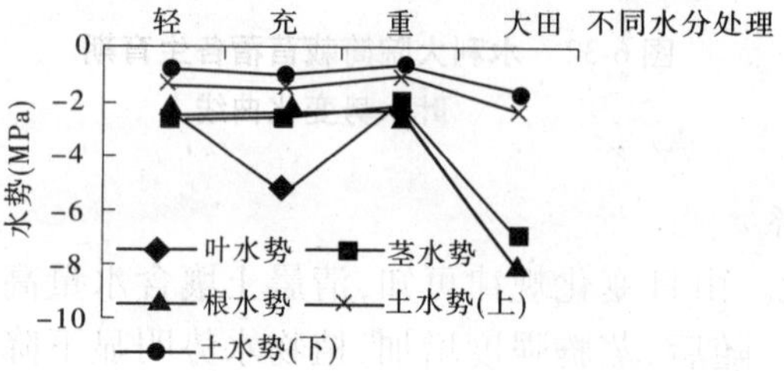

图6-33 秦王川筒栽苜蓿水分胁迫处理下叶—茎—根水势变化曲线

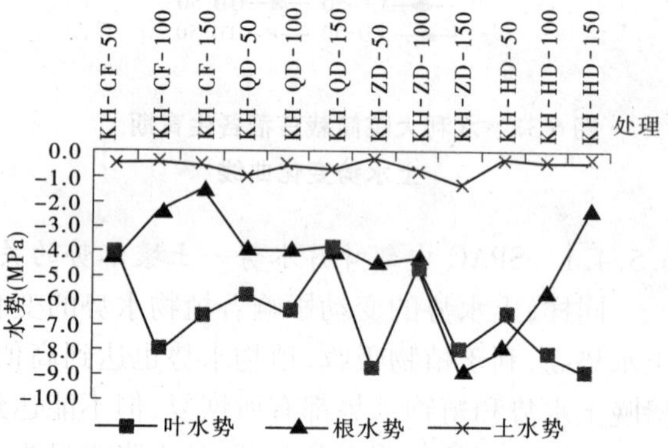

图6-34 水利大院筒栽苜蓿开花期叶—根—土水势变化曲线

(3)阶段受旱处理下苜蓿的叶—根水势。

从表6-17可以看出,对于不同生育阶段受旱处理下苜蓿的叶—根水势梯度,全生育期丰水处理的叶—根水势梯度差值都是最高的,其次为分枝—现蕾期受旱处理,再次是返青—分枝期,水势梯度差最小的是现蕾—开花期受旱处理。对5月6日测定值,现蕾—开花期的梯度差最小(0.30 MPa),其他处理差异不大,因为都为丰水处理;对5月19日测定值,返青—分枝期和分枝—现蕾期的梯度差偏小(0.74 MPa和0.88 MPa),其他处理差异不大,因为都为丰水处理,还没进行受旱处理;对6月13日测定值,现蕾—开花期受旱处理的梯度差最小(0.43 MPa),其次为分枝—现蕾期处理,因为前者是刚经过受旱的,后者是因为前期受旱处理的延迟效应。

表6-17 秦王川大田不同生育阶段受旱处理对苜蓿根—叶水势影响结果

阶段受旱处理	5-6			5-19			6-13		
	叶水势(MPa)	根水势(MPa)	根—叶水势差(MPa)	叶水势(MPa)	根水势(MPa)	根—叶水势差(MPa)	叶水势(MPa)	根水势(MPa)	根—叶水势差(MPa)
全生育期丰水	-0.81	-0.23	0.58	-1.57	-0.23	1.34	-1.42	-0.41	1.01
返青—分枝期受旱	-0.87	-0.51	0.37	-1.50	-0.76	0.74	-1.22	-0.31	0.91
分枝—现蕾期受旱	-1.43	-0.99	0.44	-1.53	-0.64	0.88	-1.30	-0.40	0.90
现蕾—开花期受旱	-1.44	-1.14	0.30	-1.52	-0.46	1.06	-0.68	-0.26	0.43

6.5.5 苜蓿叶—根—土水势梯度及相关性分析

土壤—植物—叶片系统水势梯度是决定SPAC水流运移方向和速率的动力。水分由根系至茎、叶的运输过程中存在明显水势梯度(见表 6-18)。从图 6-35 中可定性的说明:土壤—植物(叶片)和大气的水势间存在着密切的联系。经相关分析可以看出:土壤(表层)水势与叶片水势的相关系数为 0.845,根水势与叶片水势的相关系数为 0.804;(表层)土壤水势与根水势的相关系数为 0.921,根水势与茎水势的相关系数为 0.954,茎水势与叶片水势的相关系数为 0.847。结果表明,在 SPAC 中土壤—叶片和大气三要素水势之间存在密切的相关性。叶片水势主要受土壤水分状况的控制和支配,灌水处理后叶片水势与土壤水势之间相关性提高。土壤水分状况由于受蒸腾和蒸散两大作用的支配,所以土壤水势与叶片水势和大气水势之间相关性都较显著,灌水后水分的蒸腾利用比例增大,土水势与叶片水势的相关性显著,受环境因子的影响较大。

表 6-18 苜蓿不同部位水势梯度比较(2004-08-16)

部位	水势	相邻部位水势差	叶—茎—根水势差
上部叶	-4.80		
中部叶	-4.00	0.80	叶—茎
茎	-3.73	0.27	0.106
下部叶	-3.47	0.27	
上部根	-2.13	1.33	茎—根
中部根	-2.27	-0.13	0.16
下部根	-2.40	-0.13	

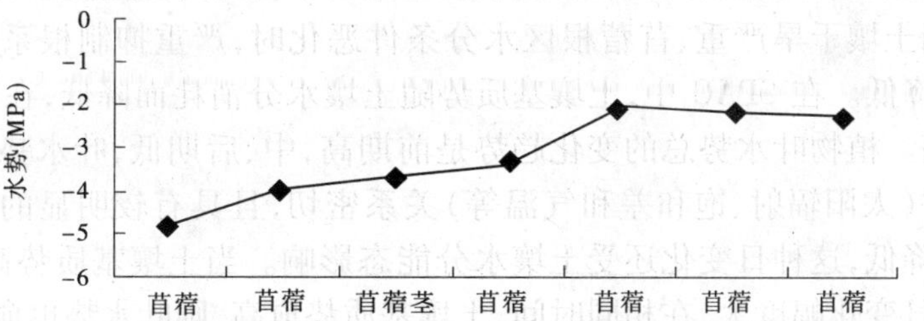

图 6-35 苜蓿不同植株部位水势比较

6.5.6 SPAC 中水势分布规律

由表 6-17 可见,SPAC 的叶气系统中的根系统梯度是叶水势梯度的 2.25 倍左右,而根系统水势梯度又是茎系统水势梯度的 1.75 倍。不同处理下苜蓿的水势分布略有不同,灌水后引发的 SPAC 水势梯度增大和 SPAC 相临界面水势差的提高,使得 SPAC 水流运移驱动力增大,苜蓿吸水能力增强,水分状况改善,叶片蒸腾耗水量也随之增大。充分处理的叶茎水势和茎根水势差大于轻度处理;而重度处理的叶茎水势和茎根水势差大于中度处理;水势梯度越大,说明根系吸水需要消耗更多的能量,或干旱时所受的胁迫更严重。结果表明,水流在 SPAC 中运移时,其能量主要消耗在叶气界面,这是因为在这一系统中水分发生了相变,这一过程主导着植物的被动吸水过程;其次消耗在土根界面,这一过程主导着植物的主动吸水,反映了植物吸水能力和对干旱的自我调节能力。结果表明,干旱季节由于大气温度升高或空气较为干燥，因而大气水势降低，叶气系统水势梯度增大，导致植物蒸腾加快，进而叶水势降低。

早晚不同叶位的水势梯度变化较小，中午（11:00～15:00）水势梯度变化较大（2.5～3.5 MPa），此时正是作物蒸腾较为旺盛的时刻。植株不同叶位存在明显水势梯度，从图6-35可看出，植株不同部位的水势苜蓿上部叶＜苜蓿中部叶＜苜蓿茎＜苜蓿下部叶＜苜蓿上部根，从下部叶片至中部叶片再至上部叶片叶水势呈逐渐降低，由此证实植株内部水分运输过程上部叶片为主要蒸腾部位。但苜蓿根不同深度处的根水势却表现为上部根＞中部根＞下部根，这主要是由于植物根细胞在土壤中吸取水分，取决于根细胞的水势和土壤溶液的水势高低。只要土壤溶液的水势高于根细胞的水势，根细胞就能从土壤这个复杂溶液中吸取水分；相反，如果土壤中施入过多的盐分，则会使得土壤溶液的水势低于根细胞的水势。这时植物根细胞就不能从土壤中吸取水分，反而会使根细胞的水分向外流出。此外，在水汽散失过程中还要受到系统中各种阻力的影响，根系不同深度的土层质地、盐分和水分等的差异，导致各土层的水势也就必然各不相同，这是不用土壤某些层次的水分或水势评价作物水分胁迫或程度的原因。

6.5.7　苜蓿叶水势和土壤含水率的相关性分析

土壤含水量可以表示土壤水分状况，但不能反映土壤水分状况对苜蓿水分状况的影响情况。有多少土壤水分能被植物吸收利用？土壤和植物之间的能量梯度时空变化规律是怎样的？这些问题的解决就是利用SPAC理论的核心，计算统一的能量指标——水势的梯度来了解运动规律。土壤含水量与水势之间存在函数关系，因此根据所测定的土壤含水量值计算了土壤水势。梁银丽（1996）和李韵珠（2002）的研究结果还表明，土壤相对含水量与根水势之间存在着极显著的正相关关系。这表明土壤含水量的高低直接影响着苜蓿根系内部的水分状况。当土壤干旱严重、苜蓿根区水分条件恶化时，严重抑制根系对土壤水分的吸收，根水势显著降低。在SPAC中，土壤基质势随土壤水分消耗而降低，在灌水（或降水）后土壤基质势升高。植物叶水势总的变化趋势是前期高，中、后期低，叶水势的变化与土壤基质势和环境条件（太阳辐射、饱和差和气温等）关系密切，且具有较明显的日变化，即早、晚叶水势高，中午降低，这种日变化还受土壤水分能态影响。当土壤基质势高时，叶水势的日变幅小，反之其日变化幅度大，在相同时间，土壤基质势愈高，则叶水势也愈高。

6.5.7.1　苜蓿筒栽试验叶水势和土壤含水率的相关性分析

各水分胁迫处理结束前同时测定叶水势和土壤含水率，见表6-19。就各水处理而言，每次给水前水势随土壤含水量而变化，而水势却不完全随之变化，阶段控水期间，水势下降明显多。水势降低与土壤水分下降相一致，反映了土壤水分状况的变化，水势既受土壤水分制约，也受环境影响，反映出作物与土壤和大气的水分动态平衡关系，阶段控水的水势反应与产量并非完全一致。分枝前控水，水势明显降低但对产量没有严重影响，表现出前期植株对干旱的较强耐性；这与田间阶段控水试验结果相吻合。将土壤含水量对水势作图表明，在很大范围内，随土壤含水量的下降，水势降低很少；仅当土壤含水量达某一界限值后，水势才开始急剧降低。这一转折点的水势值即为这一水分梯度下的水分胁迫阈值，与田间取土测定试验结果相吻合。

表 6-19 水利大院筒栽苜蓿全生育期叶水势与土壤含水率相关变化

水分处理	盐分梯度	苗期(5-20)		分枝期(6-13)		开花期(7-16)		结荚期(7-23)		生育末期(8-31)	
		水势(MPa)	相对含水率(%)	水势(MPa)	相对含水率(%)	水势(MPa)	相对含水率(%)	水势(MPa)	相对含水率(%)	水势(MPa)	相对含水率(%)
CF	CF-50	-0.64	0.69	-0.50	0.84	-0.53	0.54	-0.50	0.94	-0.22	0.81
	CF-100	-1.04	0.65	-0.78	0.93	-0.52	0.52	-0.90	0.77	-0.55	0.61
	CF-150	-1.04	0.71	-0.65	0.82	-0.38	0.55	-0.38	0.60	-0.28	0.96
QD	QD-50	-0.91	0.50	-0.40	0.79	-0.32	0.47	-0.42	0.47	-0.37	0.63
	QD-100	-0.81	0.85	-0.45	0.73	-0.85	0.58	-0.58	0.78	-0.33	0.85
	QD-150	-1.07	0.73	-0.63	0.42	-0.53	0.52	-0.53	0.85	-0.50	0.83
ZD	ZD-50	-1.04	0.67	-0.98	0.21	-0.33	0.38	-0.30	0.82	-0.47	0.52
	ZD-100	-1.05	0.59	-0.63	0.37	-0.95	0.49	-1.03	0.45	-0.95	0.86
	ZD-150	-1.03	0.65	-0.70	0.44	-0.32	0.43	-0.13	0.45	-0.52	0.71
HD	HD-50	-1.03	0.65	-0.83	0.35	-0.10	0.41	-0.32	0.96	-0.80	0.53
	HD-100	-1.03	0.70	-0.95	0.37	-0.62	0.43	-0.47	0.67	-0.80	0.43
	HD-150	-0.97	0.74	-0.52	0.38	-0.80	0.37	-0.357	0.96	-0.58	0.35

从不同生育期不同水分处理下叶水势和土壤相对含水率相关性分析(见图 6-36 ~ 图 6-39)可以发现,叶水势呈二次多项式,土壤相对含水率呈对数函数形式。除重度处理下由于受多种因素的影响,叶水势和土壤相对含水率之间的相关系数较低之外,其余处理函数的相关系数都在 0.7 以上,呈现良好的相关性。

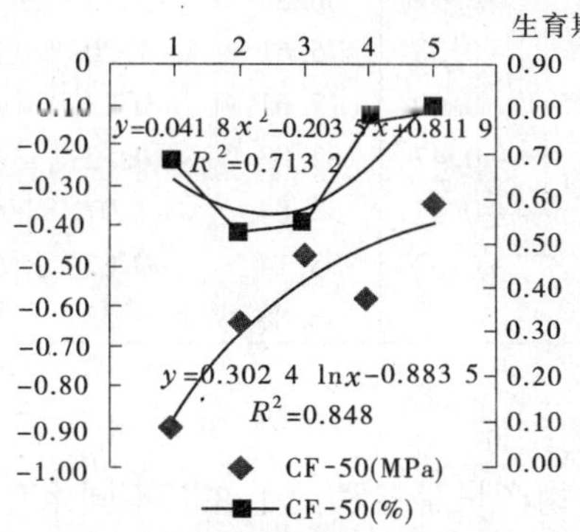

图 6-36 筒栽苜蓿全生育期丰水处理下叶水势和土壤相对含水率相关分析

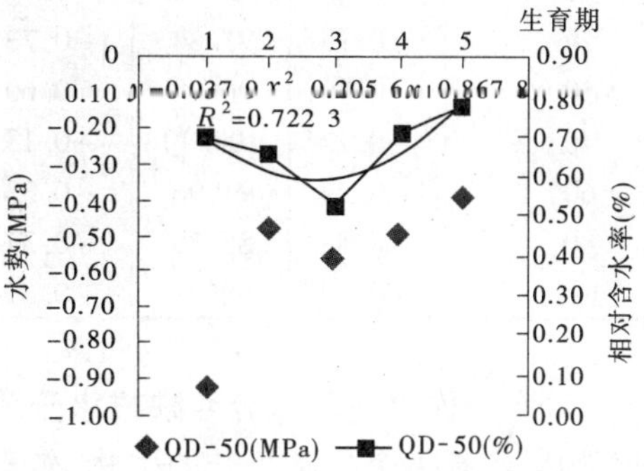

图 6-37 筒栽苜蓿全生育期轻度水分处理下叶水势和土壤相对含水率相关分析

6.5.7.2 苜蓿大田实验叶水势和土壤含水率的相关性分析

叶水势不完全随生育进程与土壤水分同步变化,而同一时期内土壤水分是造成水势差异的主导因素。处理间灌前无差异;返青后丰水处理比阶段受旱处理(未灌水)土壤多蓄水 60 mm,相应水势高 0.37 MPa; 分枝期丰水处理土壤水分比阶段受旱处理多蓄水 60 mm,而水势高 0.47 MPa;现蕾期丰水处理比阶段受旱处理多 60 mm 土壤水,水势高 0.24 MPa。开花期土壤水分和水势相关系数为 0.945 1,水势降低与供水状况相一致;水势低 0.24 MPa,阶段受旱处理灌水后的土壤水分和水势均未恢复到丰水处理水平。

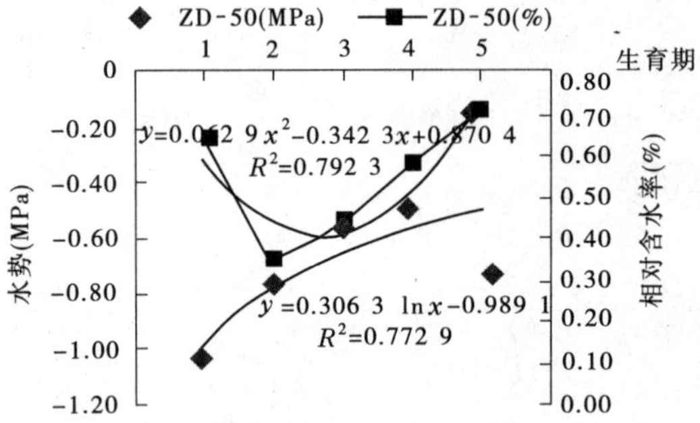

图 6-38　筒栽苜蓿全生育期中度水分处理下叶水势和土壤相对含水率相关分析

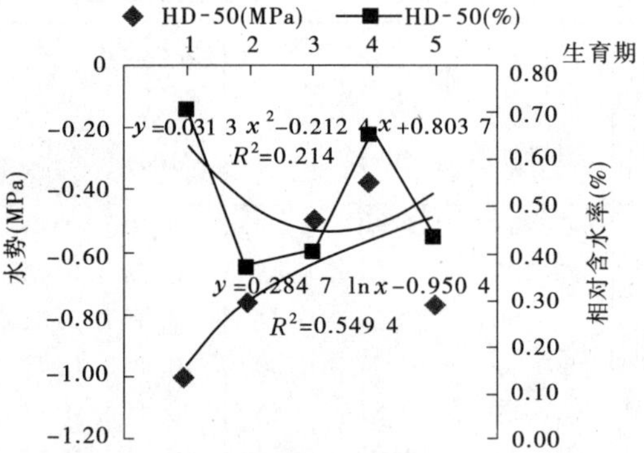

图 6-39　筒栽苜蓿全生育期重度水分处理下叶水势和土壤相对含水率相关分析

对苜蓿土壤水分状况的变化规律(见表 6-20)分析表明,前期水势与浅层土壤水分关系密切。现蕾期后水势的维持则更多地依赖于深层土壤水分状况。各数据结果可以基本确定高产节水栽培的水势低限值。不同阶段处理其阈值亦不同。各生育期不低于一定水势范围,苜蓿即可发育良好,获得高产。

表 6-20　秦王川大田不同深度土水势和土壤相对含水率相关变化

土层深度(cm)	充分处理		轻度处理		中度处理		重度处理	
	水势(MPa)	相对含水率(%)	水势(MPa)	相对含水率(%)	水势(MPa)	相对含水率(%)	水势(MPa)	相对含水率(%)
10	-0.40	100.35	-1.47	54.52	-0.47	66.83	-0.40	26.76
20	-0.13	71.84	-0.73	64.75	-0.33	76.61	-1.20	18.38
30	-0.19	96.08	-0.60	98.52	-0.60	77.61	-0.93	22.03
40	-0.13	104.40	-0.13	76.66	-0.47	83.03	-0.53	46.27
60	-0.27	91.96	-0.33	96.76	-0.57	52.84	-1.07	63.03
80	-0.33	85.38	-0.37	91.71	-0.32	58.14	-0.67	56.19
100	-0.13	58.71	-0.87	67.50		46.88	-0.53	57.75

6.5.8　叶水势作为苜蓿水分亏缺或水分胁迫判别的指标

作物生产是一个非常复杂的生物、生理过程,作物产量是各种因子在其不同生育阶段有机结合、共同作用的结果。不同生育阶段的水分胁迫对产量的影响不是孤立的,具有一定的后效性和补偿性。在此所要研究的问题在于探讨节水、高效的不同生育期水分胁迫指标的阈值,各试验处理叶水势与土壤含水量有着密切联系,可以看出,随作物生长发育,叶水势判别指标值随之变化。这里充分考虑了叶水势随发育期变化的特征,较前人的指标更接近于生产实际。

6.5.8.1　出苗期

根据有关试验结果,苜蓿播种出苗期适宜土壤水分指标为相对含水率 63% ~78%,土水势 -0.41 ~ -0.15 MPa。水分胁迫对苜蓿发芽率的影响有待进一步研究。

6.5.8.2　返青—分枝期

苗期苜蓿根系生长较快,地上部分生长较缓,比较耐旱。这一时期,人为控制土壤水分,进行抗旱锻炼，以控制地上部分生长，对促使根系向深层发展，增加对深层土壤水的利用，促使植株生长健壮，减少叶面蒸腾，增强中、后期抗旱、抗倒伏能力都是有利的，并有利于节水增产。苗期苜蓿植株的组织、器官鲜嫩，叶片形态对水分胁迫反应明显，叶水势早晨 0.93 MPa，中午为 1.46 MPa 时叶片出现卷曲 ，中午达 1.48 MPa 时，叶片出现萎蔫。苜蓿抗旱锻炼的关键是持续时间和水分胁迫强度。试验表明，在出苗（返青）—分枝阶段生育期，土壤水分下限指标为 60%（占田间持水量），土水势为 -0.49 MPa，叶水势为 -0.76 MPa 时开始供水，当土壤达田间持水量时，土水势增到 -0.02 MPa，叶水势恢复至 -0.21 MPa，既起到抗旱的作用，又不影响苜蓿中、后期的生长发育和产量。土壤水分过低，水分胁迫过严，会严重抑制苜蓿的生长发育，形成弱苗，延迟生育期，变成小老苗。当土壤水分下降至 55%，土水势为 -0.66 MPa，早晨叶水势只有 -0.95 MPa，中午叶水势降至 -1.48 MPa，叶片出现萎蔫；当土壤含水量降至 13.3%，土水势降至 -0.68 MPa 时，中午叶水势降至 -1.69 MPa，出现严重萎蔫。由此得知，苗期水分胁迫指标阈值为：叶水势 -0.76 MPa。此时的土水势为 -0.49 MPa，土壤含水率为 14.7%，相对含水率为 60%。

6.5.8.3　分枝—现蕾期

苜蓿分枝—现蕾期植株的新陈代谢活动旺盛，茎秆分枝伸长和植株体积增加都很快，是生长发育最旺盛的时期，对外界生态条件的反应也很敏感，需要大量的水分和养分。如果缺水缺肥，会引起营养体生长不良，植株体形短小，严重影响生长发育。不同强度的水分胁迫对苜蓿分枝抽穗期生长发育的影响不同。苜蓿分枝期水分胁迫阈值为叶水势 -0.75 MPa，土水势 -0.24 MPa，相对含水量下限为 70%。

6.5.8.4　现蕾—开花期

苜蓿现蕾—开花期对土壤水分十分敏感，为需水关键期，新陈代谢最为旺盛，且正值高温季节，日耗水量大，若水分不足，影响开花，造成减产，如水分胁迫严重，严重影响产量。试验表明，该期叶水势下限以 -0.78 ~ -0.65 MPa 为宜，此时土水势为 -0.24 ~0.16 MPa，土壤相对含水量下限 70% ~75%。

6.5.8.5　结荚—生育末期

结荚—生育末期是颗粒形成的重要阶段。结荚期植株蒸腾作用仍较强烈。同化作用旺盛，适宜的水分条件，能延长和增强绿叶的光合作用，促进灌浆饱满。反之，如土壤水分不足，会使叶片过早衰老，最终影响产量和质量。试验表明，此期叶水势下限为 -0.83 MPa，土水势和土壤含水量分别为 -0.24 MPa 和 70%。苜蓿进入生育末期后，对水分的要求显著减少，但土壤水分不宜过低。此期叶水势下限为 -0.92 MPa，土水势和土壤含水率下限分别为 -0.35 MPa 和 65%。

第七章　苜蓿需水规律

7.1　苜蓿的生理生态需水规律

苜蓿耗水包括生理耗水和生态耗水两个方面。生理耗水是指苜蓿生长过程中必须消耗的水分,即合成用水、组织含水和叶面蒸腾水分,这部分水分直接影响到苜蓿的生长发育,在给苜蓿供水过程中首先应满足苜蓿的生理需水。生态耗水指借助水的作用为调节苜蓿的生长环境所消耗的水分,包括土壤蒸发和苜蓿表面的蒸发,它虽不直接影响苜蓿生长,但对改善田间小气候和土壤状况、控制病虫害、促进营养生长发育、保证苜蓿获得优质高效的光合生物产量有重要意义。在整个生育过程中,苜蓿叶面蒸腾和株间蒸发互为消长,据测定全生育期叶面蒸腾和株间蒸发分别占总需水量的58%和42%(杨晓东,2000)。

苜蓿的需水量受许多因素的影响,气候、土壤、年龄茬次、灌溉方式以及水文地质条件的差异,使需水量在不同年份有所变化,同时表现在各生育期需水量、土壤蒸发和叶面蒸腾的阶段规律性,反映了苜蓿生长发育过程中生理需水和生态需水的特性。

在苗期(返青期)—分枝前期,需水量较小并以株间蒸发为主。进入分枝期后随气温的不断升高,苜蓿生长速度加快,叶面积增加,新陈代谢作用加强,以蒸发为主的需水量相应增大。

7.2　苜蓿需水量的计算

需水量的影响因素是互相联系的、错综复杂的,目前尚难从理论进行精确计算,在生产实践中采用田间试验直接测定法和通过气象资料计算的参照值计算实际作物的需水量。本试验结合以上两种方法来比较对照确定苜蓿的需水量。

以营养生长收获的苜蓿在向生殖生长转化的突变期(初花期)刈割,应用FAO Penman - Monteith 计算公式计算 ET_0(潜在腾发量)较籽实产品作物更接近实际,这种潜在腾发量联合国粮农组织称为参考作物腾发量,定义为:"一种开阔草地上的腾发速度,此草地系由高度8～15 cm、高矮均匀、生长正常的青草覆盖着,而且不缺水分。"利用彭曼法计算牧草潜在腾发量的基本思路是将牧草腾发量看成是能量消耗的过程,通过平衡计算,求出腾发所消耗的能量,然后再折算为水量。

$$ET_0 = \frac{0.408\Delta(R_n - G) + \gamma \frac{900}{T + 273}\mu_2(e_s - e_a)}{\Delta + \gamma(1 + 0.34\mu_2)} \tag{7-1}$$

将试验气象资料代入公式(7-1),可分别计算得到每一月逐旬的参照作物腾发量 ET_0,然后求每一月的平均值即得到表7-1中的值。

7.2.1　作物系数 K_C 的确定

充分灌溉条件下苜蓿的实际腾发量 ET_m 可根据试验资料利用水量平衡方程求得,在参照作物的腾发量 ET_0 和苜蓿的实际腾发量 ET_m 为已知的情况下,可利用式(7-2)求得苜蓿

作物系数 K_C，具体结果如表 7-1 所示。

$$ET_m = K_C ET_0 \tag{7-2}$$

本试验需要反映水分不充足时对作物需水的影响，同样根据不同的水分胁迫处理试验资料求得苜蓿实际腾发量。根据实际腾发量和参照作物的腾发量，以式(7-3)求得苜蓿在水分胁迫条件下的作物系数 K_{C0}，表 7-1 为土壤含水量占田间持水量 55% 的情况。

$$ET_d = K_{C0} ET_0 \tag{7-3}$$

表 7-1　参照作物腾发量和苜蓿在充分和缺水条件下实际腾发量及对应的作物系数

月份	1 月	2 月	3 月	4 月	5 月	6 月	7 月	8 月	9 月
ET_0	1.01	1.05	2.63	4.06	4.92	6.12	7.17	7.05	6.8
充分 ET_m			2.66	4.18	5.82	6.92	7.8		
胁迫 ET_m			1.38	2.14	2.88	3.66	5.25		
K_C			1.01	1.03	1.18	1.13	1.09		
K_{C0}			0.53	0.53	0.59	0.6	0.73		

7.2.2　以土壤水分、水面蒸发为参数的经验公式计算苜蓿需水量

在一定蒸发潜力的作用下，草地水分消耗决定于土壤水分可否充分满足草地蒸腾、蒸发所需，故在计算中同时考虑土壤水分与气象条件，其精度必优于单一因素。若以水面蒸发量作为综合反映气象因素的指标时，得出以下的经验公式：

$$E = b_0 + b_1 W + b_2 E_0 \tag{7-4}$$

式中：b_0、b_1、b_2 为经验系数；E 为某一时段内苜蓿的需水量，mm/d；E_0 为与 E 同时段的水面蒸发量，mm/d；W 为对应时段土壤的质量含水量(%)；根据秦王川气象资料及实测数据计算得 4 ~ 8 月 b_0、b_1、b_2 和相应的 R^2 值如表 7-2 所示。

表 7-2　苜蓿需水量的经验系数和相应的 R^2 值

土壤含水量	常数	月份				
		4 月	5 月	6 月	7 月	8 月
70% ≤ W < 100%	b_0		-10.334	-97.902	-13.19	-4.942
	b_1		0.532 5	0.690 3	1.146	0.817
	b_2		0.895 8	10.993	-0.358	-0.231 4
	R^2		0.868 4	0.823	0.836	0.912
W < 70%	b_0					-12.915
	b_1					0.322 5
	b_2					0.359 2
	R_2					0.917

7.3　苜蓿各生育期内耗水量变化规律

7.3.1　筒栽试验苜蓿不同水分处理下苜蓿土壤含水率变化特点

全生育期水分出现三次较大的波动。第一个波动在结荚期，且波动最大，各处理间的土

壤含水率相差较大,充分水分处理比轻度、中度、重度水分处理分别大5%、11%、12.5%;第二个波动在苗期,轻度水分处理分别比充分、中度、重度大9.5%、44%、62%;第三个波动在现蕾期,因为灌水使得轻度水分处理的含水率最高,中度水分处理和重度水分处理次之,充分水分处理反而最小。在其他时段,土壤含水率都随水分处理的梯度不同依次相应变化,重度水分处理的全生育期含水量变异最小,水分各处理间变化不明显,土壤含水率波峰是灌水后形成的,且整体含水率较低,全生育期含水量平均值约为8%;其次为中度水分处理,全生育期土壤含水量平均约为10%;变异最大的是充分处理,全生育期含水量平均值约为12%。

从不同水分胁迫梯度处理下的苜蓿土壤含水率的变化(见图7-1)可看出,各水分处理从苗期至生育期末,含水率逐渐降低,中间出现几次较大的峰值也是由灌水引起的;轻度和充分水分处理的土壤含水率在不同的生育期总比中度和重度的要大。但个别时期,如6月29日,QM-HD-100水分处理是该时期土壤含水率最高的,原因是该处理在测定前两天刚实施了灌水,使得测定值明显偏高,但全生育期平均含水率就能说明问题,基本将各个水分处理控制在一定的水分范围内,从而保证了试验的可靠性和可信度。

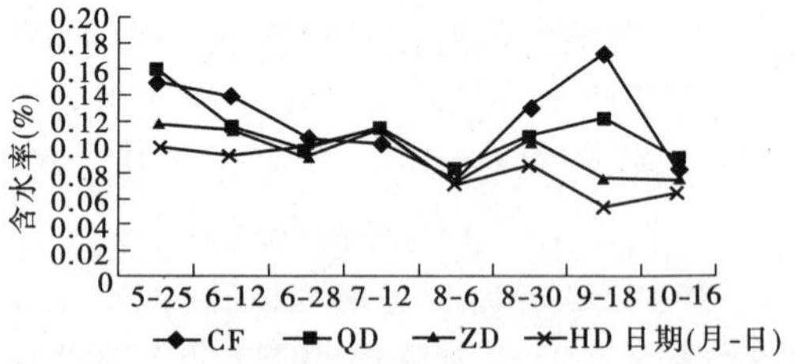

图7-1 全生育期苜蓿不同水分处理含水率变化曲线

7.3.1.1 筒栽苜蓿不同水分处理土壤储水量变化特点

从筒栽苜蓿(QM)各生育期土壤含水率变化曲线可以看出,水分变化规律随每次灌水有一个含水率高峰,随后急骤下降,开花期明显高于其他,这是因为此次灌水经历了前期的较长时期水分亏缺,土壤含水率降到重度水分处理45%~50%时的程度后大量补水而出现的。整体上表现了各水分处理的变化情况,丰水处理最高达到17%,重度水分处理低到4%,接近凋萎湿度。

从图7-2看出开花期土壤储水量最高,因为开花期是整个生育期中耗水量和耗水模数最大的一个阶段,其耗水模数可达全生育期耗水的60%,是营养生长和干物质积累最快的一个阶段;与图7-3各生育期耗水强度比较可以看出,另一个储水量高峰是苗期,保持了一定的土壤湿度以利于发芽出苗,在种前灌了一定量的水,此时气温低,植株个体和叶面积都小,日蒸腾强度小;从种植到分枝期,土壤储水量一直在下降,灌水使储水量突然增大;在开花期后,结荚期和生育末期,由于苜蓿由营养生长转为生殖生长,植株叶片开始变黄脱落,叶面积指数开始下降,腾发量明显减小,土壤储水量呈下降趋势,土壤储水量和各个生育期的耗水强度呈一致性相关。

7.3.1.2 筒栽试验苜蓿不同水分处理各生育期耗水强度变化特点

筒栽试验苜蓿不同水分处理各生育期耗水特性比较见表7-3。

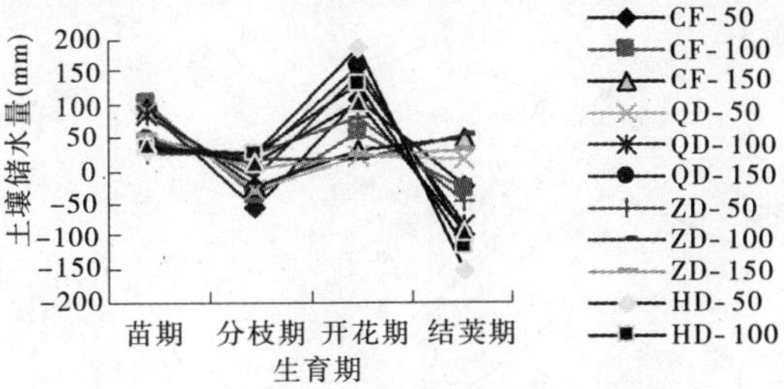

图 7-2　全生育期土壤储水量变化曲线

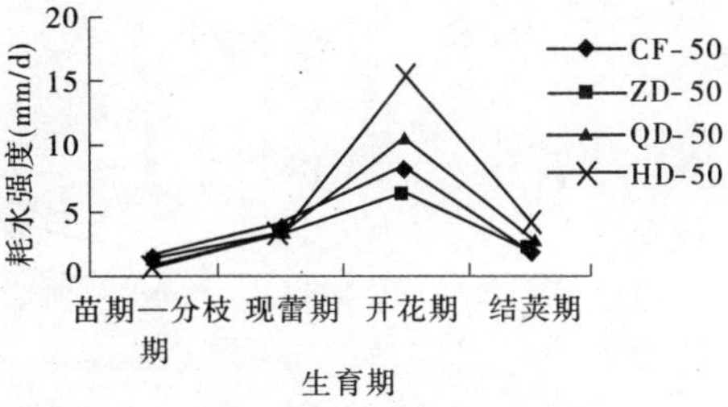

图 7-3　水利大院筒栽苜蓿各生育期耗水强度变化曲线

表 7-3　筒栽试验苜蓿不同水分处理各生育期耗水特性比较

处理	苗期—分枝期			现蕾期			开花期			结荚期		
	耗水量(mm)	耗水强度(mm/d)	耗水模数(%)	耗水量(mm)	耗水强度(mm/d)	耗水模数(%)	耗水量(mm)	耗水强度(mm/d)	耗水模数(%)	耗水量(mm)	耗水强度(mm/d)	耗水模数(%)
CF	85.743	1.617	23.309	132.236	4.007	35.948	85.305	8.530	23.190	64.565	1.745	17.552
ZD	35.112	0.662	12.989	100.323	3.040	37.114	64.840	6.484	23.987	70.030	1.892	25.907
QD	67.074	1.265	17.576	110.157	3.338	28.865	108.179	10.817	28.347	96.212	2.600	25.211
HD	27.09	0.511	6.221	104.862	3.177	24.083	152.738	15.273	35.078	150.724	4.073	34.616

全生育期内不同生育阶段，开花期是一年生苜蓿群体结构最大、植株生长最旺盛、叶面指数最大、蒸发和蒸腾都最大的时期，因而决定了该时期的耗水强度最大。重度水分处理耗水强度最高 15.27 mm/d，比中度水分胁迫、丰水处理、轻度水分胁迫分别大 4.45 mm/d、6.74 mm/d、8.79 mm/d；最小的是苗期—分枝期，因为这一时期温度较低，蒸发很小，植株叶面积小，蒸腾速率小，对水分的利用消耗很小，各水分处理间差异不明显，丰水处理仅比重度水分胁迫大 1.1 mm/d；对不同生育阶段水分处理下苜蓿的耗水模数比较，现蕾期的耗水强度不是最大，但是该生育期较长，平均耗水量大，平均耗水模数达到 31.5%，各水分处理间最大的中度水分胁迫(37.11 mm/d)比最小的重度水分胁迫(24.08 mm/d)高 13.03 mm/d；其次为开花期，该生育期时间不是很长，但耗水强度大，平均耗水模数达到 27.65%，重度水分胁迫比丰水处理耗水强度高 11.88 mm/d；再次为结荚期，平均耗水模数达到 25.82%，各处理间耗水强度最大值比最小值高 17.07 mm/d；耗水最小的时期为苗期—分枝期，平均耗水模数 15.01%，各处理间耗水强度最大值比最小值高 17.08 mm/d；可以看出，不同时期各水分处理间耗水强度相差最大的是苗期和结荚期 17.07 mm/d 左右，相差最小的为开花期 11.88 mm/d，在耗水强度最大的时期其水分处理间的差距最小。

7.3.2　筒栽试验苜蓿不同水分处理苜蓿各生育期生长强度变化特点

筒栽试验苜蓿不同水分处理苜蓿各生育期生长速率曲线见图 7-4。

各水分处理分枝—开花期轻度水分处理下生长速度最大，中度水分胁迫次之，丰水最低，分别为 1.2 cm/d、0.9 cm/d、0.6 cm/d。在生殖生长的开花—结荚期间，株高生长与水分的多少不相关，丰水最高，为 0.35 cm/d，中度水分胁迫 0.2 cm/d，总体生长速度较营养生

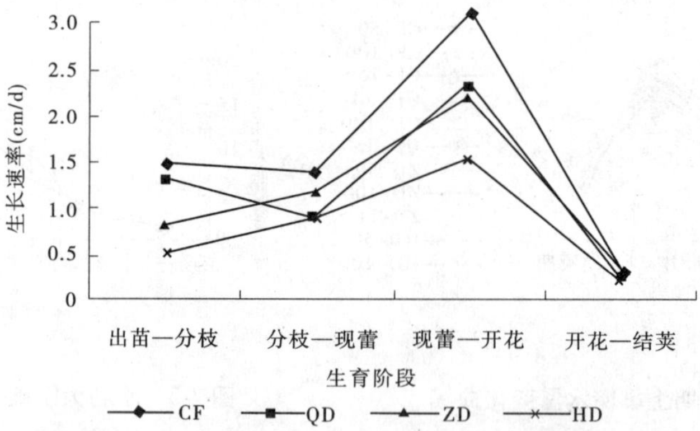

图 7-4　水利大院筒栽苜蓿全生育期生长速率曲线

长期缓慢。

根的生长速度与株高表现为相同的规律,营养生长期根的生长速度明显高于生殖生长期,且随水分胁迫的加剧生长速度加大,根重也相应加大,这也是苜蓿抵抗干旱胁迫的一种生理反应(见表 7-4)。生殖生长期各处理差异不显著,因为在此期间干物质器官间转运规律以子粒为主。

表 7-4　筒栽苜蓿不同水分处理各生育期地上地下生长强度（单位:g/(d · m²))

水分处理	苗期—分枝期		分枝—开花期		开花—结荚期	
	茎叶生长强度	根生长强度	茎叶生长强度	根生长强度	茎叶生长强度	根生长强度
CF	5. 70	4. 94	16. 12	3. 23	3. 90	3. 99
QD	3. 55	7. 06	14. 16	8. 65	2. 66	2. 80
ZD	2. 01	4. 97	13. 24	7. 61	2. 93	5. 49
HD	4. 10	6. 84	8. 57	7. 37	1. 83	3. 28

茎叶在不同生育期,表现为随着水分处理的梯度下降,相应生长强度也呈递减趋势(见图 7-5)。分枝—开花期平均各水分处理都是全生育期最高的,充分处理最大为 16. 5 g/(d · m²),重度水分胁迫也为 8. 2 g/(d · m²);其次为苗期—分枝期,充分水分处理为 6. 1 g/(d · m²),到中度水分胁迫最低为 4 g/(d · m²);开花—结荚期充分水分处理生长强度为 4. 8 g/(d · m²),重度水分胁迫为 2. 8 g/(d · m²);在同一生育期,各水分处理表现为随水分胁迫加剧生长强度减弱。

不同水分处理下根的生长在整个生育期表现为一致的变化趋势(见图 7-6)。生长最快的分枝—开花期轻度水分胁迫达到 8. 5 g/(d · m²),重度水分胁迫也达到 7. 5 g/(d · m²);其次为苗期—分枝期,轻度水分胁迫 7. 1 g/(d · m²),中度水分胁迫最低为 4. 8 g/(d · m²);开花—结荚期最低,轻度水分胁迫也仅 5. 2 g/(d · m²),最低的重度水分胁迫在 3 g/(d · m²),在同一生育期,各水分处理将表现为随水分胁迫加剧,生长强度减弱。

可以看出,根干物质积累最快的时期是在开花期,这一阶段地上和地下干物质相比其他各生育期都是最大的,这也和耗水规律相吻合;另一个干物质积累高峰是在苗期—分枝期,这一时期是苜蓿发芽、生根、生长较快的时期,这一时期根的生长强度要远大于茎叶的生长

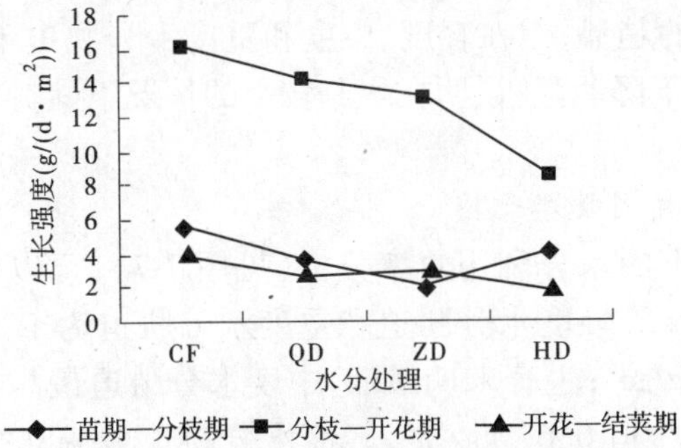

图 7-5　水利大院筒栽苜蓿不同水分胁迫下各生育期茎叶生长强度

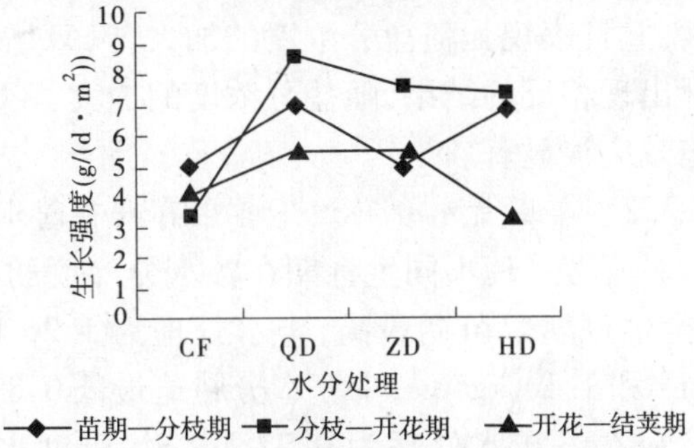

图 7-6　水利大院筒栽苜蓿不同水分胁迫下各生育期根生长强度

强度,说明苜蓿在这一时期是优先长根。分枝—开花是苜蓿营养生长的主要时期,茎叶的生长强度要远大于根的生长,并且水分处理越充分,其冠根比的比值越大,从丰水处理的5倍到轻度水分胁迫的1.63倍,中度水分胁迫的1.73倍,重度水分胁迫的1.16倍。开花期以后,苜蓿由营养生长转为生殖生长,其地上和地下干物质出现同时增长的现象,其冠根比的比值相差不大,基本是1∶1。

7.3.3　筒栽试验苜蓿不同水分处理水分效率变化特点

2004年水利大院筒栽试验苜蓿全生育期水分利用效率见表7-5。

表 7-5　2004 年水利大院筒栽苜蓿全生育期水分利用效率

水分梯度	处理	苗期			分枝期			开花期			结荚期			生育末期		
		灌水量(mm)	干物质(g/m^2)	WUE(kg/m^3)	灌水量(mm)	干物质(g/m^2)	WUE(kg/m^3)	灌水量(mm)	干物质(g/m^2)	WUE(kg/m^3)	灌水量(mm)	干物质(g/m^2)	WUE(kg/m^3)	灌水量(mm)	干物质(g/m^2)	WUE(kg/m^3)
CF	CF-50	150	212.13	1.36	330	182.23	0.56	315	274.29	0.88	270	318.46	1.18	330	195.59	0.59
	CF-100	120	152.72	1.27	330	207.19	0.69	413	238.93	0.58	408	237.12	0.58	465	334.27	0.72
	CF-150	150	187.66	1.16	330	225.79	0.70	360	325.05	0.97	420	319.95	0.76	480	404.33	0.84
QD	QD-50	120	150.87	1.26	188	256.88	1.43	345	325.10	0.96	390	356.45	0.91	510	218.20	0.43
	QD-100	90	114.38	1.23	315	197.87	0.69	345	263.66	0.76	390			390	150.18	0.39
	QD-150	120	109.55	0.91	240	82.43	0.34	315	239.20	0.77	330	297.53	0.90	390	357.63	0.92
ZD	ZD-50	120	117.21	0.98	279	158.46	0.54	435	238.88	0.56	330	228.73	0.69	390	380.15	0.98
	ZD-100	120	97.04	0.81	255	185.62	0.75	345	159.78	0.46	330	235.00	0.71	330	235.83	0.72
	ZD-150	90	82.68	0.90	225	156.78	0.77	315	164.24	0.53	450	353.49	0.79	330	159.15	0.48
HD	HD-50	90	94.19	1.19	218	116.23	0.53	240	274.25	1.22	420	198.09	0.47	300	293.74	0.98
	HD-100	150	160.86	1.18	255	126.25	0.50	360	220.05	0.62	240			240	116.21	0.48
	HD-150	90	81.83	1.05	270	200.34	0.78	330	202.56	0.62	240	121.44	0.51	300	163.82	0.55

7.3.3.1　各生育期苜蓿水盐联合影响下的水分利用效率比较

从表7-5可以看出,全年不同生育期的灌水量、干物质和水分利用效率差异较大,但全生育期总体规律为轻度和重度水分胁迫较高,轻度水分胁迫最高(0.85 kg/m^3),中度水分胁迫最低(0.71 kg/m^3)。在苗期,三者之间的协同变化表现出惊人的一致,在分枝期和开花期,干物质和WUE之间呈现很高的一致性;但与灌水量的相关性不是很大;在开花期与灌水量还成很强的负相关,这主要是受外界气象因子协同影响的结果;在生育后期的结荚期,三者又表现出一致的变化趋势,说明苜蓿的生长规律是水、热、光等多种因素共同影响的结果。在相同的水分梯度下，三个不同的盐分梯度在各生育期丰水处理下，越界盐分的影响不显著，并且表现为随盐分浓度的加大 WUE 增大的趋势，但在轻度、中度和重度水分胁迫下，情况出现相反的结果，随盐分浓度的加大，WUE 下降明显，说明在水分较小的情况下盐分的胁迫效应很显著。

7.3.3.2　单因素水分胁迫下各生育期苜蓿水分利用效率比较

对所有处理不同生育期在各水分梯度胁迫下的水分利用效率分析（见图 7-7），可以看出，全生育期以苗期最高，丰水处理为 1.26 kg/m^3，轻度水分胁迫和重度水分胁迫为 1.13 kg/m^3 和 1.14 kg/m^3，中度水分胁迫最低 0.89 kg/m^3；生育末期最低，中度水分胁迫最高为 0.73 kg/m^3，丰水处理为 0.72 kg/m^3，重度水分胁迫 0.67 kg/m^3，轻度水分胁迫最低 0.58 kg/m^3；对分枝期、开花期和结荚期都以轻度水分胁迫最高，重度水分胁迫或中度水分胁迫最低。同浓度盐分胁迫下不同水分处理的水分利用效率相关曲线，如图 7-8 所示，为一条二次抛物线 $Y_{WUE} = -4.2316x^2 + 28.083x + 234.4(R^2 = 0.9904)$。全生育期水分效率最大的轻度水分胁迫相应耗水量为 365 m^3。

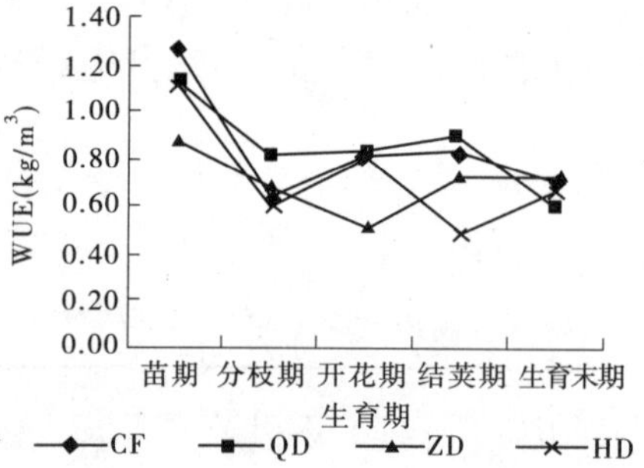

图 7-7　2004 年水利大院筒栽苜蓿不同水分梯度胁迫处理下全生育期水分利用效率

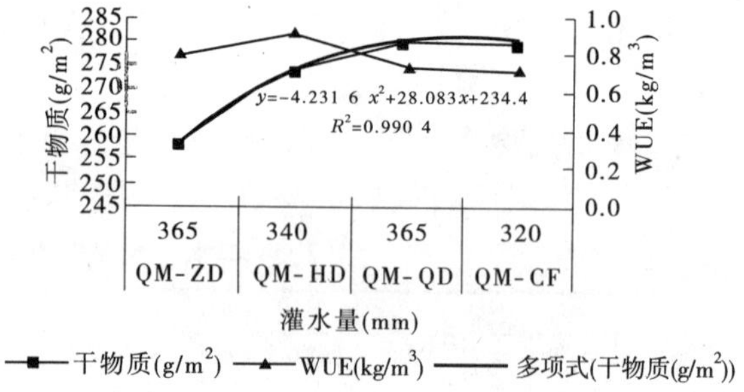

图 7-8　全生育期同浓度盐分胁迫下不同水分处理的水分利用效率相关曲线

7.3.3.3　单因素盐分胁迫下各生育期苜蓿水分利用效率比较

对处理不同生育期在三种盐分梯度胁迫下的水分利用效率分析可以看出（见图 7-9），全生育期仍以苗期最高，150 mmol/L 时为 1.15 kg/m^3，50 mmol/L 和 100 mmol/L 时为 1.05 kg/m^3 和 1.02 kg/m^3；和水分胁迫不同的是盐分胁迫下以结荚期最低，50 mmol/L 时为 0.71 kg/m^3，100 mmol/L 时为 0.65 kg/m^3，150 mmol/L 时最低 0.62 kg/m^3；对分枝期、开花期和结荚期水分利用效率变化不大，都以 50 mmol/L 最高，150 mmol/L 最低（开花期 150 mmol/L 例外，为同期三种梯度下最大 0.86 kg/m^3）。对同浓度盐分梯度胁迫下不同水分处理的水分利用效率相关曲线如图 7-10 所示，为一线性曲线，$Y_{WUE} = 0.0299x + 0.6321(R^2 = 0.9674)$，全生育期水分利用效率最大时（即 150 mmol/L 时）相应耗水量为 325 m^3。

7.4　多年生苜蓿各茬耗水量变化规律

7.4.1　秦王川试验站全年降雨量

2004 年秦王川试验站全年降雨量见图 7-11。

7.4.2　秦王川大田苜蓿水分胁迫处理各茬灌水量、产量和水分利用效率

从表 7-6 和图 7-12 可以看出，秦王川大田全年三茬不同水分处理下水分利用效率以第

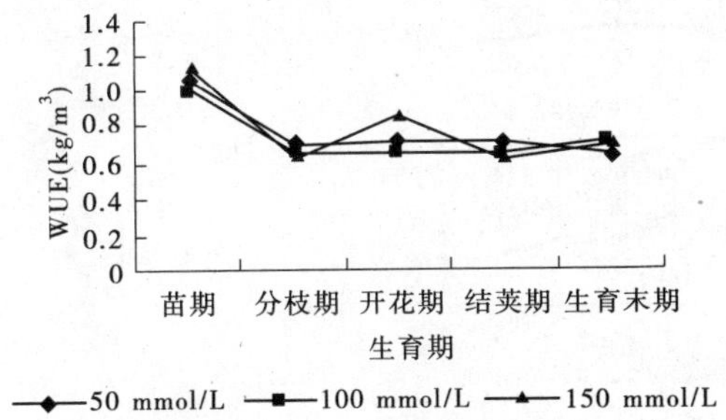

图 7-9　2004 年水利大院简栽苜蓿不同盐分梯度胁迫下全生育期水分利用效率变化曲线

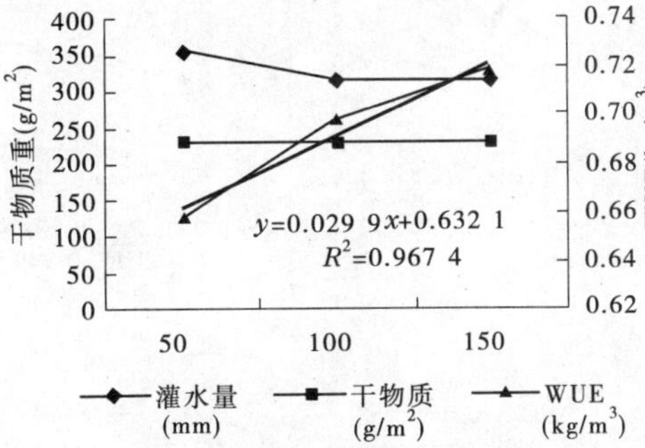

图 7-10　全生育期同浓度盐分胁迫下不同水分处理的水分利用效率相关曲线

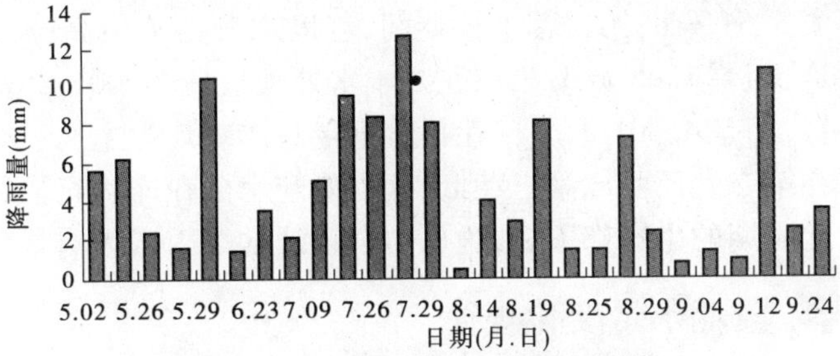

图 7-11　2004 年秦王川全年降雨量

一茬最高，其次为第二茬，最低的是第三茬。各茬不同水分处理下的 WUE 差异，第一茬中度水分胁迫最高为 3.43 kg/m³，重度其次为 3.10 kg/m³，丰水处理最小为 2.72 kg/m³。其原因是从返青—开花，降雨量很小，蒸腾强度也不大，气温成了影响这茬苜蓿生长的最主要因子；在第二茬是丰水处理最高，轻度水分胁迫其次，重度水分胁迫最低，和灌水量的多少成正相关，这可能是由于第二茬生长期间正值气温和蒸腾强度最大，由于每次灌水量相对小，水分因素成了影响这茬苜蓿生长的最主要因子；第三茬是轻度水分胁迫最高为 2.2 kg/m³，重度次之为 1.8 kg/m³，丰水最低为 1.6 kg/m³，这一茬苜蓿由于气温转低，灌水和降水较多，是众多气象因子协同影响的结果。纵观全年三茬各水分处理，以轻度水分胁迫水分利用效率最高。

表 7-6　秦王川大田不同水分胁迫处理全年各茬苜蓿水分利用效率

处理	第一茬				第二茬				第三茬				水分利用效率年平均值(WUE)(kg/m³)
	灌溉水量(mm)	降雨量(mm)	产量(kg/hm²)	水分利用效率(WUE)(kg/m³)	灌溉水量(mm)	降雨量(mm)	产量(kg/hm²)	水分利用效率(WUE)(kg/m³)	灌溉水量(mm)	降雨量(mm)	产量(kg/hm²)	水分利用效率(WUE)(kg/m³)	
充分	260	25.9	7 800	2.73	120	25.9	2 820	1.93	240	69.6	4 600	1.61	2.09
重度	200	25.9	7 000	3.10	120	25.9	1 940	1.64	120	69.6	2 840	1.96	2.23
轻度	260	25.9	7 780	2.72	120	25.9	1 740	1.19	180	69.6	4 480	2.17	2.03
中度	200	25.9	7 740	3.43	120	25.9	1 060	0.73	120	69.6	3 340	1.76	1.97

7.4.3　秦王川大田各茬生长强度变化规律

不同水分处理下全年三茬产量的生长强度比较，第一茬明显高于第二、三茬，随水分胁

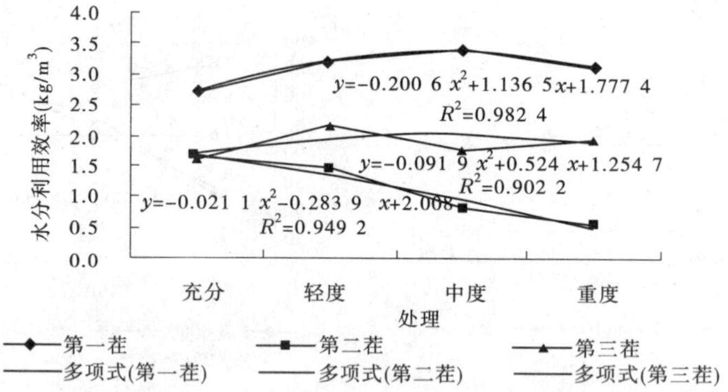

图 7-12　秦王川大田全年三茬苜蓿水分利用效率比较曲线

迫的加大,生长强度依次降低,且降低幅度很大,最高丰水胁迫(10.71 g/d)比最低的重度水分胁迫(7.20 g/d)大3.51 g/d;第二茬生长期间,轻度水分胁迫最高(8.73 g/d),重度水分胁迫最低(6.80 g/d),相差1.93 g/d;第三茬是丰水处理最高(9.001 g/d),同样是重度水分胁迫最低(5.00 g/d),相差4.001 g/d;三茬苜蓿全年总体表现为生长强度依次降低,充分处理和重度水分胁迫在第二茬反而比第三茬低,这可能与水分在光热充足的条件下有关,过多或过少的水对苜蓿此时期的生育都不利,这也与全年的水热因素影响有关。

7.5　多年生苜蓿阶段耗水量变化规律

不同水分处理下,苜蓿生物量累积如表7-7所示,丰水处理从分枝期开始,干物质量随耗水量的增加增长十分缓慢,而过量(接近田间持水量)灌水处理首先表现在第一生育阶段的显著特点就是,植株生长迅速,干物质累积量剧增。同时,在此阶段如果进行受旱处理,由于土壤含水量不能满足苜蓿腾发需要,日耗水量仅为19.8 m^3/hm^2,而充分水分处理达到了40.35 m^3/hm^2。相应地,在本阶段末,干物质产量已经表现出较明显的不足,为2 281.5 kg/hm^2,充分达到3 420 kg/hm^2。由于在初始阶段受旱,根系下扎,在一定程度上起到了"蹲苗"的作用,复水后,地上部分生长迅速,累计干物质明显增加(见图7-13)。至于第二、三和四阶段水分胁迫处理,其干物质积累过程非常相似,都呈现稳定的逐渐增加变化。类似于第一阶段水分胁迫处理,在每个受旱阶段,其阶段内耗水量和干物质积累量都与同期其余处理相比处于较低的水平。

表 7-7　苜蓿阶段耗水量和阶段干物质累积结果

处理	苗期—分枝期		分枝—现蕾期		现蕾—初花期		初花—成熟期	
	耗水量 (m^3/hm^2)	干物质重 (kg/hm^2)	耗水量 (m^3/hm^2)	干物质重 (kg/hm^2)	耗水量 (m^3/hm^2)	干物质重 (kg/hm^2)	耗水量 (m^3/hm^2)	干物质重 (kg/hm^2)
充分	1 411.5	3 420	898.5	3 063	2 310	474	912	1 044
第一阶段受旱	691.5	2 281.5	1 101	2 301	759	2 497.5	1 177.5	1 513.5
第二阶段受旱	1 329	3 532.5	777	2 946	789	999	1 189.5	355.5
第三阶段受旱	1 290	3 183	1 072.5	3 510	406.5	909	850.5	541.5
第四阶段受旱	1 296	2 401.5	1 219.5	4 792.5	730.5	598.5	954	804
过度灌水	1 324.5	3 454.5	480	3 844.5	1 032	631.5	1 600.5	784.5

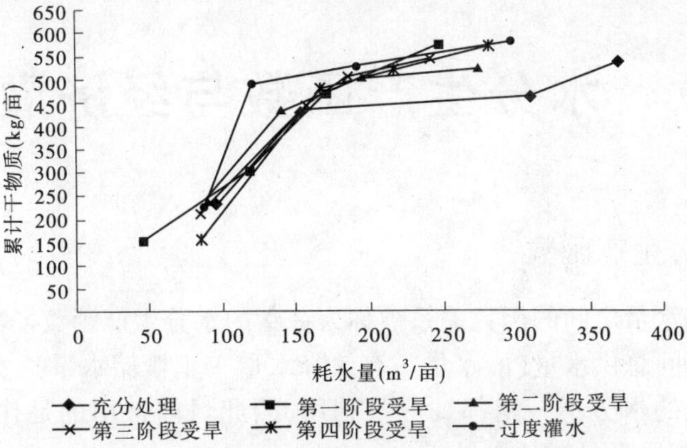

图 7-13　各处理耗水量与累积干物质重的关系

通过图 7-13,模拟各处理耗水量与干物质重的回归方程,如下。

充分处理下耗水量(x)与累积干物质重(y)的关系 $y = 0.8944x + 207.55$,$R^2 = 0.768$。

第一阶段受旱处理下耗水量(x)与累积干物质重(y)的关系 $y = 2.1457x + 62.189$,$R^2 = 0.973$。

第二阶段受旱处理下耗水量(x)与累积干物质重(y)的关系 $y = 1.4583x + 168.9$,$R^2 = 0.773$。

第三阶段受旱处理下耗水量(x)与累积干物质重(y)的关系 $y = 2.1821x + 61.846$,$R^2 = 0.896$。

第四阶段受旱处理下耗水量(x)与累积干物质重(y)的关系 $y = 2.1059x + 37.943$,$R^2 = 0.855$。

全生育期过度灌溉处理下耗水量(x)与累积干物质重(y)的关系 $y = 1.3454x + 223.38$,$R^2 = 0.629$。

第八章　水分生产函数与经济灌溉模式

8.1　苜蓿的水分生产函数

苜蓿产量与需水量之间的函数关系被称为苜蓿的水分生产函数。需水量一般由三种指标代表：灌水量、田间总供水量（灌水量＋有效降水量＋土壤储水量）、实际蒸发蒸腾量。由于前两种指标代表的水分不一定都被苜蓿利用，因此目前常用的是作物实际蒸发蒸腾量（对于旱作物来说指腾发量或耗水量）。

苜蓿水分生产函数的模式有很多，但归纳起来主要有两大类：一是苜蓿产量与全生育期总蒸发蒸腾量的关系；二是苜蓿产量与各生育阶段蒸发蒸腾量之间的关系。

8.1.1　作物水分生产函数的测定试验

测定作物水分生产函数的灌溉试验是在人为形成某种缺水状况下进行的，由于这种试验必定与作物生长过程中一定的水分亏缺相联系，因而常称之为亏缺灌溉试验或非充分灌溉试验和有限灌溉试验。非充分灌溉试验的设计取决于灌溉控制指标的选定，目前国内外开展此项试验所采用的控制指标可归纳为：①以灌溉水量为控制指标；②以土壤含水率下限值为灌溉控制指标；③以作物生理特征值为控制指标；④以灌水次数作为控制指标；⑤以灌溉保证率作为控制指标。

8.1.2　苜蓿产量与全生育期耗水量之间的关系

根据水利大院大田苜蓿非充分灌溉试验的资料，点绘出了产量与全生育期耗水量的关系图，发现呈现较好的二次抛物线关系，相关程度较高，其回归方程式如下。

初花期草产量与耗水量关系 $y = -0.002\,9x^2 + 17.67x - 18\,745 \quad R^2 = 0.870$

成熟期草产量与耗水量关系 $y = -0.000\,7x^2 + 7.371x - 11\,495 \quad R^2 = 0.810$

子粒产量与耗水量关系 $y = -0.000\,1x^2 + 1.262\,4x - 3\,914.9 \quad R^2 = 0.960$

式中：x 为农田耗水量，m^3/hm^2；y 为苜蓿生物产量或子粒产量，kg/hm^2。

8.1.3　苜蓿产量与阶段耗水量之间的关系

描述作物产量与整个生育期耗水量关系的数学模型，一般可用于研究多种作物间的优化配水，但它只能评价水分投入总量对产量的影响，而不能确定水量在作物生育期内分配对产量的影响。即使对苜蓿的灌水总量相同，如果其在生育期内的分配不同，产量亦会有较大的差异。而且在某些关键阶段，由于灌水时间不同造成的产量损失，很难由后期的水分补偿而得到恢复。在本试验研究中，反映产量与阶段耗水量之间关系的方法有两种：第一种方法是在确保作物其他阶段需水量都能满足的条件下，仅就产量与某一阶段耗水量的关系进行分析；第二种方法是建立作物相对产量与生育期各阶段相对耗水量之间的某种函数关系，在这方面，国内外已有较多的研究，模型的形式也很多，但归结起来大致分为相加模型和相乘模型两类。

8.1.3.1　加法模型

（1）在相加模型中，比较有代表性的典型模型为 Blank 模型：

$$\frac{Y_a}{Y_m} = \sum_{i=1}^{n} K_i\left(\frac{ET_a}{ET_m}\right)_i$$

式中：Y_a、Y_m 分别为非充分供水、充分供水条件下的作物产量，kg/hm^2；ET_a、ET_m 分别为与 Y_a、Y_m 相对应的阶段耗水量，m^3/hm^2；n 为划分的作物生育阶段；K_i 为第 i 阶段的产量敏感系数。

（2）Stewart 模型。

用相对缺水量作自变量，与相应阶段（i）敏感系数 K_i 做乘积表征的由 J. I. Stewart（1976）等提出的加法模型，简称 Stewart 模型：

$$\frac{Y_a}{Y_m} = 1 - \sum_{i=1}^{n} K_i\left(1 - \frac{ET_a}{ET_m}\right)_i$$

（3）Singh 模型。

用相对亏水量作自变量及经验幂指数 b_0 与相应阶段敏感系数 K_i 乘积表征的 P. Singh（1975）模型为：

$$\frac{Y_a}{Y_m} = 1 - \sum_{i=1}^{n} K_i\left[1 - \left(1 - \frac{ET_a}{ET_m}\right)_i^{b_0}\right]$$

（4）D – G 模型。

作物水分生产函数建模的困难之处，在于缺乏专门设计用于非充分灌溉的试验资料，因而不可避免地设法寻求样本代替总体的平均的数学渐近值，第十二届国际灌排大会（ICID，1984）D. DavidovST. 和 Gaydarova 提出用渐近值计算的加法模型，简称 D – G 模型，用于计算相对产量增值和阶段供水关系。

$$\frac{\delta Y_a}{\delta \overline{Y}_{m,N}} = \sum_{i=1}^{n}\left\{K_i^*\left[1 - \left(1 - \frac{M_a}{M_m}\right)_i^{2m_0}\left(\frac{M_m}{\overline{M}_{a,N}}\right)_i\right]\right\}$$

式中：i 为作物生育阶段序号；N 为寻求平均渐近值的样本试验年数；m_0 为作物指数，指全生育期内因作物种类不同对象对缺水量的幂指数，$m_0 = 0.6 \sim 1.0$，如玉米 $m_0 = 1.0$，苜蓿 0.7；K_i^*，D – G 称为某一生育阶段（i）平均灌溉增产的分摊系数（$\sum_{i=1}^{n} K_i^* = 1$），或称灌溉的阶段效益系数（对不同灌溉水而言），其含义即阶段水分敏感系数；$\delta \overline{Y}_{m,N}$ 为每一生育阶段保持充分供水的最佳条件下，N 年最大单位面积增产值（δY_m）的平均值。δY_a 为某一年非充分供水的单位面积作物的增产值；$\overline{M}_{a,N}$ 为某一生育阶段实际供水量（M_a）的多年平均值，即 $M_{a,N} = \sum_{j=1}^{N} \frac{K_{a,N}}{N}$。

8.1.3.2　乘法模型

（1）Jensen 模型。

在相乘模型中最为著名的是 1968 由 M. E. Jensen 提出的乘法模型，以后虽有人对此进行了各种形式的修改，但考虑到它终究是一种统计分析的回归模型，所以在本试验研究中我们依然采用了下述形式的 Jensen 模型进行分析：

$$\frac{Y_a}{Y_m} = \prod_{i=1}^{n} \left(\frac{ET_i}{ET_{mi}}\right)^{\lambda_i}$$

式中：Y_a、Y_m 为非充分供水、充分供水条件下的作物的产量，kg/hm^2；ET_i、ET_{mi}为与 Y_a、Y_m 相对应的阶段耗水量，m^3/hm^2；λ_i 为第 i 阶段缺水对产量影响的敏感指数；n 为某作物全发育期划分的生育阶段数。

λ_i 反映了作物第 i 阶段因缺水而影响产量的敏感程度。由于 $ET_0/ET_m \leqslant 1.0$，一般 $\lambda_i \geqslant 0$，故值 λ_i 愈大，将会使连乘后的 Y_a/Y_m 愈小，表示对产量的影响愈大；反之 λ_i 愈小，即表示对产量的影响愈小。因此，对于 Jensen 模型中的 λ_i 值大者称敏感性大（生育阶段），小者称敏感性小（生育阶段）。λ_i 是 Jensen 模型中的关键性指标。每一阶段的缺水不仅影响本阶段，还对以后的阶段产生影响。

（2）Minhas 模型。

用相对亏水量作自变量与相应阶段敏感指数 λ_i 表征的 B. Minhas，K. Parikhm，Srinva，San（1974）模型（简称 Minhas 模型）为：

$$\frac{Y_a}{Y_m} = a_0 \prod_{i=1}^{n} \left[1 - \left(1 - \frac{ET_a}{ET_m} \right)^{b_0} \right]^{\lambda_i}$$

式中：b_0 为自变量的幂指数，Minhas 等认为 $b_0 = 2.0$；a_0 为实际亏缺水量以外的其他因素对 Y_a/Y_m 的修正系数。

（3）Rao 模型。

用相对腾发量作自变量与相应阶段敏感系数作连乘表征的 N. H. Rao（1988）模型为：

$$\frac{Y_a}{Y_m} = \prod_{i=1}^{n} \left[1 - K_i \left(1 - \frac{ET_a}{ET_m} \right) \right]$$

式中：K_i 为作物不同生育阶段缺水对产量的敏感系数（乘函数）。

（4）Hank 模型。

为了区别 ET 中的叶面蒸腾（T_a）和土壤棵间蒸发（E_s），以便精确估计，R. I. Hanks 和 R. W. Hill（1980）提出了分解型的 Jensen 公式，简称 Hanks 模型，公式如下：

$$\frac{Y_a}{Y_m} = \prod_{i=1}^{n} \left(\frac{E_a + T_a}{E_m + T_m} \right)_i^{\lambda_i}$$

8.1.4　模型的求解

在非充分灌溉试验中共设 N 个处理，其处理号 $j = 1,2,3,\cdots,N$，在 N 组处理中必须包含一组充分灌溉处理，作为水分最佳状态的参照，达到 Y_m 目标，其余处理均为非充分灌溉处理，即包含不同生育阶段缺水的各个处理。作物生育阶段划分为 n 个阶段，阶段序号 $i = 1, 2, \cdots, n$，n 即为所求参数 λ_i 的元数，由此变成 n 维求解问题。为获得唯一可行解，应满足 $N \geqslant n+1$；为获得最优解，应满足 $N \gg n$ 时，可削弱某些个别处理数据对总体分配的影响（施炯林，2004）。

对 Blank 模型和 Jensen 模型经过数学演绎的适当变换，它们可以化为多元线性回归方程，用最小二乘法原理求回归系数得到最优解。

Blank 模型中，令 $Z = Y_a/Y_m$，$ET_a/ET_m = E_i$，$\lambda_i = K_i$

Jensen 模型中，令 $\ln(Y_a/Y_m) = Z$，$\ln(ET_a/ET_m) = E_i$

Blank 模型和 Jensen 模型均可统一化成如下多元线性公式：

$$Z = \sum_{i=1}^{n} \lambda_i \cdot E_i \tag{8-1}$$

通过 N 种不同试验处理，得到 K 组 E_{ik}，Z_k（$K=1,2,3,\cdots,N;i=1,2,\cdots,n$）采用最小二乘法（王能超，1984；沙定国，1982），即可求得满足式(8-2)要求的 λ_i 值：

$$\min Q = \sum_{K=1}^{N}\left(Z_K - \sum_{i=1}^{n}\lambda_i \cdot E_{iK}\right)^2 \tag{8-2}$$

要想使上式值极小，必须令 $\frac{\partial Q}{\partial \lambda_i}=0$，即

$$\frac{\partial Q}{\partial \lambda_i} = -2\sum_{K=1}^{N}\left(Z_K - \sum_{i=1}^{n}\lambda_i \cdot E_{iK}\right) \cdot E_{iK} = 0 \tag{8-3}$$

这样 λ_i 值可由下列联立方程组解出：

$$\begin{array}{c} L_{11}\lambda_1 + L_{12}\lambda_2 + \cdots + L_{1n}\lambda_n = L_{1z} \\ L_{21}\lambda_1 + L_{22}\lambda_2 + \cdots + L_{2n}\lambda_n = L_{2z} \\ \vdots \quad\quad \vdots \quad\quad\quad \vdots \quad\quad \vdots \\ L_{n1}\lambda_1 + L_{n2}\lambda_2 + \cdots + L_{nn}\lambda_n = L_{nz} \end{array} \tag{8-4}$$

式中：$L_{ik} = \sum_{K=1}^{N} E_{iK} \cdot E_{jK} (i = 1,2,\cdots,n; j = 1,2,\cdots,n)$；$L_{iz} = \sum_{K=1}^{N} E_{iK} \cdot Z_K (i = 1,2,\cdots,n)$。

8.1.4.1　加法模型的求解

(1)以生物学产量为目标加法模型的求解。

经整理得，紫花苜蓿敏感系数 K_i 见表 8-1。

表 8-1　紫花苜蓿敏感系数 K_i

生育期	苗期—分枝	分枝—现蕾	现蕾—初花
敏感系数 K_i	0.372	0.356	0.317

于是，以生物产量为目标的紫花苜蓿 Blank 模型可表示为：

$$\frac{Y}{Y_m} = 0.372\left(\frac{ET_1}{ET_m}\right) + 0.356\left(\frac{ET_2}{ET_m}\right) + 0.317\left(\frac{ET_3}{ET_m}\right)$$

(2)以子粒产量为目标加法模型的求解。

大田紫花苜蓿敏感系数 K_i 见表 8-2。

表 8-2　大田紫花苜蓿敏感系数 K_i

生育期	苗期—分枝	分枝—现蕾	现蕾—初花	初花—结荚	结荚—成熟
敏感系数 K_i	-1.28	0.57	0.73	0.20	0.21

于是，大田紫花苜蓿以子粒产量为目标的 Blank 模型可表示为：

$$\frac{Y}{Y_m} = -1.28\left(\frac{ET_1}{ET_m}\right) + 0.57\left(\frac{ET_2}{ET_m}\right) + 0.73\left(\frac{ET_3}{ET_m}\right) + 0.20\left(\frac{ET_4}{ET_m}\right) + 0.21\left(\frac{ET_5}{ET_m}\right)$$

8.1.4.2　乘法模型的求解

(1)以追求生物学产量为最大值的敏感指数的求解。

以追求生物学产量为最大值的紫花苜蓿敏感指数见表 8-3。

表 8-3　以追求生物学产量为最大值的紫花苜蓿敏感指数 λ_i

生育期	苗期—分枝	分枝—现蕾	现蕾—初花
敏感指数 λ_i	0.142	0.063	0.122

于是,大田紫花苜蓿水分生产函数为:

$$\frac{Y}{Y_m} = \left(\frac{ET_1}{ET_m}\right)^{0.142} \times \left(\frac{ET_2}{ET_m}\right)^{0.063} \times \left(\frac{ET_3}{ET_m}\right)^{0.122}$$

计算结果表明,$\lambda_1 > \lambda_3 > \lambda_2$,在分枝—现蕾期敏感指数最小,说明本阶段受旱对紫花苜蓿生物学产量影响最小。

(2)以追求子粒产量为最大值的敏感指数的求解。

以追求子粒产量为最大值的紫花苜蓿敏感指数见表 8-4。

表 8-4　以追求子粒产量为最大值的紫花苜蓿敏感指数 λ_i

生育期	苗期—分枝	分枝—现蕾	现蕾—开花	开花—结荚	结荚—成熟
敏感指数 λ_i	-0.918	1.885	1.850	1.582	0.893

于是,大田紫花苜蓿水分生产函数为:

$$\frac{Y}{Y_m} = \left(\frac{ET_1}{ET_m}\right)^{-0.918} \times \left(\frac{ET_2}{ET_m}\right)^{1.885} \times \left(\frac{ET_3}{ET_m}\right)^{1.850} \times \left(\frac{ET_4}{ET_m}\right)^{1.582} \times \left(\frac{ET_5}{ET_m}\right)^{0.893}$$

8.2　地面灌溉条件下苜蓿的经济灌溉模式

8.2.1　地面灌溉条件下苜蓿经济灌溉定额的确定

在干旱缺水条件下,灌溉水源的水量不能满足全灌区灌溉面积上充分灌溉的需求,此时的耗水量或灌溉水量不应是作物产量与耗水量关系中相应的最高产量的水量,即不能追求单位面积的最高产量,而应根据作物产量与耗水量的关系,以经济效益最大或水分生产效率最高为目标,确定作物的耗水量与灌溉水量(即灌溉定额)(钱蕴壁等,2002)。

8.2.1.1　*以经济效益最大来确定经济灌溉定额*

考虑到单位面积耕地的农业投入(主要包括施肥、种子、机耕及收割费),水利工程投入、年运行费用既水费投入,单方灌溉水净收益可表示为:

$$N_e = \frac{1}{ET}(YP_Y - P_W - C - P_x W) \tag{8-5}$$

式中:N_e 为单方水净收益,元/m^3;ET 为作物耗水量,m^3/hm^2;Y 为产量,kg/hm^2;P_Y 为作物单价,元/kg;P_W 为单位面积工程年费用,元/hm^2;C 为单位面积固定资源投入量,元/hm^2;P_x 为灌水水费,元/hm^2;W 为灌溉供水量,m^3/hm^2,可按式(8-6)计算:

$$W = ET - P_e - S_e - \Delta W \tag{8-6}$$

为了使单方灌溉水纯收益最大,需使单方耗水的净收益对耗水量的一阶偏导数为零,即

$$\frac{\partial N_e}{\partial ET} = 0 \tag{8-7}$$

产量与耗水量的关系用下面二次抛物线关系表示:

$$Y = aET^2 + bET + c \tag{8-8}$$

式中：a、b、c 为回归系数。

对式(8-5)求导并整理，得到的作物经济耗水量的表达式为：

$$ET_e = \sqrt{\frac{c}{a} - \frac{C + P_W}{aP_Y} + \frac{P_x(P_e + S_g + \Delta W)}{aP_Y}} \tag{8-9}$$

由此可得到作物的经济用水灌溉定额为：

$$W_e = ET_e - P_e - S_g - \Delta W \tag{8-10}$$

引大工程总投资为29.34亿元，设计灌溉面积5.733万 hm^2，其中永登县为4.726万 hm^2、皋兰县为0.801万 hm^2、白银和景泰为0.2万 hm^2。工程设计年引水4.43亿 m^3，在满足非农业用水后，剩余农业灌溉水量为31 673.73万 m^3，占总调水量的71.5%。如果工程使用年限按50年来计算，且各用水部门分摊的工程年费用按用水量多少来分担，则灌溉工程年费用 $P_W = \frac{29.34 \times 10^8}{50 \times 5.73 \times 10^4} \times 71.5\% = 732.2$ 元/hm^2（假定只包括工程折旧费用）。引大灌区多年生苜蓿一年能收割三茬，第一茬生育期较长，且产量也较高，都分别占三茬总生育期和总产量的50%左右，一年生苜蓿由于根系不发达，生长缓慢，一年只能收割两茬。所以初花期收割的第一茬苜蓿的工程年费用占全年的50%左右。同理，以收获子粒为目标的苜蓿及全生育期苜蓿生育期约占苜蓿所能正常生长时间的66%，所以年费用也约占总年费用的66%，其他有关参数的计算结果见表8-5。

表8-5　全生育期苜蓿经济耗水量与经济用水灌溉定额计算参数

作物	P_Y（元/kg）	P_W（元/hm^2）	C（元/hm^2）	P_x（元/hm^2）	S_g（m^3/hm^2）	ΔW（m^3/hm^2）	P_e（mm）
苜蓿	0.8	732.2×0.5	2 325×0.5	0.25	0	873.57	78

根据苜蓿的调亏灌溉试验得到初花期刈割苜蓿的生物学产量与苜蓿耗水量的关系式和成熟期刈割苜蓿子粒产量和耗水量关系分别为：

初花期 $Y = -0.002\,9ET^2 + 17.67ET - 18\,745$

全生育期 $Y = -0.001ET^2 + 1.262\,4ET - 3\,914.9$

所以根据式(8-9)、式(8-10)可得初花期和全生育期苜蓿的经济耗水量和经济用水灌溉定额，其结果见表8-5所示。

8.2.1.2　以水分生产效率最高确定经济灌溉定额

水分生产效率(WUE)定义为作物每消耗1 m^3 水所能生产的子粒或干物质产量，即WUE = Y/ET。若产量与耗水量的关系用式(8-8)来表示，则水分生产效率WUE可用式(8-11)表示：

$$\text{WUE} = \frac{Y}{ET} = \frac{aET^2 + bET + c}{ET} = aET + b + \frac{c}{ET} \tag{8-11}$$

若使水分生产效率WUE最高，可对式(8-11)求导，并令 $d(\text{WUE})/d(ET) = 0$，则可整理得到水分生产效率最高时的作物经济耗水量计算公式：

$$ET_e = \sqrt{\frac{c}{a}} \tag{8-12}$$

$$W_e = ET_e - P_e - S_g - \Delta W \tag{8-13}$$

根据式(8-12)、式(8-13)可求得初花期收割苜蓿和全生育期苜蓿以水分利用效率为指标的经济耗水量和经济用水灌溉定额，其结果见表8-6所示。

表8-6　全生育期苜蓿经济耗水量与经济用水灌溉定额计算参数

作物	P_Y (元/kg)	P_W (元/hm^2)	C (元/hm^2)	P_x (元/hm^2)	S_g (m^3/hm^2)	ΔW (m^3/hm^2)	P_e (mm)
苜蓿(子粒)	40	732.2×0.66	2 325×0.66	0.25	0	1 581.7	148

8.2.1.3　以灌溉水利用效率最高确定经济灌溉定额

灌溉水利用效率(WUE)定义为每灌溉1 m^3 水所能生产的子粒或干物质产量，即 WUE = Y/W_e。若产量与灌溉水量的关系用式 $Y = aW_e^2 + bW_e + c$ 来表示，则水分生产效率 WUE 可用式(8-14)表示：

$$\text{WUE} = \frac{Y}{W_e} = \frac{aW_e^2 + bW_e + c}{W_e} = aW_e + b + \frac{c}{W_e} \tag{8-14}$$

若使灌溉水利用效率 WUE 最高，可对式(8-14)求导，并令 $d(\text{WUE})/d(W_e) = 0$，则可整理得到灌溉水利用效率最高时的作物经济用水灌溉定额计算公式：

$$W_e = \sqrt{\frac{c}{a}} \tag{8-15}$$

在苜蓿调亏灌溉试验中得到了初花期和全生育期产量与灌溉水量的关系为：

初花期 $Y = -0.002\,1W_e^2 + 6.222\,9W_e + 3\,310.7$

全生育期 $Y = -0.000\,3W_e^2 + 1.626\,4W_e - 2\,119.7$

根据式(8-15)可求得初花期收割苜蓿和全生育期苜蓿以灌溉水利用效率最高为指标的经济用水灌溉定额，其结果见表8-7所示。

8.2.1.4　经济灌溉定额的最终确定

用上述三种方法计算求解得到的苜蓿经济耗水量与经济用水灌溉定额结果见表8-7。

表8-7　苜蓿经济耗水量与经济用水灌溉定额结果　(单位：m^3/hm^2)

生育期	单方水净收益最大		水分生产效率最高		灌溉水利用效率最高
	ET_e	W_e	ET_e	W_e	W_e
初花期	2 701.8	1 048.2	2 542.4	888.6	1 255.6
全生育期	6 312.2	3 250.5	6 256.9	3 195.2	2 658.1

从表8-7可以看出，初花期收割的苜蓿灌溉水利用效率最高时的经济灌溉定额为1 255.6 m^3/hm^2，比单方水收益最大的经济灌溉定额高207.4 m^3/hm^2，比水分生产效率最高的经济灌溉定额高367 m^3/hm^2，因此若取经济灌溉定额 W_e = 1 200 m^3/hm^2 时，不但灌溉水利用效率能达到较大值，而且基本上也能保证单方耗水净收益和水分生产效率达到较高的数值。同理，若取苜蓿全生育期经济灌溉定额 W_e = 3 000 m^3/hm^2 时，也同样能保持以上三个指标达到较大的值。

8.2.2　地面灌溉条件下苜蓿的优化灌溉制度

在干旱缺水条件下，由于水资源短缺，不能满足作物实行充分灌溉的要求，因此缺水灌溉条件下灌溉定额在生育期内的最优分配研究对有限水量获得最大农业效益具有重要指导意义(张巨俭等,2002)。在上面的分析中，虽然确定了(追求地上部分生物量或子粒产量为目标时)苜蓿生育期内的经济灌溉定额，但是在非充分灌溉条件下，苜蓿的减产程度随着不同生育阶段的缺水程度而异，水分亏缺历时越长，程度越大，对作物产量的影响也越大。因此，研究限额供水的灌溉制度问题，就是根据作物产量与各阶段耗水量的关系，在弄清苜蓿在不同生长时期缺水减产程度的基础上，对灌溉定额如何进行最优分配，以使苜蓿产量尽可能达到最大值。在这种情况下，遵循的一条总原则是灌好作物增产的关键水，即尽可能满足苜蓿需水临界期的需水要求。

优化灌溉制度是指在一定的灌溉供水量条件下，如何把该水量分配到各生育阶段，使产量达到最大。解决这个问题可以采取线性规划的方法(对加法模型)，也可以采取动态规划的方法，本书采用线性规划和动态规划方法分别求最优解。

8.2.2.1　用线性规划法确定有限水量在苜蓿生育期内的最优分配

确定非充分灌溉条件下优化灌溉制度的最简单方法，是将作物水分生产函数的加法模型，稍加变换转换成典型的线性规划问题，然后直接利用线性规划法求解。本书中以 Blank 模型为例，变换法如下所述。

(1)模型的建立。

将初花期收割苜蓿的生育阶段划分为三个阶段，返青—分枝、分枝—现蕾、现蕾—初花；苜蓿的全生育期划分为五个阶段，返青—分枝、分枝—现蕾、现蕾—初花、初花—结荚、结荚—成熟。

①约束条件。

灌溉定额的约束条件：

$$\sum_{i=1}^{n} X_i \leqslant M$$

作物第 i 阶段灌水定额的约束条件：

$$m_{\min} \leqslant X_i \leqslant m_{\max} \quad 或\ X_i = 0$$

作物第 i 阶段实际耗水量的约束条件：

$$W_{\min i} \leqslant ET_i \leqslant ET_{mi}$$

作物各生育阶段满足作物正常发育的土壤含水量的上下限约束：

$$W_{\min i} \leqslant W_i \leqslant W_{\max i}$$

水量平衡方程约束：

$$W_{i+1} = W_i + P_i + S_i + X_i - ET_i$$

式中：X_i 为第 i 个阶段的灌水定额；W_i、W_{i+1} 为第 i 个生育阶段始、末的土壤含水量值；ET_i 为第 i 阶段实际耗水量；P_i 为苜蓿在第 i 阶段的有效降水量；S_i 为第 i 阶段的地下水补给量；$W_{\min i}$ 和 $W_{\max i}$ 分别为苜蓿在第 i 阶段维持作物正常生长的最低含水量和土壤湿润层最高田间持水量；ET_{mi} 为苜蓿在第 i 生育阶段的理论最大腾发量。

②目标函数。

$$\max\left(\frac{Y_a}{Y_m}\right) = \sum_{i=1}^{n} K_i\left(\frac{ET_i}{ET_{mi}}\right)$$

(2)模型的化简与转化。

为了便于计算,我们假定前一阶段初和后一阶段初的土壤含水量大体相等,即不考虑土壤储水量的影响。事实上,在我们所做的苜蓿调亏灌溉试验中,决定是否灌水是依据土壤含水量下限大小,而且在试验过程中几乎每次灌水都是在生育阶段初,所以这种假定有一定的符合度。

令

$$ET_i = P_i + S_i + X_i \tag{8-16}$$

$$b_i = K_i / ET_{mi} \tag{8-17}$$

$$B = \sum_{i=1}^{n} K_i \frac{P_i + S_i}{ET_{mi}} \tag{8-18}$$

将上面三式代入原线性规划问题,经整理后得到的目标函数为:

$$\max\left(\frac{Y_a}{Y_m}\right) = B + b_1X_1 + b_2X_2 + \cdots + b_nX_n$$

约束条件:
$$\begin{cases} X_i \leqslant ET_{mi} - P_i - S_i \\ X_1 + X_2 + X_3 + \cdots + X_n = M \\ m_{\min} \leqslant X_i \leqslant m_{\max} \\ X_1, X_2, \cdots, X_n \geqslant 0 \end{cases}$$

上述线性规划法为缺水条件下的水量最优分配提供了一定的依据,但模型中将实际蒸发蒸腾量看做是阶段灌水量与有效降雨量和地下水补给量之和不符合实际情况,因为在作物生育期内,土壤储水量对作物耗水量有很重要的调节作用,在作物生长阶段的始末很难保持土壤含水量不变。但该方法也有简单易懂、计算量较小等许多优点。

(3)模型的求解。

由于苜蓿不同于粮食作物,它种植的目的有两种:一是以种草为目的;二是主要以培育苜蓿籽为目的,所以这就导致不同的种植目的有不同的生育期划分,初花期刈割的苜蓿(以种草为目的)只有三个生育阶段,即出苗(返青)—分枝;分枝—现蕾;现蕾—初花三个阶段。而成熟期刈割苜蓿(主要以培育苜蓿籽为目标)可划分为五个阶段,即出苗(返青)—分枝;分枝—现蕾;现蕾—开花;开花—结荚;结荚—成熟。所以模型的求解可分两种类型分别进行。

①初花期收割苜蓿灌溉定额的最优分配模型的求解。

灌溉定额条件约束:　$X_1 + X_2 + X_3 \leqslant 1\ 200$

水量平衡方程约束:
$$\begin{cases} X_1 \leqslant 1\ 375.5 \\ X_2 \leqslant 945 \\ X_3 \leqslant 634.5 \end{cases}$$

灌水定额条件约束:
$$\begin{cases} 0 \leqslant X_1 \leqslant 832.5 \\ 0 \leqslant X_2 \leqslant 832.5 \\ 0 \leqslant X_3 \leqslant 832.5 \end{cases}$$

将上述条件整理后的线性规划问题:

$$\begin{cases} X_1 \leqslant 832.5 \\ X_2 \leqslant 832.5 \\ X_3 \leqslant 634.5 \\ X_1 + X_2 + X_3 \leqslant 1\ 200 \\ X_1, X_2, X_3 \geqslant 0 \end{cases}$$

$$f(X) = \max(Y_a/Y_m) = 0.228\ 7 + 0.003\ 84X_1 + 0.004\ 29X_2 + 0.004\ 59X_3$$

用单纯形表法解得最优目标值为0.585，各阶段的灌水量见表8-8。对理论灌水量进行必要修正后得实际灌水量。

表8-8　初花期收割苜蓿经济灌溉定额的最优分配结果　　（单位：m^3/hm^2）

生育阶段	返青—分枝	分枝—现蕾	现蕾—初花
理论灌水量	0	565.5	634.5
实际灌水量	0	600	600

②全生育期苜蓿灌溉定额的最优分配模型的求解。

灌溉定额条件约束：　$X_1 + X_2 + X_3 + X_4 + X_5 \leqslant 3\ 000$

水量平衡方程约束：

$$\begin{cases} X_1 \leqslant 1\ 375.5 \\ X_2 \leqslant 945 \\ X_3 \leqslant 634.5 \\ X_4 \leqslant 1\ 660.5 \\ X_5 \leqslant 2\ 049 \end{cases}$$

灌水定额条件约束：

$$\begin{cases} 0 \leqslant X_1 \leqslant 832.5 \\ 0 \leqslant X_2 \leqslant 832.5 \\ 0 \leqslant X_3 \leqslant 832.5 \\ 1 \leqslant X_4 \leqslant 999 \\ 38.1 \leqslant X_5 \leqslant 999 \end{cases}$$

将上述条件整理后的线性规划问题：

$$\begin{cases} X_1 \leqslant 832.5 \\ X_2 \leqslant 832.5 \\ X_3 \leqslant 634.5 \\ X_4 \leqslant 999 \\ X_5 \leqslant 999 \\ X_4 \geqslant 225 \\ X_5 \geqslant 571.5 \\ X_1 + X_2 + X_3 + X_4 + X_5 \leqslant 3\ 000 \\ X_1, X_2, X_3, X_4, X_5 \geqslant 0 \end{cases}$$

$$f(X)=\frac{Y_a}{Y_m}=0.4058-0.013X_1+0.0069X_2+0.011X_3+0.0018X_4+0.0012X_5$$

用单纯形表法解得各阶段的灌水量见表8-9。

表8-9　全生育期苜蓿经济灌溉定额的最优分配结果　（单位：m^3/hm^2）

苜蓿生育期	苗期—分枝	分枝—现蕾	现蕾—开花	开花—结荚	结荚—成熟
理论灌水量	0	832.5	634.5	961.5	571.5
实际灌水量	0	825	600	975	600

8.2.2.2　动态规划方法的求解

动态规划是把一个复杂过程分成阶段，按一定顺序，逐次求出每阶段的最优决策，从而求得整个系统最优决策的方法。其理论根据是 R. E. Benman 提出的最优化原理，即“一个多阶段决策过程的最优策略具有这样的性质，即无论初始状态和初始决策如何，对于由前面的决策所造成的状态来说，其后各阶段的决策序列必须构成最优策略”。

把动态规划应用到灌溉过程的最优策略求解上来，要把灌溉过程分成若干阶段。在我们分析的苜蓿灌溉问题中，过程就是苜蓿的灌水时期，该过程如前所述，共分成五个阶段。对于每个阶段，可以用与决策问题有关状态来进行描述。在灌溉各阶段中，影响灌溉决策的状态主要是两个，一是土层中有效水分含量，二是在该阶段初的可供水量。对于每个阶段来讲，都要求确定一个最优决策。对每个灌溉阶段，这个决策就是是否灌水以及灌多少水。显然，这个决策的结果与状态是密切相关的，也就是取决于该阶段土壤含水量以及该阶段初尚有多少可供灌溉的水量。由各阶段的决策序列就组成了该过程的策略。而衡量该策略的优劣的标准就是目标函数，在寻求最优灌溉策略时，目标应是使产量水分函数取最大值。

以下结合灌溉最优决策问题具体分析动态规划中各个参数与变量。

（1）阶段：以种草为目标的苜蓿一般都在初花期收割，在这种情况下可将苜蓿分为三个生育阶段，即出苗（返青）—分枝；分枝—现蕾；现蕾—初花三个阶段。而以培育苜蓿籽为目标的苜蓿，即全生育苜蓿可分出苗（返青）—分枝；分枝—现蕾；现蕾—开花；开花—结荚；结荚—成熟五个阶段。

（2）状态：如上所述，灌溉各阶段可以用两个状态来描述。首先是土壤水分状态。田间土壤含水量上限是田间最大持水量 W_H，含水量大于此值，将发生深层渗漏；为维持作物生命，土壤含水量不应低于枯萎点 W_W，因此土壤含水量的可能范围是区间$[W_W, W_H]$，而充分供水区间为$[W_L, W_H]$，其中 W_L 为适宜土壤含水量下限，而(W_W, W_L)则为水分亏缺区间。我们可以把$[W_W, W_H]$按一定差值离散成若干个可能状态。差值愈小，状态数愈多，对阶段的描述愈精细，但计算工作量将大大增加。其次是可供水量状态。某一阶段初的可供水量等于灌溉定额减去该阶段以前的已用水量。理论上可供水量取值可以有无穷多个，但实际上，一次灌水定额常为某个定值，因此可供水量可取灌水定额的整数倍。各阶段的状态变量之间有一定关系，是由状态转移方程确定的。对土壤水分状态，有：

$$W_{i+1}=W_i+R_i+G_i+d_i m-ET_i \tag{8-19}$$

式中：W_{i+1} 和 W_i 分别为 $i+1$ 和 i 阶段初的土壤含水量；R_i 和 G_i 为 i 阶段中降雨量和地下水补给量或地下水的深层渗漏量；m 为一次灌水定额；d_i 为 i 阶段的灌水次数；ET_i 是 i 阶段的

实际耗水量，它的确定可采用以下公式。

当 $W=W_i+R_i+G_i+d_im-ET_{mi}\geq W_L$ 时：

$$ET_i=ET_{mi} \tag{8-20}$$

当 $W_L>W>W_W$ 时：

$$ET_i=ET_m\left[\frac{W-W_W}{W_L-W_W}\times\frac{W_L-W}{ET_m}+\frac{ET_m-(W_L-W)}{ET_m}\right] \tag{8-21}$$

当 $W<W_W$，令 $X=\dfrac{W_i+R_i+G_i+d_i\times m}{ET_{mi}+W_L}$，则可用下面公式（$R^2=0.824,n=16$）求得

$$ET_i=(-1.529X^2+3.0894X-0.6754)ET_{mi} \tag{8-22}$$

对于可供水量的状态转移方程，有：

$$M_{i+1}=M_i-md_i \tag{8-23}$$

式中：M_{i+1} 和 M_i 为 $i+1$ 和 i 阶段处的可供水量。

（3）决策：每个灌溉阶段都可以有一系列可能的决策，或称允许决策，形成一个决策集，在决策集中有一个或几个为最优决策。由于决策是在一定状态条件下提出的，因此决策往往写成状态的函数 $d_i(S_1,S_2,\cdots,S_K)$，其中 $S_1,S_2,\cdots,S_K$ 为 K 状态变量。

（4）目标函数：经过 i 阶段的决策，从 i 状态转移到 $i+1$ 状态，同时产生一个阶段效益。各阶段效益的总和就得到全过程的效益。在灌溉过程中，阶段 i 对产量的贡献 b_i 可以用不同的模型求得：

对 Blank 模型，有
$$b_i=K_i\left(\frac{ET}{ET_m}\right)_i \tag{8-24}$$

对 Jensen 模型，有
$$b_i=\left(\frac{ET_i}{ET_{mi}}\right)^{\lambda_i} \tag{8-25}$$

如前所述，要求得全过程的最优效益，应逐阶段进行，一般采用自末阶段开始的逆向递推的方法，根据最优化原理，可以得到效益连续转移的递推方程如下：

对 Blank 模型，有：

$$f_i(s_i)=\max[b_i(s_i,d_i)+f_{i+1}(s_{i+1})] \tag{8-26}$$

对 Jensen 模型，有：

$$f_i(s_i)=\max[b_i(s_i,d_i)f_{i+1}(s_{i+1})] \tag{8-27}$$

式中：$f_{i+1}(s_{i+1})$、$f_i(s_i)$ 是 $i+1$、i 阶段对应于状态 s_i 及决策 d_i 下的指标函数（或称报酬函数）。

实际运算步骤如下。

对最后阶段第五阶段，应把可供水量全部用完。因此，对一定状态，有唯一的，也是最优决策 $d_5=M_5/m$，其中 M_5 为第5阶段初的可供水量。假定一系列的可能状态，土壤含水量取 $[W_W,W_m]$ 中 K 个数值，其中 $K=\dfrac{W_m-W_W}{\Delta W}$，$\Delta W$ 为离散增值，在算例中取近似225 m^3/hm^2。可供水量取 $M,M-m,M-2m,\cdots,0$，共 L 个数值。对这两个状态的 KL 各组合分别求值，此时 $f_5(W_5,M_5)=b_5(W_5,M_5,d_5)$。

对第四阶段，再假设一系列状态（同样有 KL 个），对每一个状态，计算决策 d_4 取 $0,1,2,\cdots,M_4/m$ 时相应的 $b_4(W_4,M_4)$。根据状态转移方程，可算得相应的 W_5，再按照第一步计

算结果，查得相应的$f_5{}^*$。再按式(8-25)、式(8-27)求不同d_4时$f_4(W_4,M_4)$值，从中得到最大的$f_4{}^*(W_4,M_4)$及相应最优决策$d_4{}^*(W_4,M_4)$。

在向前计算第三、二各阶段直至第一阶段，可得到在不同状态(W_i,M_i)下最优目标函数值及相应的最优决策，至反向递推完成。

将经济灌溉定额作为第一阶段初的可供水量状态M，并同时根据试验资料选定一个初始含水量W_1，有了这两个状态即可从反向递推所得结果查取第一阶段最优决策$d_1{}^*$及最优目标函数值$b_1{}^*$。然后用状态转移方程求得第二阶段初的状态W_2、M_2，再查取相应的$d_2{}^*$、$b_2{}^*$。这个过程一直进行到第五阶段，成为正向递推。可得到最优策略$(d_1{}^*,d_2{}^*,d_3{}^*,d_4{}^*,d_5{}^*)$及最优目标函数值$(b_1{}^*,b_2{}^*,b_3{}^*,b_4{}^*,b_5{}^*)$，由后者可以得到整个过程的最优目标函数值$f_i{}^*$。这就得到了苜蓿各生育阶段的最佳灌水次数，也得到了在这种灌水策略下的产量。

根据土壤含水量平衡方程，依据初始土壤含水量W_1以及第四步所得到最优策略$(d_1{}^*,d_2{}^*,d_3{}^*,d_4{}^*,d_5{}^*)$等数据，可算得苜蓿收割后土壤含水量。因为紫花苜蓿是一种多年生牧草，引大灌区种植苜蓿一年可收割三茬，所以第一茬收割后的土壤含水量高低直接影响到下一茬的正常生长。所以对于牧草来说，经济灌溉定额在生育期内的最优分配不仅应追求上茬苜蓿的相对产量达到最大值，而且还应考虑上一茬收割后土壤含水量高低对下一茬苜蓿生长的影响。

算例中，各项参数取值如下：作物容根层深度平均取100 cm，W_M取19.8%，容重1.4 t/m^3，W_m为2 775 m^3/hm^2，W_L取$0.65W_m$，为1 800 m^3/hm^2，W_W取9%，为1 110 m^3/hm^2，ΔW取225 m^3/hm^2，土壤含水量离散为8个状态。灌溉定额3 000 m^3/hm^2，一次灌水定额600 m^3/hm^2。初始含水量根据实际资料统计，在苗期初期为18.2%，2 550 m^3/hm^2。将上述参数值代入以上五个步骤，即可求得经济灌溉定额的最优分配结果，见表8-10。

表8-10　经济灌溉定额的动态规划法最优分配结果

灌溉定额(m^3/hm^2)	Blank模型			Jensen模型		
	各阶段灌水次数	相对产量	收获后土壤含水量	各阶段灌水次数	相对产量	收获后土壤含水量
(初花期)1200	0/1/1 1/1/0	0.813 0.832	11.81% 10.73%	1/0/1	0.958	11.5%
(全生育期)3 000	0/2/1/2/0 0/2/2/1/0	0.774 0.773	9.92% 9.99%	0/2/1/2/0 0/2/2/1/0	0.519 0.516	9.92% 9.99%

从表8-10可以看出：根据Blank模型和Jensen模型所求得的初花期收割苜蓿灌溉定额的最优分配结果有较大出入，其主要原因是两种模型的敏感系数和敏感指数的变化规律有所不同。而全生育期的最优分配结果对两种模型来讲是一致的，这可从两种模型的各生育期敏感指标的变化规律一致性上得到解释。从苜蓿全生育期灌溉定额的最优分配上可以看出，Blank模型和Jensen模型都是两种旱区灌区苜蓿的水分生产函数较好的形式。

初花期收割苜蓿用动态规划法进行最优分配时，不仅应考虑使相对产量达到较大值，还应考虑收割后土壤含水量的高低，因为前一茬苜蓿收割后土壤含水量的高低直接影响到后一茬苜蓿初始生长速度。因此,在相对产量相差不大的情况下,收割后土壤含水量的高低成为最优决策时应考虑的重要因素。在表 8-10 中,初花期苜蓿以 Blank 模型为目标函数的动态规划最优结果往往选取第二种优化方案。

8.2.2.3　线性规划法和动态规划法的比较

将表 8-8、表 8-9 和表 8-10 最优分配结果汇总成表 8-11,从表 8-11 可以看出,用线性规划法求得初花期收割苜蓿的经济灌溉制度和用动态规划法求得的结果基本一致,用线性规划法求得全生育期苜蓿的经济灌溉制度与动态规划法的结果略有差异,这主要是由于求解时所采用的假定条件不同所造成的。线性规划求解时忽略了土壤储水量的补给影响,而用动态规划求解最优灌水分配时,灌水决策变量在模型中离散为灌水定额的整数倍,而实际情况是不同生育阶段的灌水定额可以是不同的,因此决策变量不仅应有灌水次数,还应包括灌水定额方面,这就是说决策变量的离散化要更细,更符合实际情况,这将大大增加计算工作量。

表 8-11　线性规划法和动态规划法所得灌水量最优分配结果的比较

计算方法	灌溉定额(m^3/hm^2)	各个生育期灌水量(m^3/hm^2)				
		出苗—分枝	分枝—现蕾	现蕾—开花	开花—结荚	结荚—成熟
线性规划法	1 200(初花期)	0	600	600		
	3 000(全生育期)	0	825	600	975	600
动态规划法	1 200(初花期)	0	600	600		
	3 000(全生育期)	0	1 200	600	1 200	0

尽管用线性规划法和动态规划法求解苜蓿全生育期最优灌水分配的结果有所出入,但它们所求得结果的变化趋势是一致的,即在分枝—现蕾、初花—结荚这两个需水临界期的灌水量都较大,而其他生育期都较小或不进行灌溉。

(1)用动态规划法求得的灌溉水量不是该生育期的灌水定额,而是该生育期的灌水总量,所以应按灌水量、灌水定额计算出灌水次数。

(2)初花期刈割苜蓿的经济灌溉制度是以第一茬苜蓿为例来求解的,该茬生长期较长而降水量很少,正常生长所需要的水分主要依赖灌溉,其灌溉制度优化对苜蓿栽培具有重要意义。

第九章　灌区生态灌溉的作物结构与苜蓿经济效益优化

秦王川灌区气候为干旱少雨的典型大陆性气候，多年平均气温 5 ~ 6.5 ℃，多年平均降水量 284.8 mm，并且集中在 6 ~ 9 月，占全年降水量的 78%，而年蒸发量却高达 1 800 ~ 2 100 mm，是降水量的 6 ~ 8 倍。降水量少且分布不均匀的气候条件，形成了该灌区没有灌溉就没有农业的格局。所以，作物的种植面积不仅取决于耕地面积的多少，而且取决于分配给农业灌溉水量的多少。确定苜蓿在该灌区的生态灌溉种植面积，首先计算出年需水量，然后从年总引水量中减去农村人畜饮水、城镇居民生活用水、工业用水和生态用水年需水量得到可用于农业灌溉的水量，再依据该灌区主要种植作物的需水规律及种植效益，以灌区生态经济总效益最大为目标，应用农业系统工程分析方法，得到苜蓿的生态灌溉面积。本章着眼于研究秦王川灌区建立面向生态屏障与水资源双向约束的生态型种植业结构与效益，把目前以粮为主兼顾经济作物的二元结构初步发展成粮、经、饲的三元结构。

9.1　农田生态灌溉需水分析

9.1.1　农村人畜饮水量的计算

引大灌区部分地区居民生活用水以井水为主要取水源，农民向管水部门购买。生活用水和工业用水的水价为 5 元/m^3，对一个西部较为落后的灌区来说，这显然不仅给当地农民群众脱贫致富制造了一道无形的障碍，而且严重制约了当地经济的快速和健康发展。虽然当地也有不少农民自己兴建水窖，将引大输送的灌溉水引入水窖，但由于引大工程采用明渠引水，且每年供水次数有限，输水线路长（总干渠及两条干渠、三条分干渠总长就达 250.25 km，支渠及分支渠总长达 839.96 km），水质较差，不能满足生活饮用水标准。

引大工程供水区目前涉及永登、皋兰两县（区），共 23 个乡（镇）。2002 年统计，现状总人口为 39.63 万人，其中农业人口 37.603 万人，城镇人口 2.03 万人。大牲畜 2.17 万头，小牲畜 35.21 万头，2002 年乡（镇）总产值达到 11.124 亿元。按照《农村给水设计规范》所规定的用水定额计算，小城镇居民生活需水量应达到 80 L/（人 · d），公共福利需水量应达到 40 L/（人 · d），所以该灌区城镇居民现状总净需水量为 2 436 m^3/d。

农村生活用水包括农村人口用水和牲畜用水两部分。根据 2002 年实际用水量，推算现状农村人口用水定额为 40 L/（人 · d），大牲畜用水定额为 35 L/（头 · d），小牲畜用水定额为 5.8 L/（头 · d）。据此推算出该灌区现状农村总用水量为 1.504 万 m^3/d，大牲畜 0.076 万 m^3/d，小牲畜 0.204 万 m^3/d，农村生活用水总量为 1.784 万 m^3/d。

到 2010 年，农村居民将达到 38.93 万人，大牲畜 5.58 万头，小牲畜 66.93 万头，农村人口用水定额将达到 50 L/（人 · d），农村大牲畜按 40 L/（头 · d），小牲畜 10 L/（头 · d）来计算，到 2010 年农村人畜净用水量计算结果如表 9-1 所示。

表 9-1 农村人畜净需水量计算结果

水平年	农村人口（万人）	用水定额（L/(人·d)）	总用水量（万 m^3/d）	大牲畜（万头）	用水定额（L/(头·d)）	总用水量（万 m^3/d）	小牲畜（万头）	用水定额（L/(头·d)）	总用水量（万 m^3/d）	人畜用水总量（万 m^3/d）
2002 年	37.603	40	1.504	2.17	35	0.076	35.21	5.8	0.204	1.784
2010 年	38.93	50	1.947	5.58	40	0.223	66.93	10	0.669	2.839

9.1.2 城市居民生活用水和工业用水的计算

白银市位于省会兰州市东北约 79 km，是一个中型现代化工业城市，也是我国主要的有色金属生产基地。白银市现状水源主要是黄河水，距市区输水距离 30 km，总扬程 300 m，设计年供水能力 5 400 万 t，现状年实际供水能力 5 716 万 t，超负荷运行。

皋兰城区自来水公司现状水源为黄河提水，取水口建在兰州市下游什川乡东河口村黄河段。但由于大峡电厂建成蓄水后的影响，致使该河段水位上升，流速减缓；河水自净能力减弱，兰州市排放的大量生产和生活污水无法自净，库区微生物繁殖加快，造成的污染日益严重；采取四级提水，总扬程达 289.5 m，每吨水耗电量达 2 kW·h。

引大输水工程目前已具备了向白银市、皋兰城区自流供水的条件，两市（区）也已提出了由引大工程给城市生活及部分工业供水的要求。所以到 2010 年引大输水工程完全可以实现向白银市、皋兰城区供水。这既有利于满足当地群众的生活用水和工业用水数量和质量，也有利于发挥引大工程的供水效益，使工程真正进入收支平衡的良性运行轨道。

秦王川灌区和皋兰城区现有的乡（镇）企业主要涉及饲料加工、淀粉、饮料和机械加工等产业，供水区由于特定的工业结构和水资源条件，现状工业用水定额较高，万元产值耗水量达 90～140 m^3。通往白银城区的引水量受到引大骨干供水渠道过流能力的限制，因此引大只能给白银市区提供水质较好的城镇生活用水，而无法提供白银市工业用水。

按照目前灌区人口自然增长率和小城镇化建设速度估算，到 2010 年该灌区仅秦王川灌区就有农业人口 38.93 万人，城镇居民 9.77 万人，白银城区用水户将达 30.50 万人，皋兰城区用水户将达 7.12 万人。可见，到 2010 年需由引大灌区提供生活用水的城镇居民将达 47.39 万人。按照《农村给水设计规范》所规定的用水定额计算，城镇居民日生活用水量应达到 110 L/人，公共福利日需水量小城镇为 50 L/人，大城市为 70 L/人。

秦王川灌区中川镇一带，有矿化度 1～2 g/L 微咸地下水可开发利用，可开采量约为 600 万 m^3。规划 2010 年中川镇工业用水 591 万 m^3 均采用该区域的地下水，所以不再计入引大引水范围。皋兰县临近秦王川灌区一带的工业（如正大饲料集团等）可由引大供水，其余工业项目仍由原供水系统继续供水。白银市的工业用水也继续由原有工程引提黄河水供给。

根据各地方部门的规划和目前现有工业发展速度，计算出 2010 年需由引大提供的城镇居民生活用水和工业用水的净水量，以净水量根据不同分区计入损失后，再计算出毛用水量即实际引水量如表 9-2 所示。

表 9-2 城镇居民生活用水和工业用水量表

用水地区	城镇人口（万人）	城镇（包含公共福利）（L/(人·d)）	总净用水量（万 m^3/d）	总毛用水量（万 m^3/d）	工业净用水（万 m^3/d）	工业毛用水（万 m^3/d）	总毛用水（万 m^3/d）
秦王川	9.767	160	1.56	2.479	6.824	10.84	13.32
皋兰	7.12	160	1.14	1.887	0.693	1.147	3.034
白银	30.50	180	5.49	10.69	0	0	10.69

9.1.3 生态需水量的计算

本节在论述生态需水量的计算方法时，可划分为现状生态用水量和目标生态用水量两部分来计算。

9.1.3.1 现状生态用水量的计算

兰州市中川机场至城区绿色走廊生态建设工程设计灌溉造林面积 18.05 万亩，年需水量 2 888.71 万 m^3，其中引提黄河水 1 693.17 万 m^3，提取地下水 86 .4 万 m^3，利用引大调水 1 109.14 万 m^3（灌溉造林面积 7.342 万亩）。该工程已于 2002 年底竣工验收。

9.1.3.2 目标生态用水量的计算

到 2010 年，依据各城镇发展规划，白银市人均绿地面积平均达到 27 m^2，其他城镇达到 8.6 m^2，绿化面积灌溉定额按 100 m^3/亩计算，到 2010 年城市生态环境用水总量为 1 215.23 万 m^3，其中白银城区 1 051.88 万 m^3，皋兰城区 78.18 万 m^3，秦王川灌区 85.18 万 m^3。

生态建设用水除绿色走廊生态建设部分用水由引大供水外，其余生态建设用水均由黄河水提水（白银市和皋兰城区）和工业回归水（秦王川灌区和白银市以及皋兰城区）解决。

9.1.3.3 农业灌溉用水量的计算

引大调水量 2010 年为 4.43 亿 m^3，为了提高综合水价，摆脱单一的农业供水结构，所以在供水结构调整过程中首先应考虑和满足城乡居民生活用水和工业用水的要求，然后再将剩余的水配置给农业灌溉。

根据前述供需平衡分析，以净水量按不同分区计入输水损失后，2010 年引大调水量水资源配置结果（见表 9-3）：非农业用水为 12 626.271 万 m^3，占总调水量的 28.5%，其中城镇生活 5 495.37 万 m^3，占 12.4%；农村生活 1 646.50 万 m^3，占 3.72%；工业 4 375.26 万 m^3，占 9.88%；生态用水（绿色走廊生态建设用水）1 451.95 万 m^3，占 2.5%。在满足非农业用水后，剩余农业灌溉水量为 31 673.73 万 m^3，占总调水量的 71.5%。

表 9-3 引大调水量水资源配置结果　（单位：万 m^3）

用水地区	农业灌溉	农村生活	城市生活	工业	绿色走廊生态需水	总毛需水量
秦王川灌区	31 673.73	1 646.5	904.74	3 956.6	1 109.14	39 290.711
皋兰城区	0	0	688.7	418.66		1 107.36
白银市	0	0	3 901.93	0	0	3 901.93

9.2 苜蓿生态灌溉面积的最优规划

在一个灌区内，往往种植几种作物且各作物在不同生育阶段对缺水引起的减产敏感程度不同，在水源不足的条件下，如何安排每一种作物的种植面积，才能使全灌区获得最大的经济效益，这就是一定水量在几种作物之间的最优分配问题，也就是最优种植比例问题。本节将采用系统工程分析的方法，通过建立数学模型，以全灌区纯收入最大为择优准则，来求解各种作物之间的最优种植比例。

9.2.1 模型中参数的确定

引大灌区现有农作物主要是小麦、胡麻、蚕豆以及少量豌豆和啤酒大麦，牧草主要为经济林带套种紫花苜蓿和大田紫花苜蓿，经济作物主要是蔬菜和很少量中药材。决策变量

(面积)、单位面积产量、效益系数(2004 年不变价格)和各种作物生育期灌溉定额见表 9-4 和表 9-5。灌区现有农业人口 37.603 万人,到 2010 年将达 38.93 万人。每人每天口粮按 0.65 kg 计,到 2010 年时,全年需小麦 9 236.1 万 kg。根据小麦调亏灌溉试验,当小麦水分生产效率达到最大时的产量为 3 420.5 kg/hm^2,所以需要种植小麦面积至少 2.7 万 hm^2。油料作物以胡麻为主,人均月需油 0.5 kg,出油率按 0.33 计,年需油籽 707.82 万 kg。根据胡麻调亏灌溉试验资料,胡麻水分生产效率达到最大时的产量为 1 820.6 kg/hm^2,所以至少需要种植胡麻 0.389 万 hm^2。豆类是大牲畜的主要精饲料,每天每头大牲畜需精饲料约 0.3 kg,全灌区有大牲畜 5.58 万头,年需精饲料 611.01 万 kg,根据蚕豆调亏灌溉试验资料,蚕豆水分生产效率达到最大时的产量为 4 457.3 kg/hm^2,需至少种植蚕豆面积 0.137 万 hm^2。果树和梨树以及杏树的现有种植面积为 0.277 万 hm^2,但由于这些经济林果在本灌区未形成一定的规模和特色,而且受到市场价格较低和不稳定因素的影响,所以经济效益较低,农民无扩大栽植的想法和愿望。紫花苜蓿是该灌区种植的主要牧草之一,由于其产量高、品质好,所以深受当地农民群众的喜爱,但其种植面积也不宜过大,因为苜蓿适宜生长的时间较长,绿期也较长(生态效益较好),但这也导致苜蓿的年耗水量较大,从而决定了苜蓿需要一个较大的经济灌溉定额,而且牧草的种植面积也应不超过灌区耕地面积的 1/3,即 1.911 万 hm^2。马铃薯作为副食,在该灌区产量较低,所以其种植面积不大,人均按每天食用 0.3 kg 计,需要至少种植 0.24 万 hm^2。至于像蔬菜类作物,由于种植面积很小,而且基本都采用日光温室种植,其灌溉水大都采用地下水,所以也不受本系统的限制。还有种植中药材的,如百合等,由于最近几年百合价格持续下降,所以种植面积不宜过大,所以药材和其他作物的控制面积应不大于全灌区原计划配水面积为 5.733 万 hm^2,用于农业灌溉的水量为 31 673.73 万 m^3(见供水结构调整表 9-3)。将决策变量面积约束列于表 9-4。

表 9-4 决策变量面积约束 (单位:万 hm^2)

决策变量	X_1	X_2	X_3	X_4	X_5	X_6	X_7
上限约束	—	—	—	—	1.911	—	0.25
下限约束	2.7	0.389	0.137	—	—	0.24	0.1
等式约束	—	—	—	0.277	—	—	—

本模型考虑的总水量为供水结构调整后引大灌区每年分配给农业灌溉的毛水量,即为 31 673.73 万 m^3,渠系水利用系数为 0.66,则用于该模型的净灌溉水量为 20 904.7 万 m^3。各种作物的净灌溉定额包括冬季储水灌溉(灌水定额为 1 200 m^3/hm^2)和生育期灌水量总和。确定以上参数(见表 9-5)后即可求解模型。

表 9-5 引大灌区各项参数

作物	春小麦	胡麻	蚕豆	经济林果	紫花苜蓿	马铃薯	其他
X_i(hm^2)	X_1	X_2	X_3	X_4	X_5	X_6	X_7
Y_i(kg/hm^2)	3 420.5	1 820.6	4 457.3	15 000	12 900.3	15 000	7 500
C_i(元/kg)	1.7	4	1.9	0.8	0.8	0.5	1
M_i(m^3/hm^2)	4 155	3 450	3 555	5 400	4 200	3 600	3 600

9.2.2 模型求解

目标函数：

$$\begin{aligned}\max B &= \sum_{i=1}^{n} X_i C_i Y_i \\ &= X_1C_1Y_1 + X_2C_2Y_2 + X_3C_3Y_3 + X_4C_4Y_4 + X_5C_5Y_5 + X_6C_6Y_6 + X_7C_7Y_7 \\ &= 5\,814.9X_1 + 7\,282.4X_2 + 8\,468.9X_3 + 12\,000X_4 + 10\,320.2X_5 + 7\,500X_6 + 7\,500X_7\end{aligned}$$

约束条件：

水量约束

$$\sum_{i=1}^{n} M_i X_i \leqslant M_n$$

$$4\,155X_1 + 3\,450X_2 + 3\,555X_3 + 5\,400X_4 + 4\,200X_5 + 3\,600X_6 + 3\,600X_7 \leqslant 20\,904.7$$

总面积约束

$$\sum_{i=1}^{n} X_i \leqslant A$$

$$X_1 + X_2 + X_3 + X_4 + X_5 + X_6 + X_7 \leqslant 5.733$$

各种作物种植面积约束

小麦约束 $X_1 \geqslant 2.7$

胡麻约束 $X_2 \geqslant 0.389$

蚕豆约束 $X_3 \geqslant 0.137$

经济林果约束 $X_4 = 0.277$

紫花苜蓿约束 $X_5 \leqslant 1.911$

马铃薯约束 $X_6 \geqslant 0.24$

其他作物约束 $0.1 \leqslant X_7 \leqslant 0.25$

此模型的求解采用单纯形表法，其具体步骤不再赘述，计算结果如表9-6所示。采用这样的种植模式引大灌区农业种植总效益可达38 250万元。

表9-6 引大灌区线性规划优化结果 （单位：万 hm^2）

作物	小麦	胡麻	蚕豆	经济林果	苜蓿	马铃薯	其他
决策变量	X_1	X_2	X_3	X_4	X_5	X_6	X_7
面积	2.7	0.389	0.137	0.277	1.223	0.24	0.1

9.2.3 苜蓿的最优种植面积

通过上述线性规划的方法确定出了引大灌区苜蓿的最优种植面积为1.223万 hm^2，小麦种植面积为2.7万 hm^2，胡麻、蚕豆、经济林果等其他作物种植面积之和为1.143万 hm^2，引大灌区最优种植面积为5.066万 hm^2（75.99万亩），占总耕地面积的88.4%。粮食作物、经济作物和牧草的种植比例为0.53:0.23:0.24。

9.2.4 灵敏度分析

上面的线性规划模型，是把约束条件的限定值 b_i，以及目标函数中的效益系数 c_j 看做固定常数的前提下求问题的最优解。但是对一个地区进行生产规划或种植结构调整时，上述数据一般是由试验、调查、估计或预测而来，与实际情况可能有所出入。同时限定值 b_i 与效益系数 c_j 也会随客观条件的变化而变化。因此，有必要进一步讨论由于这些数据的变化对最优解的影响，这就是灵敏度分析。

9.2.4.1　限定值 b_i 的变化

由线性规划的单纯形解法知道，当单纯形表中检验数项 $C-CBB^{-1}A$ 全部为非正时，则其对应的解为该规划问题的最优解，即

XB	b	x_1	x_2	…	x_n
XB	$B^{-1}b$		$B^{-1}A$		
$-f$	$-CBB^{-1}b$		$C-CBB^{-1}A$		

$$X^*=B^{-1}b=B^{-1}\begin{pmatrix}b_1\\b_2\\\vdots\\b_m\end{pmatrix}$$

现设第 r 个约束条件的限定值 b_r 变化 $\mathrm{d}b_r$，其他数据不变，则其解变为：

$$X=B^{-1}\begin{pmatrix}b_1\\\vdots\\b_r+\mathrm{d}b_r\\\vdots\\b_m\end{pmatrix}$$

而检验数项由于不包括参数 b_r，因而 b_i 的变化并不影响检验值。由此可知，为了使变化后的解仍为最优解，只需考虑满足变量的非负条件，即有

$$X=B^{-1}\begin{pmatrix}b_1\\\vdots\\b_r+\mathrm{d}b_r\\\vdots\\b_m\end{pmatrix}=B^{-1}\begin{pmatrix}b_1\\\vdots\\b_r\\\vdots\\b_m\end{pmatrix}+B^{-1}\begin{pmatrix}0\\\vdots\\\mathrm{d}b_r\\\vdots\\0\end{pmatrix}=\begin{pmatrix}\overline{b_1}\\\vdots\\\overline{b_i}\\\vdots\\\overline{b_m}\end{pmatrix}+\begin{pmatrix}a_{1r}\cdot\mathrm{d}b_r\\\vdots\\a_{ir}\cdot\mathrm{d}b_r\\\vdots\\a_{mr}\cdot\mathrm{d}b_r\end{pmatrix}=\begin{pmatrix}\overline{b_1}+a_{1r}\cdot\mathrm{d}b_r\\\vdots\\\overline{b_i}+a_{ir}\cdot\mathrm{d}b_r\\\vdots\\\overline{b_m}+a_{mr}\cdot\mathrm{d}b_r\end{pmatrix}$$

当限定值 b_r 变化 $\mathrm{d}b_r$ 后可根据满足变量的非负条件

$$x_i=b_i+a_{ir}\cdot\mathrm{d}b_r\geqslant 0\quad(i=1,2,\cdots,m)$$

得解 $X=B^{-1}\begin{pmatrix}b_1\\\vdots\\b_r+\mathrm{d}b_r\\\vdots\\b_m\end{pmatrix}$，仍然是规划问题的最优解。

根据上述变量的非负限定条件可求得限定值 b_i 的变化范围 db_i，其结果如表 9-7 所示。

表 9-7　限定值的变化范围

b_i	b_1	b_2	b_3	b_4	b_5	b_6	b_7	b_8	b_9
范围	14 500 ~ 22 000	4.8 ~ 无穷大	2.1 ~ 3.9	0 ~ 1.859	0 ~ 1.537	1.291 ~ 无穷大	0 ~ 1.64	0 ~ 0.21	0.1 ~ 无穷大

9.2.4.2　效益系数 c_j 的变化

效益系数灵敏度分析，取决于检验数项。在单纯形表中检验数的矩阵形式为

$$C - CBB^{-1}A$$

或

$$\begin{aligned}&(CB, CN) - CBB^{-1}(B, N)\\&= (CB, CN) - (CBB^{-1}B, CBB^{-1}N)\\&= (CB, CN) - (CB, CBB^{-1}N)\\&= (0, CBB^{-1}N)\end{aligned} \tag{9-1}$$

写成分量的形式为

$$\lambda_i = 0 \tag{9-2}$$

$$\lambda_j = CN - CBB^{-1}P_j \tag{9-3}$$

式中：λ_i 为各基变量对应的检验数；λ_j 为各非基变量对应的检验数。

由式(9-2)和式(9-3)可知，由于 $\lambda_i = 0$，所以只要当所有非基变量对应的检验数

$$\lambda_j = CN - CBB^{-1}P_j \leqslant 0 \tag{9-4}$$

时，则对应的解为该线性规划问题的最优解。

当效益系数的变化 dc_j 在表 9-8 中的范围内时，对应的解仍为原线性规划问题的最优解。

表 9-8　效益系数的变化范围

dc_j	dc_1	dc_2	dc_3	dc_4	dc_5	dc_6
减小	负无穷大	负无穷大	负无穷大	-350	负无穷大	负无穷大
增大	4 395	1 195	303	正无穷大	1 346	1 346

9.3　苜蓿各水分处理间的种植效益分析

9.3.1　不同处理间苜蓿的种植效益分析

苜蓿的种植效益首先应包括苜蓿的种植净效益，还应包括苜蓿的品质和节水效益，应结合这三个指标来综合分析种植效益。苜蓿的经济净效益可用每亩灌溉面积的净效益来反映，其表示形式为：

$$NB = PY - C$$

式中：NB 为净效益，元/亩；P 为苜蓿单价，元/kg；Y 为产量，kg/亩；C 为种植成本，元/亩。

经调查，P 取 0.8 元/kg；C 主要包括施肥费用 60 元/亩，种子费用 45 元/亩，水费(每亩地的实际灌水量 ×0.25 元/m^3)、机耕及收割费 50 元/亩。苜蓿的品质可以通过蛋白质含量

反映，各处理间节水效益可用其对应的灌溉定额反映。

采用数理统计的方法对各处理的种植效益进行分析。

根据甘农 3 号紫花苜蓿（Medicago sativa L. cv Gannong No. 3）在充分、轻度、中度和重度四种水分处理，对苜蓿的干物质量 x_1（kg/亩）、蛋白质含量 x_2（mg/g）和经济净效益 x_3（元/亩）三个指标进行了观测，观测数据如表 9-9 所示。

X_1、X_2、X_3 和 X_4 相互独立，分别服从 $N_4(\mu_i, \sum)$，$i=1,2,3,4$。$\mu=\frac{1}{4}\sum\mu_i$，$\alpha_i=\mu_i-\mu$。

式中：μ 为总体均值向量；α_i 为对应处理的主效应向量。

采用单因素多元方差分析的方法比较分析不同水分处理间苜蓿的种植效益，步骤如下。

（1）检验 $H_0:\alpha_1=\alpha_2=\alpha_3=\alpha_4=0$　$H_A:\alpha_1,\alpha_2,\alpha_3,\alpha_4$ 不全为 0。

由表 9-9 计算的一级数据列入表 9-10。

表 9-9　苜蓿的干物质量、蛋白质含量和经济净效益观测值

处理			观测值				
充分	X_1	x_1	1 008.5	985.2	971.8	987	978
		x_2	8.8	8.7	9.2	9.7	10
		x_3	541.8	523.2	522.4	524.6	527.4
轻度	X_2	x_1	990	980	975	933	950
		x_2	11.3	11.2	10.9	11.5	10.7
		x_3	537	529	535	501.4	515
中度	X_3	x_1	835	820	790	810	780
		x_2	5.7	5.9	5.5	5.4	5.4
		x_3	423	411	387	403	379
重度	X_4	x_1	719	700	720	725	714
		x_2	5.4	5.7	5.7	5.9	5.1
		x_3	330.2	325	331	335	326.2

表 9-10　一级数据计算结果

处理		重复次数 n_i	和 $T_{i.k}$	$\sum\sum x_{ijk}^2$	$\sum\sum x_{ijk}x_{ijl}$
充分	x_1	5	4 930.5	4 862 739.53	45 740.5
	x_2	5	46.4	431.86	24 488.38
	x_3	5	2 639.4	1 393 543.16	2 603 108
轻度	x_1	5	4 828	4 664 114	53 685
	x_2	5	55.6	618.68	29 101
	x_3	5	2 617.4	1 371 061.96	2 528 731
中度	x_1	5	4 035	3 258 225	22 528.5
	x_2	5	27.9	155.87	11 187.3
	x_3	5	2 003	803 669	1 618 005
重度	x_1	5	3 578	2 560 782	19 895.5
	x_2	5	27.8	154.96	9 162.4
	x_3	5	1 647.4	542 849.48	1 179 016

按照 Bartlett 的研究结果 $V_A = -[f_e + f_A - (p + f_A + 1)/2]\ln\frac{|L_e|}{|W|}$近似服从 $X_2(pf_A)$。

$$V_A = -[f_e + f_A - (p + f_A + 1)/2]\ln\frac{|L_e|}{|W|} = -[16 + 3 - (3 + 3 + 1)/2]\ln\frac{|L_e|}{|W|} = 109.175\ 8$$

$X_2(pf_A)_{0.01} = X_2(9)_{0.01} = 21.666$　　$X_2(pf_A)_{0.005} = X_2(9)_{0.005} = 23.589$

对照表值 V_A 是极显著的，表明应拒绝 H_0 而接受 H_A，即 μ_1, μ_2, μ_3 和 μ_4 不全相等，就是说四种水分处理的均值向量不是完全相等的。

(2)多重比较。

在 H_0 被拒绝后，应进一步进行多重比较，即比较均值向量是否两两相等，也即检验假设 $H_{01}: \alpha_i = \alpha_j (i,j = 1,2,3,4, i \neq j)$，用 F 检验进行。

$F_{iji} = \frac{(n-a-p+1)n_i n_j}{(n-a)p(n_i+n_j)}(\overline{X}_i - \overline{X}_j)^T S_e^{-1}(\overline{X}_i - \overline{X}_j)$服从 $F(p, n-a-p+1)$，其中 $S_e = \frac{1}{n-a}L_e$，

$F_{A12} = \frac{14 \times 5 \times 5}{16 \times 3 \times 10}D_{A12}^2 = 19.804$，$D_{A12}^2$表示和的马氏距离，同理求得其他 F_{Aji}。

$F_{A13} = 143.825$，$F_{A14} = 245.489$，$F_{A23} = 219.864$，$F_{A24} = 320.902$，$F_{A34} = 25.546$

查 F 表得 $F_{0.01}(3,14) = 5.56$，$F_{0.005}(3,14) = 6.68$。由 F_{Aji}的值知：充分、轻度、中度和重度的均值向量差异显著，充分和中度、充分和重度、轻度和中度以及轻度和重度均值向量差异都极为显著。

(3)三个指标均值差的 t 检验。

尽管上述处理间两两有总的显著差异，但还不能最终确定差异是由哪一个分量或指标（产量、蛋白质含量和经济净效益）引起的，为解决这类问题，本书采用了各分量的一元方差分析。其结果见表 9-11。

表 9-11　各处理间均值差的检验结果

处理	t_1	t_2	t_3
充分与轻度	1.68	6.36**	0.58
充分与中度	15.26**	13.71**	14.58**
充分与重度	35.99**	12.91**	49.54**
轻度与中度	10.97**	31.44**	11.79**
轻度与重度	22.09**	27.80**	27.86**
中度与重度	8.44**	0.12	8.72**

注：** 表示有极显著水平差异。

9.3.2　t 检验结论

9.3.2.1　充分与轻度

从表 9-11 中可以看出，充分与轻度除第二个指标（蛋白质含量）外，其余两个指标没有显著性差异，说明充分灌溉条件和轻度水分胁迫条件下苜蓿的产量和经济净效益无显著差异，而蛋白质含量存在显著差异，即说明充分和轻度两均值向量的差异是由第二个指标（蛋白质含量）引起的，原始数据显示轻度水分胁迫条件下苜蓿的蛋白质含量（11.12 mg/g）大于充分灌溉条件下的蛋白质含量（9.28 mg/g）。因此，无论从节水（充分灌溉定额为 320 ~ 360 m^3/亩，轻度灌溉定额为 280 ~ 320 m^3/亩），还是从苜蓿品质来看，苜蓿在轻度水分胁迫

条件下种植效益要优于充分灌溉条件下的效益。

9.3.2.2　充分与中度

从表9-11中可以看出，充分和中度的三个指标都存在显著差异，说明苜蓿在充分灌溉和中度水分胁迫条件下产量、蛋白质含量和经济净效益都呈显著差异，表明充分和中度两均值向量的差异是由三个指标共同引起的，且充分的三个指标都明显优于中度水分胁迫的。所以苜蓿在充分灌溉条件下种植效益要好于中度胁迫条件下的效益。

9.3.2.3　充分与重度

根据 t 检验结果可以看出，这两种处理间的三个指标存在显著差异，表明在充分灌溉和重度水分胁迫条件下产量、蛋白质含量和经济净效益都呈显著差异，即说明充分和重度两均值向量的差异是由三个指标共同引起的，且充分的三个指标都明显优于重度水分胁迫的。所以苜蓿在充分灌溉条件下种植效益要好于重度水分胁迫条件下的效益。

9.3.2.4　轻度与中度

从表9-11中可知，轻度和中度的三个指标都存在显著差异，说明苜蓿在轻度灌溉和中度水分胁迫条件下产量、蛋白质含量和经济净效益都呈显著差异，表明轻度和中度两均值向量的差异是由三个指标共同引起的，且轻度的三个指标都明显优于中度水分胁迫的。所以苜蓿在轻度水分胁迫条件下种植效益要好于中度水分胁迫条件下的效益。

9.3.2.5　轻度与重度

轻度和重度的三个指标也都存在显著差异，说明苜蓿在轻度水分胁迫条件下和重度水分胁迫条件下产量、蛋白质含量和经济净效益都呈显著差异，轻度和重度两均值向量的差异是由三个指标共同引起的，且轻度的三个指标都明显优于重度水分胁迫的。所以苜蓿在轻度水分胁迫条件下种植效益要好于重度水分胁迫条件下的效益。

9.3.2.6　中度与重度

中度和重度除第二个指标无显著差异外，其余两个指标都有显著差异，中度和重度两均值向量的差异是由第一个指标（苜蓿的产量）和第三个指标（苜蓿的经济净效益）引起的。苜蓿在中度水分胁迫条件下产量和经济净效益两个指标都明显优于重度水分胁迫的。所以苜蓿在中度水分胁迫条件下种植效益要好于重度水分胁迫条件下的效益。

通过以上分析，最终得出苜蓿在轻度水分胁迫条件下种植效益最好。其产量和经济净效益与充分灌溉条件下的没有明显差别，但苜蓿的蛋白质含量却高于充分灌溉，苜蓿的灌溉定额小于充分灌溉。轻度水分胁迫条件下的苜蓿产量、蛋白质含量和经济净效益都要比中度和重度两种水分胁迫条件下的要好。

9.4　苜蓿生态适宜性土壤含水量下限

由上述苜蓿各处理间经济效益分析结论可以看出，轻度水分胁迫和充分灌溉的苜蓿的产量和经济效益最好，且这两种处理的产量和经济效益无显著差异。说明苜蓿在这两种水分条件下的生长是适宜的，确定土壤含水量下限为苜蓿在轻度处理下的含水量下限，即为田间持水量的60%～65%。这是苜蓿在全生育期适宜含水量下限的平均水平，生育期各阶段最适宜含水量下限还要根据种草的目的，以及生育期对水分的敏感程度确定。

以产草为目标的苜蓿在返青—分枝期、分枝—现蕾和现蕾—初花期敏感指数都相差不大，对缺水都较为敏感，苜蓿在这三个生育期的适宜土壤含水量下限为60%～65%（FC）左右。

以种子生产为目标的苜蓿在返青—分枝期的水分敏感指数为负值，说明此生育期对缺水不敏感，苜蓿在这个生育期的土壤适宜含水量下线应为55%（FC）左右；在分枝—现蕾、现蕾—开花期两个生育期是苜蓿需水临界期，土壤适宜含水量下限应为65%（FC）左右；在开花—结荚、结荚—成熟这两个生育期对缺水也较为敏感，所以苜蓿在这两个生育期的适宜土壤含水量下限应为60%（FC）左右。

9.5　苜蓿与该灌区重要农作物经济效益分析

9.5.1　苜蓿与小麦经济净效益比较分析

小麦是该灌区种植的主要农作物之一，由于受该灌区土壤盐渍化等因素的影响，表现为高投入，低产出。根据小麦的调亏灌溉试验，小麦净效益可表示为：

$$NB = PY - C$$

式中：NB 为净效益，元/亩；P 为小麦单价，元/kg，P 取 1.4 元/kg；Y 为产量，kg/亩；C 为种植成本，元/亩，主要包括施肥（60 元/亩）、种子（50 元/亩）、水费（每亩地实际灌水量 ×0.25 元/m^3）、机耕费（50 元/亩）及收割费（60 元/亩）。

苜蓿和小麦的经济净效益具体分析结果如表 9-12 所示。

小麦和苜蓿的经济净效益与灌水量的关系如图 9-1 所示，苜蓿的经济净效益要明显优于小麦的经济净效益。但由于苜蓿的生长期比小麦要长得多，苜蓿在一年内的灌溉水量也要比小麦的多，这体现了苜蓿的生态效益比小麦的好，但也反映了苜蓿是一种耗水性较大的作物。苜蓿的单方灌水量的平均净效益为 1.493 元/m^3，小麦的单方灌水量的平均净效益为 0.898 元/m^3，所以尽管苜蓿的年灌溉水量比小麦的多，但种植苜蓿单方水的经济净效益却比小麦的大。

表 9-12　苜蓿和小麦的经济净效益具体分析结果

小麦	灌水量（m^3/hm^2）	2 200	2 600	3 000	3 600	4 200
	产量（kg/hm^2）	3 344	3 848	4 270	4 068	4 000
	经济净效益（元/hm^2）	1 985	2 741	3 359	2 866	2 601
苜蓿	灌水量（m^3/hm^2）	3 600	4 200	4 800	5 400	
	产量（kg/hm^2）	10 650	12 342	14 720	14 953	
	经济净效益（元/hm^2）	4 920	6 199	7 921	7 988	

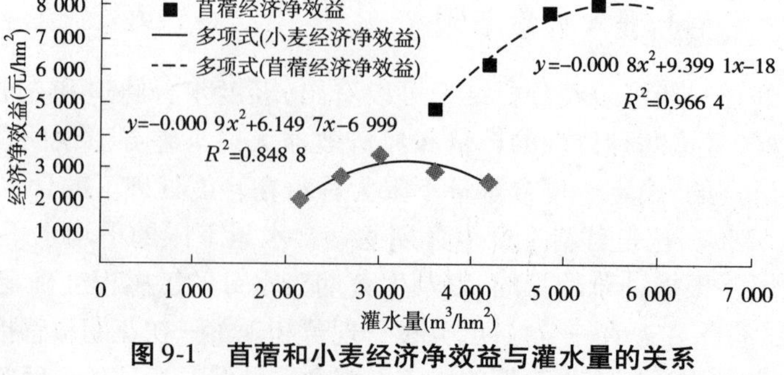

图 9-1　苜蓿和小麦经济净效益与灌水量的关系

9.5.2 苜蓿与蚕豆的经济净效益比较分析

苜蓿和蚕豆的经济净效益分析结果见表 9-13，苜蓿的单方灌水量的平均净效益为 1.493 元/m^3，蚕豆的单方灌水量的平均净效益为 0.908 元/m^3，因此尽管苜蓿的年灌溉水量比蚕豆的多，但种植苜蓿单方水的经济净效益却比蚕豆的大。

表 9-13 苜蓿和蚕豆经济净效益分析结果

蚕豆	灌水量(m^3/hm^2)	2 400	2 700	3 000	3 300	3 595	3 750
	产量(kg/hm^2)	2 604	3 965	4 686	4 397	3 208	2 966
	经济净效益(元/hm^2)	557	3 205	4 572	3 918	1 467	944
苜蓿	灌水量(m^3/hm^2)	3 600	4 200	4 800	5 400		
	产量(kg/hm^2)	10 650	12 342	14 720	14 953		
	经济净效益(元/hm^2)	4 920	6 199	7 921	7 988		

蚕豆和苜蓿的经济净效益与灌溉水量的关系如图 9-2 所示。苜蓿的经济净效益要明显优于蚕豆的经济净效益。苜蓿一年要收割三茬，生长期约 200 d，蚕豆 110 d 左右，一年内的灌溉水量比蚕豆多，耗水量也较大，单方水的生产效益要明显高于蚕豆，经济净效益较蚕豆高。

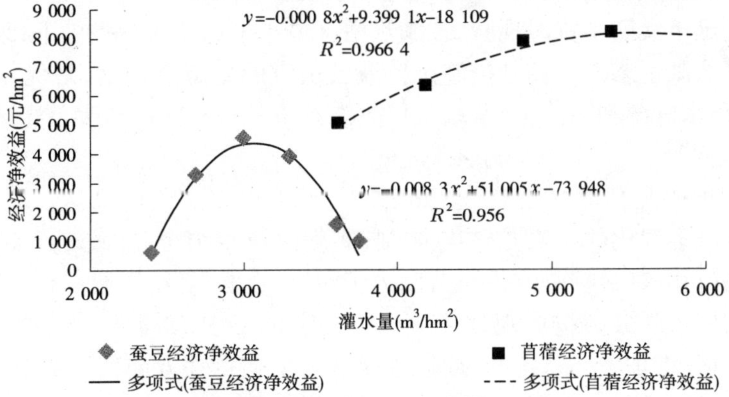

图 9-2 苜蓿和蚕豆经济净效益与灌水量的关系

第十章　秦王川灌区建设方向——西部生态灌区

10.1　秦王川生态灌区建设思路

秦王川等旱区灌区均承担着生态屏障和发展经济两大功能,灌区生态灾难转移已初见端倪,灌区发展的方向应是“现代节水型生态灌溉”。本书提出了生态灌溉新思路,它是在维护灌区生态系统健康的前提下,以生态节水方式来提高灌区水资源利用效率或牧草水分生产率,挖掘牧草生态生产潜力,应用水分生态生产力观点和牧草的非充分灌溉、调亏灌溉原理等新理论,揭示灌区土壤水盐运移与苜蓿生理生态之间的关系,揭示多年生牧草收获阶段生态节水机理并与提升灌区苜蓿留床面积为主的多元种植结构相结合的良性循环过程。

秦王川灌区正面临着由大定额灌溉引起地下水位不断抬高而造成的次生盐渍化等一系列生态问题。对于该灌区,不仅要追求经济效益,更要改善日益恶化的生态环境,由传统灌溉模式向生态灌溉模式转变,建设“西部现代节水型生态灌区”。

生态灌溉立足于灌区水资源现状,在满足灌区最小生态需水量条件下,采用适度增加生态灌溉用水量等灌溉生态人工控制措施维持灌区适宜的生态蒸发量,是优化灌区生态种植结构、灌溉形态和水资源利用决策,获取最佳生态经济效益和保护与改善灌区生态环境的必然要求。

现代化灌区是指实行灌区现代化(Irrigation modernization)的灌区。联合国粮农组织(FAO1997)对灌溉现代化的定义是:“与体制、制度改革相结合,在技术上和管理上改进与提高灌溉系统的过程;其目标是改进对劳动力资源、水资源、经济资源和环境资源的利用,以及改进对农民的配水服务。”按照现代化灌区的定义或要求,其本身就应是节水型的,而且应该是能保护环境、维护生态系统的,或促进灌区环境朝良性方向发展的节水型生态灌区。这正是秦王川建设现代化节水型生态灌区的思路所在。

10.2　发展旱区生态灌区的初步探索

10.2.1　工程节水向生态节水灌区转变

生态灌区是未来新型灌区发展方向。由于秦王川灌区是一个跨流域调水灌区,而且是一个地多水少的典型的西北灌区。要防止出现灌区生态退化现象,必须优化生态种植模式,这也就意味着引大需要实现从过去一味靠工程引水向生态节水型的巨大转变,这种转变是引大走向现代化灌区的必经之路。只有实现这个转变才能使引大转变为生态灌溉灌区成为可能。

10.2.2　建设生态草工程

在秦王川灌区,小麦是一种高耗水、低产量的粮食作物,其灌溉效益比蚕豆、胡麻和苜蓿等都低,且大面积种植。如果缩小小麦的种植面积,将节省下来的宝贵水资源和土地用于建设生态草工程,就既保证了整个灌区有较高的经济效益,又保证了土地资源不被撂荒和沙化，产生较高的生态效益。

以苜蓿替代小麦的方式，利用 9. 2. 2 中的相关结论，通过农业和生态灌溉总水量等于灌区所分配给农业的总水量和总种植面积等于灌区总耕地面积这两个等式约束条件，计算出秦王川灌区最优生态草工程的规模，最终可确定出该灌区的最优生态灌溉模式。

10. 2. 3　草地生态灌溉定额的确定

10. 2. 3. 1　经济净效益非零法

虽然生态草和林草都是以追求生态价值为主，但事实上如果只追求生态效益而不考虑经济效益也是不切实际的。生态效益的创造和维护需要投入一定数量的人力和资金，但生态效益在使用上具有非排他性，因而创造和维护生态效益的这部分投入难以通过市场机制获得回报。如果改善生态环境的需求可以免费地得到满足，需求必然会无限大；如果改善生态环境的供给得不到任何补偿，供给就会极为有限，供求的均衡只能停留在极低的水平上。所以在秦王川灌区实施生态草工程时，应首先在保证净效益非零的原则上进行，否则农民的积极性将不能从本质上得到激发。

通过分析，经济净效益非零是生态草工程实施的内在动力因素，而外部补偿是生态工程实施的外部动力。这种外部动力是很有限的，它只能在工程实施初起到较大的作用，而工程的净效益非零才是真正的一种长效机制。本书以种植生态草（以苜蓿为例）经济净效益非零为原则来确定生态草的灌溉定额。

根据秦王川大田苜蓿调亏灌溉试验，得出三茬苜蓿干草总产量和经济净效益分别与灌溉水量（包括冬季储水灌溉水量）的函数关系为：产量与灌水量 $y = -0.015\,2x^2 + 11.672x - 1\,224.8$（$R^2 = 0.970$），式中 x 为灌水总量（m^3/亩），y 为每亩地年产干草量（kg/亩）；净效益与灌水量 $E = -0.012\,6x^2 + 9.399\,1x - 1\,207.3$（$R^2 = 0.970$），式中 x 为灌水总量（m^3/亩），E 为每亩地种植苜蓿经济净效益（元/亩）。根据经济净效益非负原则，当灌水量为 2 490 m^3/hm^2 时，种植苜蓿净效益为零，对应的干草产量为4 409kg/hm^2。

10. 2. 3. 2　基于生态经济的草地生态需水量的确定

在水资源开发过程中，虽然创造了很大的经济价值，但同时也带来了严重的生态环境问题，使得生态系统的许多功能降低或消失，生态价值也随之下降。从保护生态功能方面确定生态需水和从生态价值方面确定生态需水出发点是完全相同的。本书的基本思想是确定草地生态灌溉水量与生态价值的关系曲线，然后根据单方水生态效益最高的原则确定最优的生态草灌溉定额。

（1）灌区草地生态价值的估算。

据 Costanzals 估计多年生草地生态服务价值约为每年每公顷 232 美元；陈仲新、张新时估算多年生人工草地（按 32. 13 万 hm^2 计）的生态价值约 0. 75 亿美元，人工草地生态效益为 1 342. 5 元/hm^2。据其他有关专家测算，每公顷健康稳定的草原生物群落，其保土蓄水、防沙净气的年综合生态效益价值为 2 000 ~ 4 000 元，即每公顷生长良好、完全覆盖地表的生态草的综合生态效益价值为 1 342. 5 ~ 2 670 元/hm^2。

秦王川灌区种植苜蓿，当灌溉水量在 1 600 m^3/hm^2 左右时，苜蓿就能完全覆盖地面，而且生长良好，这时可将综合生态效益价值估算为 1 342. 5 元/hm^2；当不灌水时，多年生紫花苜蓿植株矮小，地面覆盖度不超过 20%，此时生态草的保土蓄水和防沙净气的作用都很小，所以可近似认为此时生态效益为零；当只进行冬季储水灌溉时，多年生紫花苜蓿的覆盖度会达到50%左右,此时假定生态效益为25%×1 342.5 元/hm^2;当灌水量为3 200m^3/hm^2 时,产量达到最大值,此时对应的生态效益也达到最大值2 670 元/hm^2。当生态草的地面覆盖度达到100%时,此时再增加水量,生态草所增加的生态效益主要体现在净气作用上,而保土蓄水和防沙的生态作用增加较小,符合经济学上的报酬递减规律,即当生态草的灌溉定额到一定值时(1 600 m^3/hm^2),若再增加灌水量时,草的生态总效益并不等量的增加。当灌水量在1 600~2 670 m^3/hm^2时,生态总效益与灌水量大致呈抛物线递增。

(2)用单方水生态效益最高来确定生态灌溉水量。

根据草地生态总效益与灌水量近似呈抛物线递增规律和上面的几个控制点,回归得到苜蓿生态草与灌溉水量的关系为:$y=-0.005\,2x^2+3.278x-273.8$ ($R^2=0.990$),则单方水的生态效益可表示为$E=Y/W_e$。若生态效益与灌溉水量的关系用式$Y=aW_e{}^2+bW_e+c$来表示,则单方水的生态效益可用式(10-1)表示:

$$E=\frac{Y}{W_e}=\frac{aW_e^2+bW_e+c}{W_e}=aW_e+b+\frac{c}{W_e} \tag{10-1}$$

若使单方水的生态效益最高,可对式(10-1)求导,并令 $d(Q)/d(ET)=0$,则可整理得到单方水的生态效益最高时的生态草灌溉定额计算公式:

$$W_e=\sqrt{\frac{c}{a}} \tag{10-2}$$

用式(10-2)可计算出以单方水的生态效益最高为原则所确定的生态草的灌溉定额,结果见表10-1所示。

表10-1　草地生态灌溉定额的确定结果　　(单位:m^3/hm^2)

方法	经济净效益非零法	单方水生态效益最大法	灌溉定额整倍数法
生态草灌溉定额	2 490	3 443	3 000

依据灌溉定额整倍数法,结合经济净效益非零法和单方水生态效益最大法,取生态苜蓿的总灌溉水量为3 000 m^3/ hm^2。需要指出的是该水量并非是一个定值,它的取值在一定的范围之内,通常大于最小生态需水量,小于或等于适宜生态需水量。这与社会发展相适应,随着经济的发展,水资源的利用效率得到提高,经济生活对水资源的需求量减小,人们对周围的生存环境健康状况的要求增加,这样就会使得相同生态系统的生态价值提高,相应生态需水量增加,而当人们的生活水平较低的时候,相应生态价值就低,通常水资源利用效率也低,从而最终导致生态需水量下降。

10.2.4　引大灌区生态灌溉作物面积与水量配置

根据以上分析可知最优生态灌溉应满足以下约束条件。

(1)约束条件。

水量约束:

$$\sum_{i=1}^{n} M_i X_i = M_n$$

$$4\,155X_1+3\,450X_2+3\,555X_3+5\,400X_4+4\,200X_5+3\,600X_6+3\,600X_7+3\,000X_8=20\,904.7$$

总面积约束:

$$\sum_{i=1}^{n} X_i = A$$

$$X_1 + X_2 + X_3 + X_4 + X_5 + X_6 + X_7 + X_8 = 5.73$$

其中:X_8 代表苜蓿的生态灌溉面积,万 hm^2;其余见表 10-2。

(2)约束条件的化简如下。

水量约束:

$$\sum_{i=1}^{n} M_i X_i = M_n$$

$$4\,155X_1 + 3\,000X_8 = 11\,219.2 \quad (10\text{-}3)$$

总面积约束:

$$\sum_{i=1}^{n} X_i = A$$

$$X_1 + X_8 = 3.364 \quad (10\text{-}4)$$

将式(10-3)和式(10-4)联立求解并结合 9.2.2 中的计算结果,得到引大灌区最优生态灌溉水量优化配置,结果如表 10-2 所示。

表 10-2 引大灌区生态灌溉作物面积与水量配置

作物	小麦	胡麻	蚕豆	经济林果	经济苜蓿	马铃薯	其他	生态草
决策变量	X_1	X_2	X_3	X_4	X_5	X_6	X_7	X_8
面积值(万 hm^2)	0.967	0.389	0.137	0.277	1.223	0.24	0.1	2.397
灌溉水量(万 m^3)	4 017.9	1 342.1	487	1 495.8	5 136.6	864	360	7 191

10.3 灌区苜蓿水土保持生态效益定性评价

牧草的巨大生态效益逐渐被人们所认识,但草地生态效益的价值估算及其评价缺乏直观、数量化的依据。包括人工草地、改良草地、退耕后处于恢复期的各类草地,由于植被生态过程的机制极其复杂,很难对其全部生态效益做出比较精确的估算,这既有估算方法的问题,也有对生态效益本身认识程度的问题。本书仅对苜蓿水土保持生态效益几个方面的具体表现定性描述,以利今后对其生态价值做深入研究。

10.3.1 减少土壤水蚀

秦王川地区虽然降水总量不高,但降水集中,强度大,对地表冲击和冲刷强烈。冬春季节风大沙多,干旱少水,特别春季冻融交替时节,表土疏松,易形成风蚀。苜蓿枝叶能缓冲雨水对地表的冲击,拦截径流,防止冲刷,加速水分下渗。本试验测定第一年苜蓿的总根量可达到 4 292 kg/hm^2,根系可以固结土壤,帮助降水向土层深处渗透,并可增加土壤有机质,改善土壤结构,增强吸水保水能力,提高抗侵蚀水平。任继周(1992)指出草地的径流只有农田的 10% ~40%。草地的土壤侵蚀量只有农田的 2% ~4%。

10.3.2 减少土壤风蚀

风蚀沙化是北方干旱地区面临的最大的生态问题,在全国 7 399 万 hm^2 农牧交错土地中,荒漠化面积占 45.24%,且多数为沙质荒漠化(1994 ~1996 年调查)。耕地占 26% 北方农牧交错带以及灌区绿洲荒漠过渡带，是荒漠化易发区，也是重要的沙尘源。苜蓿的根茬可增加地表粗糙度，降低冬春季节风速，滞留积雪，枯枝败叶也对地表起保护作用，使风蚀的程度大大降低。在北方旱作农业区或旱区灌区苜蓿表现出独特的水土保持与荒漠化防治作用。

20 世纪 30 年代黑风暴席卷美国之后，美国积极采取措施，退耕还草，保护放牧地，建立了大量的混播草地和苜蓿人工草地，成就了美国人工草地大国的地位。如今美国仅苜蓿草地就有近 1 000 万 hm^2，生态效益和经济效益都是巨大的。

10.3.3　增加和保持土壤肥力

草地的生态效益还体现在增加肥力和保持肥力两个方面。草地自然增肥依靠三种途径，一是生物固氮，二是增加土壤有机质，三是改良土壤结构。苜蓿属于豆科牧草，生物固氮是通过根瘤菌来实现的。据报道苜蓿年固氮量可达 330 ~ 349.5 kg/hm^2。阿根廷轮作草地中苜蓿从第一年到第四年每年固定的氮量分别为 50 ~ 250 kg/hm^2、80 ~ 400 kg/hm^2、100 ~ 500 kg/hm^2、和 1 000 kg/hm^2。苜蓿的固氮能力和巨大的地下生物量，使之成为许多非豆类作物的良好前茬。

苜蓿对盐碱地的改良亦有良好的效果。我国历史上不乏"化斥卤为良田"的实例。到了清代，用绿肥治盐碱已得到广泛的应用，其中苜蓿是治盐碱的重要作物。本书前述内容中也对苜蓿在盐分胁迫下生态适应性及治盐碱效应作了初步探讨，在秦王川这样的新建灌区具有特殊意义。

10.3.4　提高生态生产力

苜蓿是多年生优质牧草，光能效应和水分效应的潜力十分显著。任继周(1992)在论述草地生态生产力时指出，将牧草加入大田作物可提高光能利用率 40%，在牧草全年栽培可提高光能利用率 90%，作物生长以外的降雨量可为草地利用，支持光能发挥生物学效益。

苜蓿的抗逆性和多年生多茬收获的特征决定了苜蓿可以持续长久地服务于生态，可以建植于土壤条件较差的地方并改良土壤；可有效利用非粮食作物生长期的大量水资源，提高水分支持光能发挥苜蓿生物效益，促进营养生长所需；可不断地净化空气和制造氧气；可多次收获鲜草，提高草地生态生产力。

第十一章 问题与讨论

本书在查阅大量中外文文献的基础上，对旱区灌区（以秦王川灌区为主，结合兰州市甘肃农业大学水利大院试验区）大田和筒栽苜蓿进行了灌水试验研究。全书在苜蓿生态灌溉理念的支配下，对土壤水盐动态及其对苜蓿生理生态影响作了分析研究，对苜蓿生态灌溉制度及其综合效益进行了分析，首次提出了秦王川灌区苜蓿生态灌溉调控的优化模式。对西部内陆干旱灌区建立牧草灌溉水—光合作用—经济产量转化效益及水盐—牧草作物—生态系统优化协调的生态灌溉理论及创新技术具有重要作用。

由于本研究涉及交叉学科领域，研究者知识面和专业水平及时间所限，研究深度多有不足，研究范围需要拓宽，还引发了一些新的问题和探讨领域，有待今后深入研究。

(1)试验结果地域适应性的定位问题。

本研究在地域上主要针对甘肃中部的秦王川灌区，该地区属北温带半干旱大陆性季风气候，位于半干旱荒漠向干旱荒漠的过渡地带。试图借此研究为旱区灌区苜蓿种植情况下土壤水盐动态、苜蓿生态灌溉优化模式等研究提供一定的参考价值，但旱区灌区是一个广义的范围，本研究结果的适用性是有限的，需要进一步拓展试验研究。

(2)苜蓿灌溉对灌区水资源优化配置的影响问题。

本研究局限于水资源短缺条件下苜蓿灌溉机理和多项指标的研究，对解释灌区生态灌溉概念的基本内涵起了一定作用，但对灌区水资源的优化配置和供水结构的调整以及草地农业生态生产力等生态系统深层次问题研究不够。

(3)试验结论的可靠性问题。

本试验研究所得结论是在一定时期的气象、土质等因素下得出的，而这些因素本身就是复杂和可变的，试验结果必然有其随机性的一面。为了尽量克服其随机性，有待于利用时间序列分析法提高其准确性。

(4)试验设计的完善问题。

试验结论是在特定试验处理下得出的，但在条件允许的情况下对各水盐胁迫下限指标进行适当调整或增大各下限指标梯度开展试验，得出的结论将会更加完善。

(5)水盐平衡问题。

研究没有分析不同试验设计下苜蓿栽培对土壤水盐平衡的影响，包括苜蓿种植对土壤盐分改良和迁移，未能给出量化的指标，这使得在认识和研究苜蓿对土壤盐碱化的改良效果方面缺乏了技术依据，亟待下一步研究。同时，秦王川地区浅层地下水矿化度较大，在将来涉及部分地下微咸水灌溉条件下的水盐平衡也是生态灌溉研究方向之一。

(6)苜蓿对不同盐碱化土壤的生态适应性问题。

秦王川不同程度盐碱土取样后通过筒栽灌溉条件下取得的苜蓿生态灌溉研究成果，由于取样的代表性和试验重复都很有限，在今后的大田推广中较大田间试验存在一定的精准性差异，有待进行较全面的实地大田试验以探索能够主要满足生态适应性和经济效益要求的苜蓿栽培土壤水盐下限环境。

(7)苜蓿水分生态生产力问题。

影响苜蓿生长及产量的基本因素很多,这些基本因素相互联系、相互制约,苜蓿的水分生态生产力在很大程度上随最低量因素的变化而产生变化,当其余条件发生变化时,所得结论会与上述结论有出入。

(8)苜蓿种植对土壤干化的影响问题。

苜蓿根系可以全方位吸收土壤水分,表现之一就是根系深扎吸取深层土壤水分以满足巨大的腾发量,多年生苜蓿表现尤其明显,而秦王川大部分地区土层较薄又存在盐碱化问题,根系下扎和土壤干化的表现尚不清楚,本研究没有对此展开研究;其次,试验取土深度有限,深层土壤水分及地下水影响的变化因素考虑不够而引起试验结果存在一定误差将是不可避免的。

(9)生态和经济效益问题。

水资源是旱区灌区发展的重要支撑,同时也是第一制约资源,但苜蓿是高耗水作物,在河西绿洲、景电等灌区较大规模发展苜蓿为主的牧草产业是近几年的事,无论从生态角度、水分生态利用效率等重要因素方面考虑,还是从因地制宜建立牧草灌溉水—光合作用—经济产量转化效益及水盐—牧草作物—生态系统体系,促使灌区粮食—经济作物—饲料作物三元结构形成,由单纯"以粮为纲"的作物大田灌溉向以"蛋白质为纲"的混合饲料型生态灌溉转变等方面都是有益的,而这方面的理论有待完善,效益的衡量和取舍仍需进一步论证,同时,这还涉及到未来灌区供水结构的调整方案和实施,因此这个过程势必是漫长和曲折的。

(10)提高苜蓿水分利用效率问题。

植株棵间蒸发和蒸腾构成了其腾发量,固本研究提高水分利用率一是要确保苜蓿第一、二茬产量,二是要尽量的抑制棵间蒸发。有研究表明,早期较充足的土壤水使苜蓿更快地占据土壤上层的空间,形成较大冠层,更有效地抑制棵间蒸发,以提高水分利用率,这就要求灌溉时还要尽量保证第一茬苜蓿生长初期的土壤含水量。在盐碱地种植苜蓿,这种情况也是一个值得考虑的问题。

本研究首提生态灌溉新概念,并贯穿于全部的试验研究和全书的创新完成过程,仅仅是个起步,旱区灌区生态灌溉理论模式的建立及其理论体系的完善任重道远,本研究算是一次尝试。从横向看,本研究对灌区草地农业生态系统中前初级生产层生态生产力没有展开研究,比如灌区农作物引入苜蓿等牧草后对其他农田灌溉模式的影响和三茬苜蓿对灌区水分、光能的利用率的提高及衍生的生态效益没有定量地衡量等。从纵向看,对 SPAC 系统水盐运移的植物—大气界面的动力机制研究不够全面和深入,还存在很大的研究空间。

参考文献

[1] Akin. D. E, E. L. Robinson. 1982. Structure of leaves and stems of arrow leaf and crimson[M].

[2] Albert W. B. 1927. Studies on the growth of alfalfa and some perennial grasses[M].

[3] Albrecht, K. A, W. F. Wedin, D. R. Buxton. 1987. Cell wall composition and digestibility of alfalfa[M].

[4] Barnes . DK, L. J. Elling. 1978. Fall dormancy in alfalfa: A valuable prediction tool[M]. IN rep of 26th alfalfaim provement conf brooking sd. 6-8june. USDA – SEAst. paul. 34.

[5] Barnes D. k. S. A. Ostazeski. 1969. Effect of Anthracnose in fection on yield[J]. Stand and vigor of Alfalfa, CroP sci, 3:344-346.

[6] Basu, P. K, et al. 1978. A comparesion of two methods for estimating common leaf spot severity and yield loss alfalfa[J]. Plant. Dis . Reptr 62:1002-1005.

[7] BEARJ, GILMAN. 1995. A migration of salts in the unsaturated zone caused by heating[J]. Transpporous media, 19:139-156.

[8] Bissonnette. S. M. , Pederson. W. L. 1994. Yield loss in two spring at cultivars due to Puccini a corona tafsp [J]. Ovenal in the presence or absence of barley yellow dwarf virus. phy-topathology, 84:363-371.

[9] Brouwer D. J. , T. Cosborn. 1998. Comparision of seedings and cutting for evaluating winter hardiness in alfalfa [J]. Crop sci, 38:1704-1707.

[10] Brown, R. H. , R. E. Simmons. 1979. Photosynthesis of grass species differing in fixation pathways I: water-use efficiency[J]. Crop sci, 4:375-379.

[11] Bula R. J. , H. J. Hodgson. 1956. Cold resistance and chemical composition in over wintering alfalfa, red cover and sweet clover[J]. Agron. J, 46:397-401.

[12] Carnahan, H. L, A. W Horin. , C. H. Hanson. 1960. General vs specific combining ability for seeding vigor and fall growth habit in the year of establishment[J]. Agron . J, 52:511-516.

[13] Carson, F. A. 1925. The effect of soil structure on the character of alfalfa root systems [J]. J. Am. Soc. Agron, 17:336-345.

[14] CHALMERSDJ, BVANdenEnde. 1975. Productivity of peach trees factors affecting dry weight distribution during tree growth[J]. Ann. Bot. 39:423-432.

[15] Char Brummor E. , Diane luth. 2000. Reexaming the relationship between fall dormancy and winter hardiness in alfalfa[J] . Crop sci, 40:971-977.

[16] Cock. J. H, D. Franklin, G. Sandova . 1979 . The ideal cassava plant for maximum yield[J]. Crop sci, 2: 271-279.

[17] Cole, E. R. Rev. 1969. Pure-Appl-chem, 19:109-130.

[18] Collins. M, T. H. Taylor. 1984. Quality changes of late summer and autumn produced alfalfa and red clove [J]. Agron, J, 76:409-415.

[19] Cooper. J, P. , D. Wilson. 1970. Variation in Photosynthetic rate in lolium Int[J]. Grass. congr. proc. 11, csurfers. pardise, queens land, austrilia, 512-527.

[20] Covich, A. 1993. Water and ecosystems[M]. NewYork, 40-55.

[21] Cowett. , Everett. R. , SPragVe, Milton. A. 1962. Factors effecting alfalfa[J]. Agron J, 54:294-297.

[22] Cu. ninglla, S. M. , L. R. Teber. 1998. Plants Lrvival and root and btdcoln positin of alfalfa[J]. PoPLIlations selected for colltrasting fall dorlnancy. CroP sci, 38:962-969.

[23] Davis. R. L. , R. J, Baker. 1966. Predicting yields from associated characters in: nedicago sativa[J]. CroP

sci,2:492-494.

[24] Davis. R. L. , R. J. Buke. 1966. Relationships among seeding height, green house regrowth, fall height, all dring height in Inedicage[J]. CroP sci,1:201-203.

[25] Davis. RL. 1951. A study of tileinlleritance of resistance in alfalfa to common leafs[J]. Pot. Agron. J,43:331-337.

[26] DelanyR. H. I. , A. K . Dobrenz. 1974. Morphological and anatomical features of alfalfa leaves as related to CO_2 exchange[J]. Crop science,3:444-447.

[27] Dotzenko. A, G. H . Ahlgren. 1950. Response of alfalfa in an alfalfa-brome grass mixture to various cutting treatments[J]. Agron-J,42:246-247.

[28] Douglas. J. ,Thomas. C . osborll. 2000. Mapping genetic factors associated with winter hardiness, fall growth and freezing injury in an totetra ploid alfalfa[J]. CroP sci,40:1387-1396.

[29] Dudley. J. W. , Hanson. C. H. 1961. Inter relations among characters in F_2 progenies froln crosses between creeping-rooted and hay-type alfalfa clones[J]. CroP sci,1:59-63.

[30] Downey L . A. 1972. Water-yield relations for non forage crops[J]. J of Irri and Drain. Division ASCE, (96):107-115.

[31] Elgin. JH. 1981. An thracnose pesistance increase alfalfa yield[J]. CroP sci,21(3):457-460.

[32] Elign. J. H, D W. Evans. 1975 . Evaluation of alfalfa for steln nematode resistance[J]. CroP sci,2:275-276.

[33] EVANSLT, WARDLSWIF, FISCHERRA. Wheat. In: Ltevanseds. Cropphysiology[C]. Cambridge University Press,1975:101-149.

[34] Felt, ler. K. C. , M. A. Massengale. 1965. Influence of temperate: reand harvest management on growth level of carbohydrates in the roots and survival of alfalfa[J]. CroP sci,5:585-588.

[35] Ferderick. w. Fuess. , MIlo, B. Teasr. 1968. Photosynthetic efficiency, yield and leaf in alfalfa[J]. CroP sci, (2):159-163.

[36] Frakes, R. V, R. L. Davis. 1961. Tlle breeding behavior of yield and related variables in alfalfa, 11 associations between characters[J]. Crop sci,3:207-209.

[37] Garver . Alfalfa root studies[M]. U. S. D. A, Bull. 1922:1087.

[38] Geoffrcy. E, Irink, Timothy. E, Fairbrother . 1992 . Forage quality and morphological components of diverse clovers during Primary spring growth[J]. CroP sci,32:1043-1048.

[39] George. ll. L, Liang, William, A Rield . 1964. Agronomic traits infiue. Icing forage and secd[M].

[40] Gleick, P. H. 1996. Water in crisis: paths to sustainable water use[J]. Ecological Applications, 8(3):571-579.

[41] GREGORYPJ, MCGOWANM, BISWEPV, et al. Water relations of winter wheat. Growth of the root system. Journal of Agricultural Science[C]. Cambridge University Press,1975:91-102.

[42] HURDEA. Phenology and drought tolerance in wheat[J]. Agric. Meteoro,1974,14:39-55.

[43] KLUTE A. 1952. A numerical method for solving flow equation for water in unsaturated materials[J]. Soil sci,73:105-116.

[44] MCBRIDE JF, HORTON R. A numpirical function to describe measured water distributions from horizontal infiltration experiments[J]. Water Resour Res,1985,21:1539-1544.

[45] Mehanni A. H. , RePsys A. p. 1986. Perennial pasture production after irrigation with saline groundwater in the Goulburn Valley[J]. Victoria, lrrig. Sci. 7:277-286.

[46] NASSARIN, HORTONR. Water transport in unsaturated, nonisothermal, sality soil: Experimental results [J]. Soil sci Soc AmJ,1989, a 53:1323-1329.

[47] NASSARIN, HORTONR. Water transport in unsaturated, nonisothermal, sality soil: 1 theoretical development

[J]. Soil Sci Soc AmJ,1989,b53:1330-1337.
[48] N. Katerji,J. W. van Hoorn,A. Hamdy,N. Bouzid,S. EI-Sayed Mahrous and M. Masteroroilli. 1992. Effect of Salinity on water stress,growth and yield of broadbeans[J]. Agricultural Water Management,21:107-117.
[49] Noble C. L. Hunter C. C. ,Wildes R. A. 1987. Irrigation of lucerne with saline groundwater on a slowly Permeable duplex 5011[J]. lrrig. sci. 8:35-48.
[50] PASSIOURAJB. Physiology of grain yield on wheat growing on stored water[J]. J. PlantPhysiol,1976,3:559-565.
[51] Saeed. LAM,EI-Nadi A. H. 1997. Irrigation effects on the growth,yield,and water use efficiency of alfalfa [J]. Irri Sci. 17(2):63-68.
[52] Saeed. IAM,EI-Nadi A. H. Forage sorghum yield and water use efficiency under variable irrigation [J]. Sci. 1998. 18:67-71.
[53] SHAO MA,HORTONR,JAYNES D B. Analytical solution for one-dimensionsal hat conduction-convectione quation[J]. Soil Sci Soc Am J,1998,62:123-128.
[54] SinghP,et al. 1987. Comparative performance of different crop production functions for wheat[J]. Irri Sci. (8):273-290.
[55] SinghT,et al. 1983. Effect of water stress at three growth stages on the yield and water use efficiency of dwarf wheat[J]. Irri. (4):219.
[56] US Salinity Laboratory Staff . 1954. Diagnosis and improvement of saline and alkali 50115 [M]: USDA. Handbook No. 60.
[57] WEAVERE. Root development of field crops[M]. NewYork:MeGraw-Hill,1926.
[58] Whipple,W. Jr,et al. 1999. A Proposed approach to coordination of water resources development and environmental regulations[J]. Journal of the American Water Resources Association,35(4) clovers as realted to in vitro digestibility. Crop sci,22:24-29.
[59] 白静仁. 润不勒苜蓿适应性及生产性能的研究[J]. 中国草原,1985,(2):56-59.
[60] 白元生. 饲料原料学[M]. 北京:中国农业出版社,1999.
[61] 卞戈亚,周明耀,朱春龙. 生态需水量计算方法研究现状及展望[J]. 水资源保护,2003,(6).
[62] 北京农业大学. 草地学[M]. 北京:中国农业出版社,1982:82-83.
[63] 柴来智. 茅碱草产量构成因素分析及动态变化初探[J]. 草业科学,1991,8(4):27-29.
[64] 曹致中. 优质苜蓿栽培与利用[M]. 北京:中国农业出版社,2002:25-40.
[65] 曹致中. 苜蓿多刈试验报告[J]. 牧草与饲料,1992,(3):25-27.
[66] 崔树彬. 关于生态环境需水若干问题的探讨[J]. 中国水利,2001,(8):71-74.
[67] 崔鲜. 适宜放牧的根蘖型苜蓿生理特性及营养动态研究[J]. 草原与草坪,2001,(1):22-24.
[68] 陈昌毓. 河西走廊实际水资源及其确定的适宜绿洲和农田面积[J]. 干旱区资源与环境,1995,9(3): 122-128.
[69] 陈昌毓,董安祥. 甘肃干旱半干旱地区林木蒸散量估算和水分适生度研究[J]. 应用气象学报,1998,9(1): 79-87.
[70] 陈培元. 冬小麦根系研究[J]. 陕西农业科学,1980,(6):1-6.
[71] 陈晓远,罗远培,李韵珠. 分枝期复水对苗期受旱冬小麦的激发效应[J]. 中国农业大学学报,1999,4(3):23-28.
[72] 陈亚明. 退化蒿草型高山草地补播豆科牧草的研究[J]. 草业学报,1999,8(2):71-75.
[73] 陈玉民,肖俊夫,王宪杰,等. 非充分灌溉研究进展及展望[J]. 灌溉排水,2001,20(2):73-75.
[74] 耿本仁. 沙打旺主要性状对产量的影响[J]. 中国草原,1985,(4):58-61.
[75] 樊江文. 红三叶再生草的生物学特性研究[J]. 草业科学,2001,18(4):18-22.

[76] 丰华丽,王超,朱光灿．土地利用变化对流域生态需水的影响分析[J]．水科学进展,2002,13(6):758-762.
[77] 高玲．盐胁迫[J]．天津农林科技,1994,(4):35-38.
[78] 郭安红,魏红,李凤明,等．土壤水分亏缺对春小麦根系干物质累积和分配的影响[J]．生态学报,1999, 19(2):22-27.
[79] 郭素珍,等．土壤物理学[M]．呼和浩特:内蒙古文化出版社,1998.
[80] 郭相平．夏玉米调亏灌溉机理与指标研究[D]．杨陵:西北农业大学,1999.
[81] 郭元裕．农田水利学[M].3 版．北京:中国水利水电出版社,1997.
[82] 昊景海．禾本科牧草品种引种试验报告[J]．牧草与饲料,1988,(4):30.
[83] 洪把曾．草业与西部大开发[M]．北京:中国农业出版社,2001.
[84] 洪把曾．积极稳步发展中国的苜蓿产业[J]．中国草原学会论文集,2001:1-5.
[85] 胡耀高．中国苜蓿产业发展战略分析[J]．草业科学,1996,13(4):44-50.
[86] 胡耀高．走以草业生产为中心的饲料蛋白质生产道路[J]．草业科学,1992,9(4):49-53.
[87] 黄礼隆．试论四川西部高山原始林的水源涵养效能[A]．全国森林水文学术讨论会文集[C].北京:测绘出版社,1989:1119.
[88] 贾宝全,慈龙骏．新疆生态用水量的初步估算[J]．生态学报,2000,20(2):243-250.
[89] 贾宝全,许英勤．干旱区生态用水的概念和分类[J]．干旱区地理,1998,21(2):8-12.
[90] 贾志宽．农业系统工程[M]．北京:世界图书出版公司,1996:117-124.
[91] 康绍忠．非充分灌溉原理[M]．北京:中国水利水电出版社,1995.
[92] 康绍忠,张建华,梁宗锁,等．控制性交替灌溉——一种新的农田节水调控思路[J]．干旱地区农业研究,1997,15(1):1-5.
[93] 孔东．含盐土壤节水灌溉下作物—水—盐响应关系及模型研究[D]．呼和浩特:内蒙古农业大学博士学位论文,2004.
[94] 雷瑞德,张仰渠．秦岭林区森林水文效应的研究[A]．林业部科技司,中国森林生态系统定位研究[C]．哈尔滨:东北林业大学出版社,1996:1223-2331.
[95] 李保国,龚元石,左强．农田土壤水的动态模拟及应用[M]．北京:科学出版社,2000.
[96] 李凤霞．青海湖地区天然牧草群体生长动态数值模拟[J]．草业科学,1997,14(2):44-46.
[97] 李焕章．小麦“根—土”系统的研究[A]．中国作物栽培生理学术讨论会,1986.
[98] 李丽娟,郑红星．海滦河流域河流系统生态环境需水量计算[J]．地理学报,2000,55(4):495-500.
[99] 李洁．非充分灌溉的发展与现状[J]．节水灌溉,1998,5:21-22.
[100] 李效栋．乡镇供水工程[M]．兰州:兰州大学出版社,2003.
[101] 粟晓玲,康绍忠．生态需水的概念及其计算方法[J]．水科学进展,2003,14(6).
[102] 李韵珠,李保国．土壤溶质运移[M]．北京:科学出版社,1998.
[103] 李振武．天山北坡低山带春秋场优势种牧草的再生性能[J]．中国草地,1993,(5):18-24.
[104] 廖永成．黄土高原苜蓿草业基地组建的可行性分析[J]．草业科学,1996,13(6):45-49.
[105] 梁荣欣．农业系统工程简明教程[M]．北京:中国农业出版社,1998.
[106] 梁银丽,陈培元．水分胁迫和氮营养对小麦根苗生长及水分利用效率的效应[J]．西北植物学报,1994,15(1):21-25.
[107] 梁祖铎．紫花苜蓿在南京地区引种试验方法[J]．青饲料,1983,(4):27-28.
[108] 林洁荣．种植密度对闽牧 42 牧草的影响[J]．草原与草坪,2001,(2):30-32.
[109] 刘昌明．关于生态需水量的概念和重要性[J]．科学对社会的影响,2002.
[110] 刘昌明．中国 21 世纪水供需分析:生态水利研究[J]．中国水利,1999,(10):18-21.
[111] 刘殿英,石立岩,董庆裕．不同时期施肥水对冬小麦根系活性和植株性状的影响[J]．作物学报,

1993,19(2):149-155.
[112] 刘国彬．牧草最佳利用期的探讨[J]．中国草原,1985:27-32.
[113] 刘建栋,金之庆．光合有效辐射日变化过程的数值模拟[J]．江苏农业学报,1999,15(3):136-140.
[114] 刘振宇．紫花苜蓿合理收获及晒制打捆技术[J]．当代畜牧,2001,(4):23.
[115] 刘祖贵,陈金平,断爱旺,等．水分胁迫和气象因子对冬小麦生理特征的影响[J]．灌溉排水学报,2005,24(1).
[116] 吕殿青,等．一维土壤水盐运移特征研究[J]．水土保持学报,2000,14.
[117] 吕金印,山仑,高俊凤．非充分灌溉及其生理基础[J]．西北植物学报,2002,22(6):1512-1517.
[118] 卢培俊．海南岛尖蜂吟半落叶季阿林毁林烧垦恶果的初步观测[J]．热林科技,1980,(3):9-14.
[119] 卢欣石．AHP模型对苜蓿农艺性状的综合评定与应用[J]．中国草地,1992,(2):69-73.
[120] 陆渝蓉．地球水环境化学[M]．南京:南京大学出版社,1998:147-152.
[121] 罗新义．苜蓿在节粮畜牧业中的地位与作用[J]．黑龙江畜牧科技,1994,(1):47-49.
[122] 马瑞昆,家利,贾秀领,等．供水深度与冬小麦根系发育的关系[J]．干旱地区农业研究,1991,(3):1-9.
[123] 马元喜．小麦的根[M]．北京:中国农业出版社,1999.
[124] 孟昭仪．苜蓿品种引种鉴定及推广应用的研究(1979~1986)[M].
[125] 马忠明．有限灌溉条件下作物—水分关系的研究[J]．干旱地区农业研究,1998,16(2):75-79.
[126] 马忠明．干旱绿洲灌区春小麦亏缺灌溉效应的研究[J]．农业高效用水与水土环境保护,2000,11:246-249.
[127] 蒲朝龙．几种栽培豆科牧草生物量与结构的研究[J]．四川草原,1997,(2):11-19.
[128] 彭宏春．柴达木盆地弃耕盐碱地紫花苜蓿生物量季节动态[J]．草地学报,2001,9(3):218-222.
[129] 蒲晓斌．灰色关联度分析在油菜种质资源研究中的应用[J]．西南农业大学学报,2000,22(3):203-207.
[130] 钱蕴壁,李英能,杨刚,等．节水农业新技术研究[M]．郑州:黄河水利出版社,2002.
[131] 乔云峰,王晓红．基于生态经济理论的生态需水计算方法研究[J]．水科学进展,2004,15(5):11
[132] 任继周．草业科学研究方法[M]．北京,中国农业出版社,1998.
[133] 任珺．牧草抗旱性综合评价指标体系的AHP模型设计与应用的研究[J]．草业学报,1998,7(3):34-40.
[134] 上官周平．水分胁迫对小麦光合作用的影响及其抗旱性的关系[J]．西北植物学报,1990,10(1):1-7.
[135] 山仑,徐萌．节水农业及其生理生态基础[J]．应用生态学报,1991,2(1):70-76.
[136] 商文静．宁夏紫花苜蓿叶部病害调查和病原菌鉴定[J]．草业科学,1997,14(1):23-25.
[137] 石元春,李保国,李韵珠,等．区域水盐运动监测预报[M]．石家庄:河北科学技术出版社,1991:19-26.
[138] 石凤翎,王明玖,王建光,等．豆科牧草栽培[M]．北京:中国林业出版社,2003.
[139] 施炯林．节水灌溉技术[M]．兰州:甘肃民族出版社,2000.
[140] 石培礼,李文华．森林植被变化对水文过程和径流的影响效应[J]．自然资源学报,2001,16(5):481-487.
[141] 石培泽,杨秀英．春小麦适度亏缺灌溉的节水增产效应[J]．干旱地区农业研究,1998,16(2):80-83.
[142] 石培泽,杨秀英．春小麦适度亏缺灌溉的节水培养效应[J]．干旱地区农业研究,1998,16(2):32-36.
[143] 时永杰．紫花苜蓿在干旱、半干旱、荒漠、半荒漠地区越冬性能研究[J]．首届中国苜蓿发展大会．

中国草原学会,2001.
[144] 司建华．干旱地区生态需水量的初步估算[J]．干旱区资源与环境,2004,18(1).
[145] 苏加楷．10个苜蓿品种产量比较试验报告[J]．牧草与饲料,1988,(2):11-15.
[146] 孙启忠．我国西北地区苜蓿种子产业化发展优势与对策[J]．草业科学,2000,17(2):65-69.
[147] 孙启忠．科尔沁沙地敖汉苜蓿地上生物量及营养物质累积[J]．草地学报,2001,9(3):165-170.
[148] 孙启忠．科尔沁沙地达乌里胡枝子生物量的研究[J]．中国草地,2001,23(4):24- 26.
[149] 孙明．紫花苜蓿留茬高度对分枝性能及产量的影响[J]．中国草地,1991,(16):40-42.
[150] 汤奇成．绿洲的发展与水资源的合理利用[J]．干旱区资源与环境,1995,(93):107-111.
[151] 田大伦,刘馆章．森林生态系统人为干扰的水文学效应研究[A]．森林生态系统定位研究[C]．北京:中国林业出版社．
[152] 汤章城,吴亚华,王育启．游离脯氨酸与高粱苗的抗旱性[J]．植物生理学通讯,1986,(3):29-31.
[153] 同延安．土壤—植物—大气连续体系中水运移理论与方法[M]．西安:陕西科技出版社,1998.
[154] 尤文瑞．临界潜水蒸发量初探[J]．土壤通报,1994,25(5):201-203．
[155] 吴旭红,等．盐胁迫对作物形态和生理过程的影响[J]．高师理科学刊,2002.
[156] 王晨阳．不同土壤水分条件下小麦根系生态生理效应的研究[J]．华北农学报,1992,7(4):1-8.
[157] 王芳．干旱半干旱区生态需水研究[D]．北京:中国水利水电科学研究院,1999.
[158] 王芳,梁瑞驹,杨小柳,等．中国西北地区生态需水研究(1),干旱半干旱地区生态需水理论分析[J]．自然资源学报,2002,17(1):1-8.
[159] 王芳,王浩,陈敏建,等．中国西北地区生态需水研究(2),基于遥感和地理信息系统技术的区域生态需水计算及分析[J]．自然资源学报,2002,17(2):129-137.
[160] 田福平,王锁民．紫花苜蓿脯氨酸含量和含水量、单株干质量与抗旱性的相关性研究[J]．草业科学,2004,21(1).
[161] 王根绪,程国栋．干旱内陆流域生态需水量及其估算[J]．中国沙漠,2002,22(2):129-134.
[162] 王桂林,周毅,严文学,等．甘肃省引大入秦工程供水结构优化调整规划报告[M]．2004.
[163] 王立祥．旱地苜蓿高产栽培技术研究[J]．干旱地区农业研究,1989,(4):18-24.
[164] 王明玖,张英俊,等．退耕还草科学与技术[M]．北京:化学工业出版社,2004.
[165] 王西琴,张远,刘昌明．河道生态及环境需水理论探讨[J]．自然资源学报,2003,18(2):240-246.
[166] 王忠．植物生理学[M]．北京:中国农业出版社,2005:178-179.
[167] 王遵亲,等．中国盐渍土[M]．北京:科学出版社,1993:387-390．
[168] 肖俊夫,刘祖贵,孙景生．不同生育期干旱对棉花生长发育及产量的影响[J]．灌溉排水,1999,18(1):23-27.
[169] 肖振华,B．Prendergast,C. L. Noble. 灌溉水质对土壤水盐动态的影响[J]．土壤学报, 1994,2(1):57-60．
[170] 徐力刚,杨劲松,张妙仙,等．作物种植条件下的土壤水盐动态变化研究[J]．土壤通报,2003,34(3).
[171] 徐力刚,杨劲松,徐南军,等．农田土壤中水盐运移理论与模型的研究进展[J]．干旱区研究,2004,21(3).
[172] 许新宜,杨志峰．试论生态环境需水量[J]．中国水利,2003.
[173] 许振柱,于振文,李晖,等．限量灌水对冬小麦光合性能和水分利用的影响[J]．华北农学报,1997,12(2): 65-70.
[174] 阎秀峰,孙国荣,等．星星草生理生态学研究[M]．北京:科学出版社,2000:97-98.
[175] 阎秀峰,孙国荣,等．星星草生理生态学研究[M]．北京:科学出版社,2000:53-54.
[176] 杨恩忠．不同刈割期对苜蓿饲用品质的影响[J]．草地与饲料,1986,(2):36-38.

[177] 杨恩忠．不同生长阶段群体数量特征对产量作用的分析[J]．草业学报,1997,5(1):48-53.
[178] 杨晓东．紫花苜蓿[J]．北京农业(增刊),2000:27.
[179] 叶乐安,等．土壤水、热和溶质耦合运移研究进展[J]．湖南师范大学自然科学学报, 2002,25(2).
[180] 张大勇．半干旱区作物根系生长冗余的生态分析[J]．西北植物学报,1995,15(5):110-114.
[181] 张光斗,钱正英．中国可持续发展水资源战略研究综合报告[R]．中国水利,2000,(8):5-17.
[182] 张巨俭,成自勇．灌区水资源管理决策数学模型研究报告[R]. 2002.
[183] 张丽,董增川,丁大发．生态需水研究进展及存在问题[J]．中国农村水利水电,2003,(1):13-15.
[184] 张丽辉．含盐土壤节水灌溉下作物水盐响应研究[D]．呼和浩特:内蒙古农业大学,2002.
[185] 张世彪．秦王川灌区发展节水农业初探[J]．中国沙漠,2001,21(1):24-28.
[186] 张玉发．试论中国苜蓿产业化[J]．中国草地,2001,(1):65.
[187] 赵明萌．年内多次刈割对牧草贮藏养分的影响[J]．内蒙古农牧学院学报,1999,20(1):13-16.
[188] 赵文智．内陆河流域生态需水和生态地下水位研究[D]．兰州:中国科学院寒区旱区环境与工程研究所,2002.
[189] 赵忠．高寒牧区栽培毛苕子多次刈割生产性能的研究[J]．草业科学,1998,16(5):27-29.
[190] 郑广华．植物栽培生理[M]．济南:山东科技出版社,1984.
[191] 郑红星,刘昌明,丰华丽．生态需水的理论内涵探讨[J]．水科学进展,2004,15(5).
[192] 周鸿．人类生态学[M]．北京:高等教育出版社,2001.
[193] 周苏玫．旱作条件下夏玉米杂交种综合性状研究[J]．河南农业大学学报,2000,34(2): 109-113.
[194] 周晓峰,李庆夏．帽儿山、凉水森林水分循环的研究[M]．哈尔滨:东北林业大学出版社,1994:213-221.
[195] 周兴民．北方寒地引种抗寒苜蓿品种试验[J]．黑龙江畜牧兽医,1993,(11):4-7.
[196] 朱玉伟,拾兵,黄勇,等．黄河口最小生态环境需水量研究综述[J]．人民黄河,2005,01.
[197] 宗学凤．甘薯品种光合生理指标与薯干产量之间的关系初步研究[J]．西南农业大学学报,2001,23(3):216-219.